国家社科基金重点规划项目（ 项目编号：17AZZ008）

江苏高校优势学科建设工程（环境科学与工程）资助项目

雾霾治理

GOVERNANCE

基于政策工具的视角

BASED ON THE PERSPECTIVE OF
POLICY TOOLS

陆道平　著

社会科学文献出版社
SOCIAL SCIENCES ACADEMIC PRESS (CHINA)

序

生态文明建设一向是我国的千年大计，党的十九大报告进一步将生态文明提升到战略性与导向性高度。生态保护与经济发展的博弈历来是困扰地方政府的"治理难题"之一。其中，大气污染是对人类生存影响最大的环境问题之一，也是粗放型的经济发展方式所带来的恶果。在人类所面临的大气污染问题中，雾霾污染的危害尤为凸显，对公路运营、铁路运营、航空运营、航运、供电系统运营和农作物生长等均有严重影响，对人体健康与生态环境带来直接危害，还会扰乱正常的社会生产和公民生活秩序，对社会及经济可持续发展产生反噬效果，破坏社会的稳定。

为了解决日益恶化的雾霾污染问题，中国政府在国家和地区层面制定了一系列环境政策和法规，大幅度加强了环境管控力度，并在制度建设和政策工具方面进行了多方面的探索。2013年以来，秉持"绿色发展""高质量发展"等发展新理念，我国出台了一系列促进"绿色发展""生态保护"的重大政策措施，包括以"国控点""生态功能区"为代表的垂直形环境规制，以河长制、湖长制、林长制、"区域协同治理"为代表的横向环境规制，以"环境督察"、环保补助等为代表的政府干预型对策，以排污权交易、碳排放权交易为试点的市场推动机制等。其中，2013年9月10日出台的《大气污染防治行动计划》（"大气十条"），被称为新中国"史上最严"的环境政策。该政策以京津冀、长三角、珠三角等区域为重点，实施了综合治理、优化产业结构能源结构、区域协作等系列措施，明确了PM2.5的量化目标，打出的一系列"组合拳"，凸显了治霾效果。但是，环境污染问题仍然存在，经济发展与环境质量的矛盾仍未得到根本改变。经验证明，实现经济发展与环境质量共赢需要一个较长的过程。如何通过政策的完善和创新来提升政策的绩效，是当前大气污染治理亟须解决的问题。

苏州科技大学陆道平教授长期专注治理研究，对雾霾治理、公共服务等问题有系统心得，该书就是道平教授多年研究成果的集中体现。该专著共计三十余万字，分十大部分。既有对雾霾定义、成因、危害以及我国雾霾污染现状、治理机理、政策工具类型等方面的定性描述，亦有基于实证分析方法分别对命令控制型环境规制（CCR）、市场激励型环境规制（MBR）以及非正式型环境规制（IR）雾霾治理效果的量化分析与科学评测，并及时回应了单一型环境政策工具无法有效应对复合型雾霾治理的现实困局。在此基础上，对三种环境政策工具组合治理效能及其影响因素进行了深度分析与量化解构，进一步厘清了产业结构、技术进步、贸易开放、财政支出和财政分权等因素在环境规制抑制雾霾污染中的作用。最后，该书基于全球视角对发达国家空气污染治理的案例与经验予以介绍和总结，并聚焦中国国情提出雾霾治理的"中国方案"。

当下，在中国推动环境保护、生态治理的伟大进程中，雾霾治理研究方兴未艾，雾霾治理的新演进向广大理论工作者提出了研究探索的新要求。这需要学者坚定马克思主义的方法论自觉、坚守中国改革的实践自觉，探索发现"雾霾治理"的中国智慧与中国方案，讲好"中国故事"，不"照抄照搬"西方治霾模式。遵循创造性服务经济社会发展的逻辑，以及从话题、难题、论题、命题、专题入手的"5T"方法，深度思考促进政府职能转变、优化市场赋能、引导社会关注与有序参与、改善公共政策设计的方式方法，实现理论建树、顶层设计与社会实践的有机统一，努力推动家国情怀、胆识气魄与工匠精神的有机统一。

在众多相关论著中，《雾霾治理：基于政策工具的视角》这部专著立足于新中国成立以来的大气治理历程，紧扣当代中国社会转型和大国治理的基本国情，从政治、经济、社会、文化和生态等方面全面回顾、总结和分析中国雾霾治理的典型经验，阐述当代中国雾霾治理进程中的风云变幻，回应当前中国雾霾治理方面的重大问题，寻找解答中国雾霾治理的核心"密码"，为雾霾治理方面的重大决策提供理论支持和经验支撑。读道平教授的这部专著，要把握两个关键词：理解与关联。"理解"取决于道平在身、心两个视角对中国雾霾治理的"直接切入"和"深度体验"；"关联"是道平教授理解中国雾霾治理的理论创新和视角创新的结合。因此，这本专著不是单纯的书房产品，而是将文字写进了祖国大地、融入了人的内心。道平是我的博士生，求学期间的她就以认真刻苦为本色、有效探索为特色；在工作中，又以能干实干为基调、担当胜任为主调。我期待该专著早日出版，相信其中的解释框架、独到视角与丰富内容，对从事相关领域的研究者和相关部门的实践者会有重要参考价值。特此推荐！

　　乐于为之序。

沈荣华

2022 年 9 月 22 日

目录

绪　论

近年来，中国的环境污染问题引起关注，雾霾治理作为生态治理中的重要议题受到政、社、学多方关注，成为环境科学领域亟待解决的问题。[①] 根据相关研究发现，由于人类活动和城市化蔓延，空气中出现了越来越多的细颗粒物。[②] Jin 等人指出，从 2005 年到 2014 年，中国各个省份的 PM2.5 [③] 都有不同程度的增加。[④] 根据《中国环境公报》，以 PM2.5 为主要污染物的空气污染占总污染天数的 60%。[⑤] 一系列研究表明，空气污染对中国人的死亡率有显著影响。[⑥⑦] 越来越多的研究表明，PM2.5 的增加可能对

① Dong F, Zhang S, Long R, et al.,Determinants of haze pollution: An analysis from the perspective of spatiotemporal heterogeneity,*Journal of Cleaner Production*, 2019, pp. 768-783.

② Burnett R T, Pope III C A, Ezzati M, et al.,An integrated risk function for estimating the global burden of disease attributable to ambient fine particulate matter exposure,*Environmental Health Perspectives*, 2014, pp.397-403.

③ 空气动力学当量直径小于等于 2.5 微米的颗粒物。

④ Jin Q, Fang X, Wen B, et al.,Spatio-temporal variations of PM2.5 emission in China from 2005 to 2014,*Chemosphere*, 2017, pp.429-436.

⑤ Song J, Wang B, Fang K, et al.,Unraveling economic and environmental implications of cutting overcapacity of industries: A city-level empirical simulation with input-output approach,*Journal of Cleaner Production*, 2019, pp.722-732.

⑥ GBD Maps Working Group,Burden of disease attributable to coal-burning and other air pollution sources in China,*Special Report*, 2016, p.96.

⑦ Liu J, Han Y, Tang X, et al.,Estimating adult mortality attributable to PM2.5 exposure in China with assimilated PM2.5 concentrations based on a ground monitoring network,*Science of the Total Environment*, 2016, pp.1253-1262.

全球可持续发展战略产生不利影响，还可能威胁居民的健康和寿命。[1] 近年来，中国的经济和城市化发展迅速，但以牺牲环境为代价所取得的发展成就最终必然不可持续。应当意识到，PM2.5 主导的区域空气污染已成为中国最紧迫、最突出的环境问题。[2][3]

为遏止雾霾污染，中国政府采取了一系列行动。例如，2013 年，国务院印发了《大气污染防治行动计划》[4]，要求"到 2017 年，全国地级及以上城市可吸入颗粒物浓度比 2012 年下降 10% 以上，优良天数逐年提高；京津冀、长三角、珠三角等区域细颗粒物浓度分别下降 25%、20%、15% 左右，其中北京市细颗粒物年均浓度控制在 60 微克 / 立方米左右"[5]。该治理举措被认为是中国历史上最严格的大气治理行动计划。再如，2018 年，再次修订了《中华人民共和国大气污染防治法》，针对大气污染防治标准、监督以及治理措施等制定了新的规定。近几年来，中央政府颁布了许多关于空气污染控制的法律法规[6]，和地方政府达成了广泛共识，要求在治理过程中打破区域行政界限[7]，对地方雾霾预防和控制政策进行协调[8][9]，以达到共同治

---

[1] Vos T, Lim S S, Abbafati C, et al.,Global burden of 369 diseases and injuries in 204 countries and territories, 1990–2019: a systematic analysis for the Global Burden of Disease Study 2019,*The Lancet*, 2020, pp. 1204-1222.

[2] Lelieveld J, Evans J S, Fnais M, et al.,The contribution of outdoor air pollution sources to premature mortality on a global scale, *Nature*, 2015, pp.367-371.

[3] Zhang M, Sun X, Wang W,Study on the effect of environmental regulations and industrial structure on haze pollution in China from the dual perspective of independence and linkage,*Journal of Cleaner Production*, Vol.256, No.1, 2020.

[4] 即"大气十条"。

[5] 国务院办公厅：《国务院关于印发大气污染防治行动计划的通知》，中央政府门户网站，http://www.gov.cn/zwgk/2013-09/12/content_2486773.htm。

[6] Korhonen J, Pätäri S, Toppinen A, et al., The role of environmental regulation in the future competitiveness of the pulp and paper industry: the case of the sulfur emissions directive in Northern Europe,*Journal of Cleaner Production*, 2015, pp.864-872.

[7] Huajun L, Guangjie D, Research on spatial correlation of haze pollution in China,*Stat. Res*, 2018, pp. 3-15.

[8] Liu X, Xia H,Empirical analysis of the influential factors of haze pollution in china—Based on spatial econometric model,*Energy & Environment*, 2019,pp.854-866.

[9] Chen J X, Zhang Y, Zheng S,Ecoefficiency, environmental regulation opportunity costs, and interregional industrial transfers: Evidence from the Yangtze River Economic Belt in China, *Journal of Cleaner Production*, 2019,pp. 611-625.

理大气污染的目的。

在空气污染中，PM2.5 污染被认为是对人体健康最有害的大气污染物之一，被政府列为重点监控对象。因此，将注意力集中在减少 PM2.5 污染并提出相应的政策建议，对于协调中国经济发展与环境污染之间的矛盾具有重要意义。[①] 综上，本研究旨在对政策工具治理雾霾的效果进行分析，以期给出可行的政策建议。

第一节 研究背景

1972 年，罗马俱乐部发出警告，提醒人类迟早会面临增长的极限。[②] 而在增长达到极限后，环境将对人类进行报复。[③] 这在当时看来不免危言耸听，而今竟一语成谶。随着中国经济的快速发展、城市化进程的不断推进和化石燃料消耗的急剧增加，[④] 中国的环境污染已经成为环境科学领域一个备受关注的议题。在环境问题中，雾霾污染由于其日趋严重性和影响广泛性，社会对此的关注度也变得越来越高 [⑤]，因为它不但看得见、吸得进，而且对人们的危害也很大。

严重的环境污染使得环境保护和可持续发展成为越来越多国家需要面对的重要问题，一些发达国家试图从绿色技术创新的角度来获取促进经济增长与环境保护的双赢。针对雾霾等空气污染问题，中国自 2006 年以来实施了一系列的清洁空气政策。"十一五"规划（2006~2010）、"十二五"规划（2011~2015）和"十三五"规划（2016~2020）都设定了 PM2.5、SO_2 和

---

① Wang Y, Zhang J, Wang L, et al.,Researching significance, status and expectation of haze in Beijing-Tianjin-Hebei region, *Advances in Earth Science*, 2014, pp. 388-396.

② Meadows Donella H, Meadows Dennis L, Randers Jorgen B W W,The limits to growth, *A Report for The Club of Rome's Project on the Predicament of Mankind*, 1972.

③ 恩格斯：《自然辩证法》，于光远等译编，人民出版社，1984，第 304 页。

④ Dong F, Long R, Yu B, et al., How can China allocate CO_2 reduction targets at the provincial level considering both equity and efficiency? Evidence from its Copenhagen Accord pledge,*Resources, Conservation and Recycling*, 2018, pp. 31-43.

⑤ Huang R J, Zhang Y, Bozzetti C, et al.,High secondary aerosol contribution to particulate pollution during haze events in China,*Nature*, 2014,pp. 218-222.

NO_x 等空气指标的减排目标。[1][2] 例如，"十三五"规划设定的主要环境目标是到 2020 年单位产值用水量将减少 23%，能源消耗减少 15%，单位国内生产总值二氧化碳排放量降低 18%。2013 年，中国实施了有史以来最严格的清洁空气政策，即《空气污染预防和控制行动计划》，并对重点地区设定了 PM2.5 浓度降低目标。[3] 最近许多地区还实施了居民排放控制措施，主要措施是推动郊区和农村家庭用天然气和电力替代煤炭进行取暖。

然而，上述污染控制政策的有效性有待检验。从环境状况的事实来看，中国的环境质量依然堪忧。根据全球环境绩效指数（Environmental Performance Index，EPI）[4] 的排名，2014 年中国列第 118/178 位，2016 年列第 109/180 位，2020 年列第 120/180 位。中国在 EPI 中的排名趋势表明，中国的环境问题状况尚未得到有效改善，同时也说明了当前中国环境治理政策的有效性值得商榷。因此，如何科学、有效地优化环境治理政策，加快中国环境质量的改善，显然是亟待解决的问题。本课题梳理中国雾霾污染的现状及其治理的政策工具类型，基于实证模型评估不同类型政策工具的治理效能，进而提出合理的政策建议。

一　环境污染的影响具有全球性

环境问题是一个世界性问题。20 世纪发生了给人类留下惨痛记忆的世

---

① Geng G, Xiao Q, Zheng Y, et al.,Impact of China's air pollution prevention and control action plan on PM2.5 chemical composition over eastern China,*Science China Earth Sciences*, 2019,pp. 1872-1884.

② Ma Z, Liu R, Liu Y, et al.,Effects of air pollution control policies on PM2.5 pollution improvement in China from 2005 to 2017: A satellite-based perspective,*Atmospheric Chemistry and Physics*, 2019, pp. 6861-6877.

③ Zhai S, Jacob D J, Wang X, et al.,Fine particulate matter（PM2.5）trends in China, 2013–2018: Separating contributions from anthropogenic emissions and meteorology,*Atmospheric Chemistry and Physics*, 2019, pp. 11031-11041.

④ 全球环境绩效指数的框架将 32 项环境指标整合为 11 个议题，并进一步整合为生态系统活力和环境健康两个政策目标。其中，生态系统活力占 60%，由生物多样性和栖息地（15%）、生态系统服务（6%）、渔业（6%）、水资源（3%）、气候变化（24%）、污染物排放（3%）、农业（3%）构成；环境健康占 40%，由空气质量（20%）、公共卫生和饮用水（16%）、重金属（2%）、废物管理（2%）构成。参见 Index E P. Environmental performance index[R]. Yale University and Columbia University: New Haven, CT, USA, 2018。

界十大环境公害事件[①]，其后果十分严重、影响相当深远。时至今日，十大环境问题依然困扰着我们。[②] 健康的环境是经济繁荣、人类健康与福祉不可或缺的基础条件[③]，世界各国为此一直在探索可持续发展之道。为了尽快解决环境问题，世界主要国家先后签署了一系列共同行动纲领。[④] 根据 2014 年 10 月巴黎气候会议的最初协议，到 2030 年，欧盟（EU）的碳排放量将减少 40%，到 2025 年，美国的碳排放量将减少 26%~28%，其他国家则需要承担类似但有区别的责任。2015 年，联合国 193 个会员国签署了《2030 年可持续发展议程》，承诺要实现 17 项可持续发展目标，其中至少 6 项与环境可持续有高度关联性。[⑤]

为了实现《2030 年可持续发展议程》中环境层面的目标，联合国环境署 2019 年以"地球健康，人类健康"为主题发布了《全球环境展望-6》。报告指出，1998~2010 年，全世界环境气候法律的数量增加了 5 倍，达到 1500 多项。虽然各国都在环境政策方面付出了努力（代表性政策见表 0—1），但全球环境的总体状况自 1997 年以来仍然在继续恶化。报告继续指出："空气污染是导致全球疾病负担的主要环境因素，每年造成 600 万~700 万人过早死亡和高达 5 万亿美元的福利损失。"[⑥] 最终，报告给出的结论是：全球不可持续的人类活动导致地球生态系统退化，从而危及人

---

① 世界十大环境公害事件分别是：1930 年比利时马斯河谷事件、1943 年美国洛杉矶光化学烟雾事件、1948 年美国多诺拉事件、1952 年英国伦敦烟雾事件、1953~1956 年日本水俣事件、1955~1963 年日本神东川的骨痛病、1961 年日本四日市哮喘病事件、1968 年日本米糠油事件、1984 年印度博帕尔事件、1986 年苏联切尔诺贝利核事故。

② 全球十大环境问题分别是：全球气候变暖、臭氧层的耗损与破坏、酸雨蔓延、生物多样性减少、森林锐减、土地荒漠化、大气污染、水污染、海洋污染和危险性废物越境转移。

③ 详见附件 2。

④ 例如，《联合国气候变化框架公约》（1992 年）、《里约热内卢宣言》（1992 年）、《生物多样性公约》（1992 年）、《21 世纪议程》（1993 年）、《京都议定书》（1997 年）、《2030 年可持续发展议程》（2016 年）、《巴黎协定》（2016 年），等等。

⑤ 包括向所有人提供饮用水和环境卫生并对其进行可持续管理；确保人人获得负担得起的、可靠和可持续的现代能源；采用可持续的消费和生产模式；采取紧急行动应对气候变化及其影响；保护和可持续利用海洋和海洋资源以促进可持续发展；保护、恢复和促进可持续利用陆地生态系统，可持续管理森林，防治荒漠化，制止和扭转土地退化，遏制生物多样性的丧失。

⑥ 联合国环境规划署：《全球环境展望-6》，中国新闻网，2020 年 12 月 20 日。

类社会赖以生存的生态基础。

表 0—1　主要的环境治理政策及举例

环境治理政策	举例
提供信息	获取有关空气质量或珊瑚礁的数据
自愿性协定	自愿性用水报告、关于可持续土壤管理的自愿性准则或最佳管理实践的标准制定，以及可持续性报告
经济激励措施和市场化手段	免费供水津贴、为渔民提供个体可转让配额或生态系统服务付费
环境规划	适应性水管理和城市生物多样性管理
促进创新	可持续农业创新或清洁炉灶筹资
监管方法	汽车尾气排放标准或通过《濒危野生动植物种国际贸易公约》来管制野生动植物贸易
将社区、私营部门和民间社会行为体包括在内的治理方法	开展城市行动，以限制食物浪费或进行以社区为基础的保护

资料来源：笔者根据联合国环境规划署：《全球环境展望 –6》整理。

二　环境污染的发生具有衍生性

改革开放 40 多年来，中国的经济取得了骄人的成绩。从纵向上看，近 40 多年间，中国是世界上增长最快的经济体之一，并一直保持至今。[①] 截至 2019 年，中国 GDP 总量已经达 99.0865 万亿元。[②] 从横向上看，中国经济总量已于 2006 年超越英国，跻身世界第三，2010 年又超越日本，仅次于美国。若按照购买力平价计算，中国已于 2014 年取代美国，成为世界第一。[③] 毋庸置疑，中国伟大的经济成就足以令世界艳羡，这一成就被许多学者誉为"中国奇迹"。

然而，环境问题作为世界性问题，中国也无法独善其身。在对 GDP 的孜孜追求中，环境也在急剧恶化。在改革开放之前的一段时间中，环境为

[①] 1978~2019 年，中国 GDP 平均名义增速高达 6.54%。

[②] 国家统计局：《中华人民共和国 2019 年国民经济和社会发展统计公报》，http://www.stats.gov.cn/tjsj/zxfb/202002/t20200228_1728913.html。

[③] 笔者根据 Word Bank 数据计算。

快速实现工业化的目标做出了巨大的牺牲。[①] 改革开放以来，中国亦走上了高发展、高污染之路。尤其是近年来，随着工业化和城市化的快速推进，中国面临多重环境问题，包括大气污染问题、水环境污染问题、垃圾处理问题、土地荒漠化和沙灾问题、水土流失问题、旱灾和水灾问题、生物多样性被破坏问题、三峡库区的环境问题、持久性有机物污染问题。

根据《2019 中国生态环境状况公报》，在全国 337 个地级及以上城市中，有 180 个城市空气质量超标，占 53.4%。其中，以 PM2.5、O_3、PM10 和 NO_2 为首要污染物的超标天数分别占总超标天数的 45.0%、41.7%、12.8% 和 0.7%。337 个城市累计发生重度污染 1666 天，比 2018 年增加 88 天。在中国 10168 个地下水水质监测点中，有 66.9% 的监测点的水质评估结果较差，14.8% 的监测点水质很差。

三　环境污染的破坏具有严重性

虽然雾霾作为自然现象已经存在很久，但在 2008 年美国大使馆公开中国雾霾数据之前，国内对雾霾的讨论并不多见。2011 年 10 月，中国开始关注雾霾问题。自此，"PM2.5"频频引起公众关注。2013 年，北方城市遭受了严重的雾霾污染，扰乱了超过 8000 万人的正常生活，引致航班延误、高速公路封闭和严重的呼吸系统疾病等诸多问题。其中，京津冀地区是雾霾污染最严重的地区。[②] 根据《中国环境公报》，以 PM2.5 为主要污染物的空气污染占总污染天数的 60%。[③] 2012 年 8 月，亚洲开发银行发布的《迈向环境可持续发展的未来：中华人民共和国的国家环境分析》报告显示，世界上十个污染最严重的城市有七个在中国，而在中国 500 个大城市中，只有不到 1% 达到由世界卫生组织设定的空气质量标准，即 PM2.5 年均浓度

[①] Shapiro J,Mao's war against nature: Politics and the environment in revolutionary China, *Cambridge: Cambridge University Press*, 2001, p.12.

[②] Wang Y, Zhang J, Wang L,et al.,Researching significance, status and expectation of haze in Beijing-Tianjin-Hebei region, *Advances in Earth Science*, 2014, pp.388-396.

[③] Song J, Wang B, Fang K, et al.,Unraveling economic and environmental implications of cutting overcapacity of industries: A city-level empirical simulation with input-output approach, *Journal of Cleaner Production*, 2019, pp.722-732.

小于 10μg/m³。①

根据世界银行的数据，笔者绘制了如图 0—1 所示的各国 PM2.5 平均浓度对比图。从图中可以看出，美国、英国、日本的平均浓度呈小幅下降趋势，约为 10μg/m³，即处于 WHO 的建议值附近。中国则从 48.5μg/m³ 一路攀升至 58μg/m³ 附近，并维持多年。世界平均值则从 40μg/m³ 左右上升至 50μg/m³ 左右。如果说因为发展阶段有一定差异，中国与美英日等发达国家不应当直接进行比较，那么，即使与世界平均水平相比，中国也高出 10μg/m³ 左右，约高 20%。

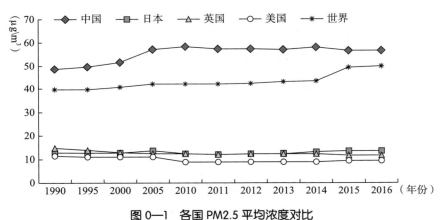

图 0—1　各国 PM2.5 平均浓度对比

资料来源：World Bank，https://data.worldbank.org.cn.

四　空气污染引致的次生性危害

环境污染带来了一系列的危害。一些研究表明，环境污染增加了抑郁症的发生率，降低了居民的主观幸福感。②③ 最新的一项研究分析了新浪微博上 2.1 亿条微博的心情指数，发现中国严重的空气污染可能导致城市人口的

---

① Zhang Q, Crooks R,Toward an environmentally sustainable future: Country environmental analysis of the People's Republic of China,*China: Asian Development Bank*, 2012.

② Ferreira S, Akay A, Brereton F, et al.,Life satisfaction and air quality in Europe,*Ecological Economics*, 2013, pp. 1-10.

③ Zhang X, Zhang X, Chen X.,Happiness in the air: How does a dirty sky affect mental health and subjective well-being?, *Journal of Environmental Economics and Management*, 2017, pp.81-94.

幸福感处于较低水平，尤其是对于女性而言。[1] 中国著名三农专家温铁军指出，越来越多的证据表明，环境破坏的加剧显著降低了人民本应从 GDP 增长中获取的幸福感。[2] 也正因此，习近平总书记在全国重大会议上多次指出环境污染对老百姓幸福感的重要影响。

除了降低居民的幸福感这一心理层面的问题，更严重的问题在于空气污染已经是中国疾病负担的主要危险因素。过往的证据表明，空气污染是中国疾病负担的主要危险因素。根据《2013 年全球疾病负担研究》（GBD 2013）的权威数据，2013 年约有 91.6 万中国人因空气污染致死，这表明空气污染已经成为中国致死的第五大风险因素。[3] 究其原因，空气污染引发的卒中、缺血性心脏病、肺癌、慢阻肺和下呼吸道感染是五大主要杀手（见图 0—2）。从图 0—2 中可以看出，1990 年以来，中国 PM2.5 致死人数不断增加，23 年间共增长 60% 左右，年均增长约 2.5%。

Yin 等人参照《2017 年全球疾病负担研究》（GBD 2017）[4] 的方法，估算了 1990 年至 2017 年中国所有省份暴露于空气污染的程度及其伤残调整生命年（DALYs）。研究发现，空气污染已经成为中国致死的第四大风险因素。尽管 1990~2017 年中国可归因于空气污染的整体死亡率有所下降，但在过去 27 年中有 12 个省呈上升趋势。2017 年，中国的人口加权 PM2.5 年平均暴露量为 $52.7\mu g/m^3$，比 1990 年低 9%。据估计，2017 年中国有 124 万人因空气污染致死，其中，PM2.5 造成了约 85.2 万人的死亡，还有诸多疾病也可归因于空气污染，具体数据如下：40.0% 的慢性阻塞性肺病的 DALYs 与空气污染有关，35.6% 的下呼吸道感染的 DALYs 与空气

[1]　Zheng S, Wang J, Sun C, et al.,Air pollution lowers Chinese urbanites' expressed happiness on social media,*Nature Human Behaviour*, 2019,pp.237-243.

[2]　Tiejun W,Deconstructing modernization,*Chinese Sociology & Anthropology*, 2007, pp.10-25.

[3]　Murray C J L, Barber R M, Foreman K J, et al.,Global, regional, and national disability-adjusted life years（DALYs）for 306 diseases and injuries and healthy life expectancy（HALE）for 188 countries, 1990–2013: quantifying the epidemiological transition,*The Lancet*, 2015, pp.2145-2191.

[4]　James S L, Abate D, Abate K H, et al.,Global, regional, and national incidence, prevalence, and years lived with disability for 354 diseases and injuries for 195 countries and territories, 1990–2017: a systematic analysis for the Global Burden of Disease Study 2017,*The Lancet*, 2018, pp. 1789-1858.

污染有关，26.1% 的糖尿病的 DALYs 与空气污染有关，25.8% 的肺癌的 DALYs 与空气污染有关，19.5% 的缺血性心脏病的 DALYs 与空气污染有关，12.8% 的中风率的 DALYs 与空气污染有关。他们进一步估计，如果中国的空气污染水平低于造成健康损失的最低水平，则平均预期寿命将延长 1.25 年。这项研究的结果表明，2017 年中国仍有 81% 的地区 PM2.5 浓度超过了世界卫生组织最不严格的空气质量限值，即 PM2.5 年均浓度 35μg/m³。[①] 由此表明，在中国，以 PM2.5 为代表性的颗粒物污染仍然是较为棘手的问题。

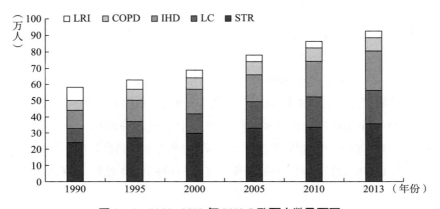

图 0—2　1990~2013 年 PM2.5 致死人数及死因

注：STR＝卒中，LC＝肺癌，IHD＝缺血性心脏病，COPD＝慢阻肺，LRI＝下呼吸道感染。
资料来源：GBD 2013 Collaborators（2015）。

中国的环境污染对经济发展产生了负面影响。世界银行 1997 年的报告即以《碧水蓝天》（Clear Water, Blue Skies）为题，估算了中国在环境治理方面的成本（治理大气污染、水污染、酸雨等），并为重回碧水蓝天做了制度建议。据其估计，1995 年，中国因空气污染和水污染造成的经济损失高达 540 亿美元，约合当年 GDP 的 8%。其中，PM10 就造成了 340 亿美元的

---

① Yin P, Brauer M, Cohen A J, et al.,The effect of air pollution on deaths, disease burden, and life expectancy across China and its provinces, 1990–2017: An analysis for the Global Burden of Disease Study 2017,*The Lancet Planetary Health*, 2020, pp.386-398.

经济损失，约合 GDP 的 4.6%。[①] 2007 年，世行再度以《中国的污染负担》（Cost of Pollution in China）[②] 为题对此进行了估算。据其保守估计，2003 年，中国因环境污染导致的经济损失占到了 GDP 的 5.8%，其中空气污染就占了 3.8%。也就是说，如果扣除 5.8% 的污染损失，那么实际 GDP 增速将降低一半。据兰德公司的一项报告估算，如要消除污染、改善空气质量，可能还须付出总共约 5350 亿美元的代价，约占 2012 年 GDP 的 6.5%。[③] 这样来看，即便中国名义 GDP 增速惊人，但绿色增长几乎为零。世界银行 10 年内两度对中国环境进行专题报告，足见中国环境问题的严重性以及国际社会对中国环境危机的担忧。

五 民众环保意识的日益觉醒

根据英格尔哈特的后物质主义理论，随着收入水平的提高，环保意识和需求也会随之提升。[④] 近年来中国人均收入水平持续增加，面对日益严重的环境污染，民众的环保诉求也不断提升。这些诉求的提升主要体现在三个方面。

第一，公众对当前的环境污染表示不满和担忧。例如，一项针对 10 个城市共计 2000 名居民的随机调查结果显示，在调查中列举的 20 项公共政策中，环境保护为满意度最低的选项之一。[⑤] 另外，2017 年开展并针对中国大陆 4025 人的调查显示，近 8 成的受访者对气候变化表示担心，尤其是担心空气污染加剧和由此引发的疾病，这两项分别占 33.4% 和 29.0%。[⑥]

第二，一些公众通过非常途径对环境污染表达抗议。图 0—3 统计了全

[①] Johnson T M, Liu F, Newfarmer R,Clear water, blue skies: China's environment in the new century, *Washington, D.C: World Bank Group*, 1997.

[②] World Bank,Cost of pollution in China: Economic estimates of physical damages, *Washington, D.C: World Bank Group*, 2007.

[③] Keith Crane, Zhimin Mao, Costs of Selected Policies to Address Air Pollution in China,*Santa Monica, California: RAND Corporation*, 2015.

[④] Inglehart R, Public support for environmental protection: Objective problems and subjective values in 43 societies, *Political Science & Politics*, 1995, pp.57-72.

[⑤] 唐文方：《中国城市居民公共政策满意度调查报告》，华南理工大学公共政策研究院，2014。

[⑥] 中国气候传播项目中心：《2017 年中国公众气候变化与气候传播认知状况调研报告》，2017。

国历年环境事件次数。从中可以看出，总体而言，全国环境事件呈下降趋势，年均降幅为 6.76%。然而，环境信访与投诉则增幅明显，从 2006 年的 72.67 万起增至 2015 年的 187.25 万起，年均增速达 17.52%。这可能是因为相比前者，后者实施的难度和成本相对更低。环境问题已经逐渐成为社会风险的引爆点，如果应对失当，可能会演化成社会风险事件，危及社会稳定的目标。[1][2] 因此，社会精英表现出对环境问题的明显担忧。人大、政协环境提案数以年均 9.57% 的增幅从 2006 年的 10246 件上升到 2015 年的 19069 件，几近翻番。

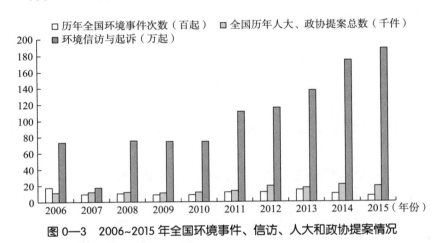

图 0—3　2006~2015 年全国环境事件、信访、人大和政协提案情况

资料来源：笔者根据历年中国环境年鉴统计。

　　上述调查均表明，中国公民对气候变化、环境污染、空气污染十分关心并表示担忧，呼吁政府应有效应对。

六　政府应对雾霾污染的行动不断升级

美、英两国的空气污染治理历史表明，只有当污染对人类健康和人类

---

①　Economy E C,The River Runs Black: The Environmental Challenge to China's Future,*Princeton, NJ: Princeton University Press*, 2004.

②　Grumbine R E,China's emergence and the prospects for global sustainability,*BioScience*, 2007, pp.249-255.

福祉造成实质性损害时，污染才会成为当地人民的主要关切对象①，政府也只有在这个时候才会采取严格的污染控制措施，这点在全球工业化的整个历史中都能够被印证。② 为了解决日益恶化的雾霾污染问题，达到保护公众健康的目的，中国政府在国家和地区层面制定了一系列环境政策和法规。例如，国务院于 2013 年制订了《大气污染防治行动计划》，目标是到 2017 年将城市的 PM2.5 浓度降低 10% 以上（见表 0—2）。为了响应该政策，地方政府根据其区域特点和需求采取了许多具体的减排措施，例如优化能源结构、逐步淘汰落后生产设施、提高车辆排放标准、在住宅部门推广清洁燃料等。③ 结合对环境规制措施的观察，主要可以分为命令控制型、市场激励型和非正式型三类。④

表 0—2 中国《大气污染防治行动计划》的目标和任务

空气质量改善目标	到 2017 年，全国地级及以上城市可吸入颗粒物浓度比 2012 年下降 10% 以上，优良天数逐年提高	到 2017 年，京津冀、长三角、珠三角等区域细颗粒物浓度分别下降 25%、20%、15% 左右	到 2017 年，北京市细颗粒物年均浓度控制在 60 微克/立方米左右		
具体措施	加大综合治理力度，减少多污染物排放	加快企业技术改造，提高科技创新能力	提高准入门槛，优化产业空间布局	健全法律法规体系，严格依法监督管理	建立监测和预警系统以应对空气污染事件
	调整优化产业结构，推动经济转型升级	加快调整能源结构，增加清洁能源供应	发挥市场机制作用，完善环境经济政策	建立区域协作机制，统筹区域环境治理	明确各方责任，动员全民参与

资料来源：笔者根据国务院《大气污染防治行动计划》整理。

---

① Davis D L,When smoke ran like water: Tales of environmental deception and the battle against pollution,. *New York: Basic Books*, 2002.

② Samet J M,The Clean Air Act and health—a clearer view from 2011,*New England Journal of Medicine*, 2011, pp.198-201.

③ Zhang Y, West J J, Mathur R, et al.,Long-term trends in the ambient PM2.5-and O_3-related mortality burdens in the United States under emission reductions from 1990 to 2010,*Atmospheric chemistry and physics*, 2018, pp.15003-15016.

④ 第 3 章将会专门阐述，故此处仅略做交代。

在雾霾治理初期，中国政府在对国外经验学习的基础之上，主要采用的是命令控制型政策，期冀通过强制措施迅速控制污染、改善环境。命令控制型政策工具是指政府颁布相关法律、法规和规范性文件①，对企业或个人的环境破坏行为进行直接管制，以达到治理环境、净化空气的目的。例如，我国主要采取了环境立法、环境影响评价制度、"三同时"制度、排污许可证制度、污染物申报制度、污染物限期治理制度等政策工具来进行雾霾治理。早在1987年，我国就制定并通过了《中华人民共和国大气污染防治法》，后来几经修订，相关法律也在不断完善。国务院在2013年印发的《大气污染防治行动计划》中对特定污染物做了明确的目标规划，例如到2017年，地级以上城市PM10年均浓度要比2012年下降10%以上，京津冀、长三角和珠三角的PM2.5浓度应分别下降25%、20%和15%。

除了这些全国性的努力，中央和地方还联合制定了多种形式的区域性政策来减少雾霾污染。例如，《长三角地区2019~2020年秋冬季大气污染综合治理攻坚行动方案》于2019年获批，要求长三角41个地级及以上城市秋冬季期间，PM2.5的平均浓度同比下降2%，重度及以上污染天数同比减少2%。②为了达到这一目标，该方案在产业结构、能源结构、运输结构、用地结构、工业炉窑大气污染综合治理、VOCs治理、重污染天气应对和能力建设等方面均做出了明确规定。同期生态环境部等部门还印发了《京津冀及周边地区2019~2020年秋冬季大气污染综合治理攻坚行动方案》③，对京津冀及周边地区的大气污染治理进行了目标控制。

随着治理工作的深入推进，雾霾治理问题复杂化和利益诉求多样化这两个特征日益突出，命令控制型政策工具的弊端逐渐凸显。在此情况下，市场激励型政策工具利用价格激励对政策目标的达成起到了良好示范作用。市场激励型政策工具是指政府部门通过市场传递信号，引导消费者和生产

---

① Wang A L,The search for sustainable legitimacy: environmental law and bureaucracy in China, *Harv. Envtl. L. Rev.*, 2013, p.365.

② 生态环境部：《长三角地区2019~2020年秋冬季大气污染综合治理攻坚行动方案》,http://www.mee.gov.cn/xxgk2018/xxgk/xxgk03/201911/t20191112_741901.html。

③ 生态环境部：《京津冀及周边地区2019~2020年秋冬季大气污染综合治理攻坚行动方案》，http://www.mee.gov.cn/xxgk2018/xxgk/xxgk03/201910/t20191016_737803.html。

者在消费或生产行为中对各自的行为进行效益权衡，借助利益驱使来影响政策行为，从而达到政策目标的一种途径。在雾霾治理中，主要做法是通过提高消费者和生产者污染行为所要付出的代价，进而控制消费者和生产者的排污行为，即通过利益调节达到市场约束目的。我国针对雾霾治理的市场激励型政策工具在政策体系中被广泛运用，因成效显著而被提到重要地位。运用市场激励型政策工具进行雾霾治理主要表现为排污税收与收费、补贴以及鼓励技术创新三大类。除此之外，近些年，我国的五年规划均对环境治理进行了相应规定。例如，"十四五"规划指出，全面实行排污许可制，推进排污权、用能权、用水权、碳排放权的市场化交易以及完善环境保护及节能减排约束性指标管理。

日益严峻的环境问题让公众意识到保护环境的重要性，雾霾治理的非正式型政策工具在此背景下成效显著。非正式型政策工具是指政府通过宣传教育、舆论引导的方式，促使企业或个人树立起保护环境的观念，从而自发为保护环境做出积极行动。其实质是改变当事人在环境行为决策框架中的观念和优先性，将环境保护的观念全部内化为当事人的行为偏好[1]，核心环节是引导公众参与环境治理过程。我国的非正式环境治理工具包括以政府为主导的听证会、专家论证会以及以公众为主体的信访活动、民间环保组织、社交网络活动等。[2]

第二节　研究意义

一　理论意义

（一）本课题相对于已有研究的独到学术价值

第一，丰富环境政策工具的研究，加强对环境政策工具各自优劣、运用条件与效果的理解，提升对环境政策工具的理论认知。

---

[1]　李晟旭：《我国环境政策工具的分类与发展趋势》，《环境保护与循环经济》2010 年第 1 期。

[2]　罗敏、伍小乐：《环境政策工具的有效性选择——来自 H 省 M 市环境治理的地方性经验》，《城市观察》2020 年第 3 期。

第二，拓展雾霾治理的研究领域，深化对雾霾治理政策工具组合与优化的研究，特别是在中国不同地区的适用场景。

（二）本课题相对于已有研究的独到应用价值

第一，政策工具涉及政府、市场、社会等多个主体，因此对其进行研究有助于加强环境治理中政府、市场和社会各自角色的划分及治理的协同性，进而厘清不同主体在环境治理行动中的策略。

第二，有助于提高雾霾治理政策工具选择依据的科学性与有效性。通过对雾霾治理政策工具组合与优化进行研究及应用，可以为我国环境治理的理论研究与实践应用提供参考与借鉴。

二　现实意义

一些研究已经证实，PM2.5 污染会造成经济损失 [1]，并对公共健康构成威胁 [2][3]。因此，研究 PM2.5 的治理对策可以让政府更加有效地对 PM2.5 污染进行治理，对于人民生活水平的提高有十分重要的意义。

第三节　文献综述

文献回顾发现，国内外学者从多重视角对雾霾污染（PM2.5 污染）进行了大量研究。在有关 PM2.5 污染的现有文献中，早期研究更加关注 PM2.5 污染的化学和气象成因 [4][5]，以及关注 PM2.5 污染的时空扩散特

---

[1] 许佩、胡雪萍、贺芃斐：《PM2.5、健康成本与经济高质量发展》，《福建论坛》（人文社会科学版）2021 年第 2 期。

[2] Cao Q, Rui G, Liang Y,Study on PM2.5 pollution and the mortality due to lung cancer in China based on geographic weighted regression model,*BMC Public Health*, 2018, pp.1-10.

[3] Jo Y S, Lim M N, Han Y J, et al.,Epidemiological study of PM2.5 and risk of COPD-related hospital visits in association with particle constituents in Chuncheon, Korea,*International Journal of Chronic Obstructive Pulmonary Disease*, 2018, p.299.

[4] 张人禾、李强、张若楠：《2013 年 1 月中国东部持续性强雾霾天气产生的气象条件分析》，《中国科学：地球科学》2014 年第 1 期。

[5] 张小曳、孙俊英、王亚强等：《我国雾－霾成因及其治理的思考》，《科学通报》2013 年第 13 期。

征。[①] 随着全球 PM2.5 污染减排目标的确立以及社会经济因素的作用机理逐渐被揭示，越来越多的学者开始关注社会经济驱动因素对 PM2.5 污染的影响。[②③] 鉴于 PM2.5 污染的严重性，一些文献聚焦分析其不利影响，例如对气象、人类健康和经济的影响。[④⑤] 还有些研究积极关注雾霾治理行动及其效果，其研究的侧重点是分析与评估各种政策工具治理雾霾的成效。[⑥]

一 雾霾污染事实的相关研究

空气污染是全世界许多国家广泛面临的环境挑战。[⑦] 从历史上看，20 世纪 40 年代的洛杉矶光化学烟雾和 1952 年的伦敦烟雾已经引起政府和学术界对空气污染问题的严重关注。[⑧] 早期的研究聚焦雾霾污染的事实梳理，主要是研究雾霾的时空分布和演变趋势等。最新的一项研究基于时空分类对全球的 PM2.5 的演变趋势进行了评估。研究发现，南亚，包括印度、中南半岛的中部和东部等地区的 PM2.5 浓度高且呈上升趋势；澳大利亚和北美地区的 PM2.5 浓度较低并不断降低；美国东部和北欧的 PM2.5 浓度相对较高，但较为稳定。在中国和非洲地区，PM2.5 浓度高但呈逐渐减少的趋势。另有一些研究对我国 PM2.5 污染的情况进行了评估。

---

① Gehrig R, Buchmann B,Characterising seasonal variations and spatial distribution of ambient PM10 and PM2.5 concentrations based on long-term Swiss monitoring data, *Atmospheric Environment*, 2003, pp. 2571-2580.

② Yang J, Song D, Fang D, et al., Drivers of consumption-based PM2.5 emission of Beijing: a structural decomposition analysis, *Journal of Cleaner Production*, 2019, pp.734-742.

③ Zhang Y, Shuai C, Bian J, et al., Socioeconomic factors of PM2.5 concentrations in 152 Chinese cities: Decomposition analysis using LMDI, *Journal of Cleaner Production*, 2019, pp.96-107.

④ Chowdhury S, Dey S, Smith K R, Ambient PM2.5 exposure and expected premature mortality to 2100 in India under climate change scenarios, *Nature Communications*, 2018, pp.1-10.

⑤ Allen R J, Landuyt W, Rumbold S T,An increase in aerosol burden and radiative effects in a warmer world, *Nature Climate Change*, 2016, pp.269-274.

⑥ 李子豪、袁丙兵：《地方政府的雾霾治理政策作用机制——政策工具、空间关联和门槛效应》，《资源科学》2021 年第 1 期。

⑦ Yang Y, Yang W, Does whistleblowing work for air pollution control in China? A study based on three-party evolutionary game model under incomplete information, *Sustainability*, 2019, p.324.

⑧ Boyd J T, Climate, air pollution, and mortality, *British Journal of Preventive & Social Medicine*, 1960, p.123.

自 1978 年实施改革开放政策以来，随着经济的快速发展，中国的 PM2.5 浓度在这几十年中一直在显著提升。[①] 根据 2016 年的数据，许多发达地区的 PM2.5 年平均浓度至少比 WHO 空气质量标准[②]高 5 倍。[③]一项研究监测了上海市 2015 年 1 月至 2018 年 12 月每日的 PM2.5 浓度，并对上海市的空气污染状况进行了动态分析。研究发现，上海市整体空气质量状况有所改善，而在上海市主要空气污染物中，PM2.5 是除 O_3 外最大的污染物，上海市受 PM2.5 污染的天气 2015 年为 120 天，2016 年为 104 天，2017 年为 67 天，2018 年为 61 天。尤其是在冬季，PM2.5 污染是上海市面临的主要空气质量挑战。[④]同时，一些研究发现 PM2.5 污染具有很强的空间聚集效应和扩散效应，因而污染程度也在很大程度上受到中国地理空间属性和区域经济聚集的影响。[⑤]例如，一项最新研究显示，长江中下游城市及华北平原是 PM2.5 高污染区连片地区[⑥]，这说明这些地区的 PM2.5 污染与当地区域经济发展有密切的联系。

二 雾霾污染危害的相关研究

作为一种关键的空气污染物，PM2.5 被证明会对健康造成许多不良影响，因而对人类生活构成严峻挑战。现有研究集中探讨了 PM2.5 污染所

[①] Van Donkelaar A, Martin R V, Brauer M, et al.,Use of satellite observations for long-term exposure assessment of global concentrations of fine particulate matter, *Environmental Health Perspectives*, 2015, pp.135-143.

[②] 10ug/m³。

[③] Xue T, Zheng Y, Tong D, et al.,Spatiotemporal continuous estimates of PM2.5 concentrations in China, 2000–2016: A machine learning method with inputs from satellites, chemical transport model, and ground observations,*Environment International*, 2019, pp.345-357.

[④] Chen Y, Bai Y, Liu H, et al.,Temporal variations in ambient air quality indicators in Shanghai municipality, China,*Scientific Reports*, 2020, pp.1-11.

[⑤] Cheng Z, Li L, Liu J,Identifying the spatial effects and driving factors of urban PM2.5 pollution in China,*Ecological Indicators*, 2017, pp.61-75.

[⑥] 李在军、胡美娟、张爱平、周年兴：《工业生态效率对 PM2.5 污染的影响及溢出效应》，《自然资源学报》2021 年第 3 期。

造成的健康损失和经济损失等。[①②]自从 2013 年世界卫生组织（WHO）将 PM2.5 列为第一类致癌物以来，全球对于 PM2.5 超标威胁人类健康的关注已大大增加。[③④]许多研究报告给出了室外空气污染与相关疾病发病率和死亡率之间的关联，并指出暴露于 PM2.5 超标的环境会对人类健康产生不利的影响[⑤⑥]，例如过早死亡、肺和心血管疾病等。世界卫生组织报告称，每年有 420 万人因环境空气污染而过早死亡，且高死亡率风险主要发生在发展中国家。[⑦]最近的一项研究报告指出，全球每年因空气污染导致 880 万人死亡，远高于先前"全球疾病负担"所做的估算。这表明 PM2.5 问题是全球性的挑战，而不仅仅是区域性的空气污染问题。[⑧]

作为最大的发展中国家，过去数十年的能源密集型发展模式导致中国一直受到空气污染的困扰。[⑨⑩]因此，在《2010 年全球疾病负担（GBD）研究》中，空气污染已在全国所有导致过早死亡的危险因素中排名第四。[⑪]同时，大量人口长时间暴露于高浓度的 PM2.5 对中国的公共卫生构成了严重威胁，由 PM2.5 引起的雾霾致使中国的相关疾病发病率不断增加，特别是

---

① 穆泉、张世秋：《2013 年 1 月中国大面积雾霾事件直接社会经济损失评估》，《中国环境科学》2013 年第 11 期。

② 陈仁杰、阚海东：《雾霾污染与人体健康》，《自然杂志》2013 年第 5 期。

③ World Health Organization, Evolution of WHO air quality guidelines: past, present and future, *Copenhagen: WHO Regional Office for Europe*, 2017.

④ Apte J S, Brauer M, Cohen A J, et al., Ambient PM2.5 reduces global and regional life expectancy, *Environmental Science & Technology Letters*, 2018, pp.546-551.

⑤ Malley C S, Henze D K, Kuylenstierna J C I, et al., Updated global estimates of respiratory mortality in adults≥30 years of age attributable to long-term ozone exposure, *Environmental Health Perspectives*, Vol.125, No.8, 2017.

⑥ Qin Y, Fang Y, Li X, et al., Source attribution of black carbon affecting regional air quality, premature mortality and glacial deposition in 2000, *Atmospheric Environment*, 2019, pp.144-155.

⑦ World Health Organization, Mortality and Burden of Disease from Ambient Air Pollution Global Health Observatory (GHO) Data, *WHO*, 2018.

⑧ Lelieveld J, Klingmüller K, Pozzer A, et al., Cardiovascular disease burden from ambient air pollution in Europe reassessed using novel hazard ratio functions, *European Heart Journal*, 2019, pp.1590-1596.

⑨ Huang R J, Zhang Y, Bozzetti C, et al., High secondary aerosol contribution to particulate pollution during haze events in China, *Nature*, 2014, pp. 218-222.

⑩ Zhang Q, He K, Huo H, Cleaning China's air, *Nature*, 2012, pp.161-162.

⑪ Yang G, Wang Y, Zeng Y, et al., Rapid health transition in China, 1990–2010: findings from the Global Burden of Disease Study 2010, *The Lancet*, 2013, pp. 1987-2015.

在经济发达和人口稠密的地区，如京津冀、长三角和珠三角等沿海发达地区。例如，最近一项研究聚焦 PM2.5 超标对人口过早死亡的影响并进行了估算。结果表明，在中国，2013 年有 219 万人的过早死亡可归因于 PM2.5 的长期超标，这一数字在 2014 年为 194 万人，2015 年为 165 万人。[①] 另有研究显示，能够缓解空气污染的政策可以在 2030 年让中国人过早死亡的数字减少 690 万。因而，需要采取强有力的政策来尽可能减少因 PM2.5 污染造成的国民过早死亡。[②]

雾霾污染不仅会造成健康损害，也会进一步导致劳动力损失、经济损失和福利损失。大量研究表明，PM2.5 作为中国的主要空气污染物，会在对健康产生重大影响的同时造成经济损失，尤其体现在 GDP 损失等方面。[③] 例如，一项研究估计，如果没有控制政策，到 2030 年，中国因 PM2.5 超标人均年平均工作的时间损失将达到 56 小时，占年度总工作时间的 2.7%，因而可能导致 2.0% 的 GDP 损失，增加 2100 亿元人民币的医疗支出及约 10 万亿元人民币的人自身生命价值损失。同时，雾霾对经济高质量发展亦有重要影响，程永生等学者基于研究分析发现，雾霾污染对长江经济带绿色高质量发展具有明显的异质性。[④] 另外，部分学者研究了雾霾对入境旅游的影响，实证结果发现，雾霾污染已经对我国入境旅游产生较为明显的负向影响，其中 PM10 的负向效应最显著。[⑤]

三 雾霾驱动因素的相关研究

近年来，中国的 PM2.5 排放已经成为严重的空气污染源，并且越来

---

① Li J, Liu H, Lv Z, et al.,Estimation of PM2.5 mortality burden in China with new exposure estimation and local concentration-response function,*Environmental Pollution*, 2018, pp.1710-1718.

② Yue H, He C, Huang Q, et al.,Stronger policy required to substantially reduce deaths from PM2.5 pollution in China,*Nature Communications*, 2020, pp.1-10.

③ Bai R,Lam J C K,Li V O K,A review on health cost accounting of air pollution in China,*Environment International*, 2018, pp.279-294.

④ 程永生、张德元、赵梦婵、汪侠：《人力资本视角下雾霾污染对长江经济带绿色高质量发展的影响研究》，《重庆大学学报》（社会科学版）2022 年第 2 期。

⑤ 叶莉、陈修谦：《雾霾污染对我国入境旅游的影响及其区域差异》，《经济地理》2021 年第 7 期。

越多的研究集中在其驱动因素上。应当意识到，雾霾污染是自然因素和社会经济因素共同作用的结果。[①]在自然因素方面，气象条件[②③]、大气环流[④⑤]对雾霾的形成、分布、维持与变化起着重要作用。例如，吕效谱等学者指出，高湿、逆温、低压、静风等气象条件均有利于雾霾产生。[⑥]潘本锋等人的研究也表明，较高的相对湿度和静风使得水汽容易出现过度饱和而凝结成雾，导致颗粒物迅速累积，进而对可见光产生散射消光作用，造成能见度下降，最终形成霾污染。[⑦]

　　除了对气象原因的研究，相关研究还主要集中在社会经济因素上。基于计量经济学方法，诸多研究力图揭示 PM2.5 污染与经济增长、城市化、机动车增长、产业结构、能源消耗和工业生态效率等社会经济因素的关系。[⑧⑨⑩⑪]例如，邵帅等学者在考察雾霾污染的空间溢出效应时，分析了雾霾污染与经济增长水平、产业结构、能源结构、人口聚集、公路交通运输

① 贺泓等：《大气灰霾追因与控制》，《中国科学院院刊》2013 年第 3 期。
② 张人禾、李强、张若楠：《2013 年 1 月中国东部持续性强雾霾天气产生的气象条件分析》，《中国科学：地球科学》2014 年第 1 期。
③ 张小曳、孙俊英、王亚强等：《我国雾 – 霾成因及其治理的思考》，《科学通报》2013 年第 13 期。
④ 吴兑、廖国莲、邓雪娇等：《珠江三角洲霾天气的近地层输送条件研究》，《应用气象学报》2008 年第 1 期。
⑤ 林建、杨贵名、毛冬艳：《我国大雾的时空分布特征及其发生的环流形势》，《气候与环境研究》2008 年第 2 期。
⑥ 吕效谱、成海容、王祖武、张帆：《中国大范围雾霾期间大气污染特征分析》，《湖南科技大学学报》（自然科学版）2013 年第 3 期。
⑦ 潘本锋、汪巍、李亮等：《我国大中型城市秋冬季节雾霾天气污染特征与成因分析》，《环境与可持续发展》2013 年第 1 期。
⑧ Li G, Fang C, Wang S, et al.,The effect of economic growth, urbanization, and industrialization on fine particulate matter（PM2.5）concentrations in China,*Environmental Science & Technology*,2016, pp.11452-11459.
⑨ Ji X, Yao Y, Long X,What causes PM2.5 pollution? Cross-economy empirical analysis from socioeconomic perspective,*Energy Policy*, 2018, pp.458-472.
⑩ Li G, Fang C, Wang S, et al.,The effect of economic growth, urbanization, and industrialization on fine particulate matter（PM2.5）concentrations in China,*Environmental Science & Technology*, 2016, pp.11452-11459.
⑪ 李在军、胡美娟、张爱平、周年兴：《工业生态效率对 PM2.5 污染的影响及溢出效应》，《自然资源学报》2021 年第 3 期。

强度、研发强度和能源效率等因素的关系。[1] Xu 等学者使用 STIRPAT 模型和非参数回归方法分析了中国 PM 2.5 升高的原因。结果表明，收入水平、城市化情况和服务业对 PM2.5 污染有显著的影响。收入一直对 PM2.5 产生积极影响，但随着城市化水平或收入水平的提高，影响逐渐减弱。城镇化与 PM2.5 之间存在倒 U 型关系，其中 PM2.5 污染与低收入水平或城市化呈正相关，而与高收入水平和高城市化呈负相关。[2] 他们的研究结果表明，经济增长是引起 PM2.5 升高的决定性因素，这点与环境库兹涅茨曲线的预期一致。[3] 也有研究反驳了这一结论，邵帅等学者以卫星监测的夜间灯光数据构造的灯光复合指数表征城市化水平，检验发现城市化水平与雾霾污染之间并不存在显著的倒 U 形曲线关系，而是表现出明显的正向单调线性关系，表明中国的城市化进程尚处于雾霾污染加剧阶段。[4]

此外，鉴于诸多社会经济因素都会对环境产生影响。因此，一些研究已经考虑到了能源强度、车辆数量、人口等社会经济因素对 PM2.5 污染的影响。[5][6][7] 例如，Wu 等学者的研究表明，工业化水平、能源消耗和机动车数量都会加剧 PM2.5 污染。另外，主导东、中、西部地区污染的因素各不相同，而交通拥堵是东部地区高污染重雾霾的重要原因，对中、西部而言，能源结构则是关键因素。[8] 除了自然因素和社会经济因素，地方政府行

① 邵帅、李欣、曹建华、杨莉莉：《中国雾霾污染治理的经济政策选择——基于空间溢出效应的视角》，《经济研究》2016 年第 9 期。

② Xu B, Luo L, Lin B, A dynamic analysis of air pollution emissions in China: Evidence from nonparametric additive regression models, *Ecological Indicators*, 2016, pp.346-358.

③ Grossman G M, Krueger A B, The inverted-U: what does it mean?, *Environment and Development Economics*, 1996, pp.119-122.

④ 邵帅、李欣、曹建华：《中国的城市化推进与雾霾治理》，《经济研究》2019 年第 2 期。

⑤ Jiang P, Yang J, Huang C, et al., The contribution of socioeconomic factors to PM2.5 pollution in urban China[J]. *Environmental Pollution*, 2018, pp. 977-985.

⑥ Li G, Fang C, Wang S, et al., The effect of economic growth, urbanization, and industrialization on fine particulate matter（PM2.5）concentrations in China, *Environmental Science & Technology*, 2016, pp.11452-11459.

⑦ Fang C, Liu H, Li G, International progress and evaluation on interactive coupling effects between urbanization and the eco-environment, *Journal of Geographical Sciences*, 2016, pp.1081-1116.

⑧ 马丽梅、刘生龙、张晓：《能源结构、交通模式与雾霾污染——基于空间计量模型的研究》，《财贸经济》2016 年第 1 期。

为和地方政府竞争也会带来环境污染。[①]中国式财政分权体制导致区域之间在空气质量执行标准上"逐底竞争"，这势必会引致环境恶化，最直接的后果就是雾霾加剧。[②]例如，沈坤荣等学者对流域污染的分析表明，在地方政府竞争背景下，地方政府在环境规制上采取策略性行为，即将水污染密集型行业由下游地区向上游地区转移，同样会引致下游地区的水质恶化，从而呈现"污染回流效应"。[③]秉承同样的逻辑，企业也会进行污染就近转移的应对策略，从而削弱环境规制的效果。[④]伴随着经济要素关联度日益紧密，部分学者还尝试探讨国家审计[⑤]、土地出让[⑥]、营改增税务改革[⑦]等要素对雾霾的影响。

　　除少量研究外[⑧]，大多数研究都依赖计量经济学模型，并且仅显示了不同社会经济驱动因素与环境污染之间的原始关系，忽略了 PM2.5 等污染物排放在研究区域、部门和时间上的异质性。以 PM2.5 为代表的污染物扩散可能会导致空间相关性和空间外溢。[⑨⑩]例如，2015 年上海市环保局统计的结果显示，区域传播贡献为 64%~84%，空间扩散的影响为 16%~36%。[⑪]这些数据表明，空间扩散对雾霾污染具有不可忽视的重要影响，因此一些

①　蔡昉、都阳、王美艳:《经济发展方式转变与节能减排内在动力》,《经济研究》2008 年第 6 期。

②　张克中、王娟、崔小勇:《财政分权与环境污染:碳排放的视角》,《中国工业经济》2011 年第 10 期。

③　沈坤荣、周力:《地方政府竞争,垂直型环境规制与污染回流效应》,《经济研究》2020 年第 3 期。

④　沈坤荣、金刚、方娴:《环境规制引起了污染就近转移吗?》,《经济研究》2017 年第 5 期。

⑤　韩峰:《国家审计有助于推进雾霾治理吗?》,《中南财经政法大学学报》2021 年第 6 期。

⑥　王守坤、王菲:《土地出让是否会增加雾霾污染?——基于中国地级市面板数据的实证分析》,《当代经济科学》,2022 年第 2 期。

⑦　苏航、魏修建:《建筑业"营改增"对提高治霾成效的经验证据与机制分析》,《当代经济科学》2022 年第 2 期。

⑧　马丽梅、张晓:《中国雾霾污染的空间效应及经济、能源结构影响》,《中国工业经济》2014 年第 4 期。

⑨　Hao Y, Liu Y M, The influential factors of urban PM2.5 concentrations in China: a spatial econometric analysis, *Journal of Cleaner Production*, 2016, pp.1443-1453.

⑩　Dong L, Liang H, Spatial analysis on China's regional air pollutants and CO_2 emissions: emission pattern and regional disparity, *Atmospheric Environment*, 2014, pp.280-291.

⑪　http://www.sepb.gov.cn/fa/cms/shhj/shhj2272/shhj2159/2015/01/88463.htm.

研究利用空间计量分析法，试图对雾霾污染的驱动力进行研究。例如，Cheng 等学者的研究结果表明，中国的城市烟雾表现出明显的全球空间自相关和局部空间集聚。[①] Liu 等学者也发现，城市化有显著的溢出效应，城市人口聚集会导致 PM2.5 浓度增加。[②] 基于此结论，Chen 等学者采用指标分解法分析了 2015 年中国不同地区和行业 PM2.5 排放变化的决定因素。结果显示：（1）居民收入的增加推动了 PM2.5 排放量的增加；（2）农民人均收入和城乡收入差距是刺激 PM2.5 排放的两个关键因素，因为煤炭仍然是大多数家庭的主要能源（取暖等）[③]，而煤炭燃烧显然会造成 PM2.5 的排放增加。

四　以驱动因素为视角的雾霾治理研究

鉴于雾霾污染水平和雾霾污染危害日趋严重，对其进行治理显然是当务之急，故而诸多文献探讨了污染物治理的手段与效果。其中，一部分文献从驱动因素的角度探讨雾霾治理之策，另一部分文献专注于从政策工具的视角进行政策评估。本课题将对此分别进行回顾，此处先回顾第一部分文献，后者将在下一小节呈现。

虽然雾霾污染是自然因素和社会经济因素共同作用的结果[④]，但前者改变难度相当之大，甚至可以说是无法改变的。因此，治理雾霾的可行思路应当是着眼于后者。鉴于经济增长、城市化、机动车增长、产业结构、能

① Cheng Z, Li L, Liu J, Identifying the spatial effects and driving factors of urban PM2.5 pollution in China, *Ecological Indicators*, 2017, pp.61-75.

② Liu H, Fang C, Zhang X, et al.,The effect of natural and anthropogenic factors on haze pollution in Chinese cities: A spatial econometrics approach,*Journal of Cleaner Production*, 2017, pp.323-333.

③ Chen J, Gao M, Li D, et al., Changes in PM2.5 emissions in China: An extended chain and nested refined laspeyres index decomposition analysis, *Journal of Cleaner Production*, 2021,p.126248.

④ 贺泓等：《大气灰霾追因与控制》,《中国科学院院刊》2013 年第 3 期。

源消耗和工业生态效率等社会经济因素都被证明与 PM2.5 污染有关①②③④，因此多数文献选择从上述因素出发来探寻相关的雾霾治理之策。一些文献从低碳发展、绿色发展的视角出发，认为通过强化环境规制，促进能源结构优化、加快节能减排和产业结构优化等有助于提高绿色经济效率，从而能够起到减少污染排放的作用。⑤⑥ 短期而言，减少劣质煤的使用是最立竿见影的手段；长期而言，优化产业结构和能源消费结构是治理雾霾的关键步骤。⑦ 例如，宋弘等学者近期的研究表明，低碳城市建设减少了企业排污，同时也促进了产业结构的升级与创新，进而显著降低了城市空气污染。⑧ 邵帅等学者建议转变经济发展方式，通过财税优惠政策促进企业的绿色技术创新，并加大对节能减排和污染防治技术研发的支持力度，提高绿色清洁能源的使用率。⑨ 孙传旺等学者基于对城市交通基础设施与空气污染的实证检验，从城市规划的视角提出了改变交通基础设施供给的建议。他们提议增加交通基础设施以改善城市空气质量，且增速要与汽车数量的增速相匹配；同时，要加快发展多元化的公共交通，进一步提升城市公交服务水平；最后，还应当发展卫星城以分担大城市的核心功能，舒缓大城市的交通

① Li G, Fang C, Wang S, et al., The effect of economic growth, urbanization, and industrialization on fine particulate matter（PM2.5）concentrations in China, *Environmental Science & Technology*, 2016, pp.11452-11459.

② Ji X, Yao Y, Long X, What causes PM2.5 pollution? Cross-economy empirical analysis from socioeconomic perspective, *Energy Policy*, 2018, pp.458-472.

③ Li G, Fang C, Wang S, et al., The effect of economic growth, urbanization, and industrialization on fine particulate matter（PM2.5）concentrations in China, *Environmental Science & Technology*, 2016, pp.11452-11459.

④ 李在军、胡美娟、张爱平、周年兴：《工业生态效率对 PM2.5 污染的影响及溢出效应》，《自然资源学报》2021 年第 3 期。

⑤ 陈诗一：《能源消耗、二氧化碳排放与中国工业的可持续发展》，《经济研究》2009 年第 4 期。

⑥ 陆旸：《中国的绿色政策与就业：存在双重红利吗？》，《经济研究》2011 年第 7 期。

⑦ 马丽梅、张晓：《中国雾霾污染的空间效应及经济、能源结构影响》，《中国工业经济》2014 年第 4 期。

⑧ 宋弘、孙雅洁、陈登科：《政府空气污染治理效应评估——来自中国"低碳城市"建设的经验研究》，《管理世界》2019 年第 6 期。

⑨ 邵帅、李欣、曹建华、杨莉莉：《中国雾霾污染治理的经济政策选择——基于空间溢出效应的视角》，《经济研究》2016 年第 9 期。

压力。①

为了缓解区域性的雾霾污染和防治扩散性的雾霾污染，一些文献也对相关应对策略进行了探讨。区域协同治理被认为是打破雾霾治理碎片化、协调区域雾霾治理的有效手段。因此，应当建立多主体联动治理机制、法律约束与激励机制和长效监管机制，以促进府际协同治理雾霾长效合作机制的运转。② 邵帅等学者的研究可以作为范例，他们建议根据经济发展水平和雾霾污染程度的区域差异进行全局规划，为进一步实行有所侧重的区域治霾策略提供实践基础。京津冀和长三角是 PM2.5 高污染"俱乐部"，亦是治霾的"主战场"；其他东部沿海地区（如闽、粤）是 PM2.5 次高污染"俱乐部"，同时也是治霾的"次战场"；其余地区为 PM2.5 污染较严重的中西部地区，这些地区主要面临的问题是东部地区污染转移的风险。这三类区域的经济发展水平不同，雾霾污染程度不同，要因地制宜制定区域治霾方案，既要防止"逐底竞争"，同时还要防止沈坤荣等学者证实的雾霾污染区域转移的情况出现。③④ 他们进一步指出，建立雾霾污染治理的区域联防联控机制，形成有效治霾的区域合力是当务之急，而相应的机制则包括利益协调机制、污染补偿机制、环境信息共享机制、区域联合预警机制等。⑤

五 以政策工具为视角的雾霾治理研究

如上文所述，相当多的文献都探讨了雾霾治理的手段与效果。除了从驱动因素的角度探讨雾霾治理之策的一部分研究，另一部分研究专注于从环境政策工具的视角进行政策评估。大量文献揭示，环境政策工具的实施

---

① 孙传旺、罗源、姚昕：《交通基础设施与城市空气污染——来自中国的经验证据》，《经济研究》2019 年第 8 期。

② 李永亮：《"新常态"视阈下府际协同治理雾霾的困境与出路》，《中国行政管理》2015 年第 9 期。

③ 沈坤荣、周力：《地方政府竞争、垂直型环境规制与污染回流效应》，《经济研究》2020 年第 3 期。

④ 沈坤荣、金刚、方娴：《环境规制引起了污染就近转移吗？》，《经济研究》2017 年第 5 期。

⑤ 邵帅、李欣、曹建华、杨莉莉：《中国雾霾污染治理的经济政策选择——基于空间溢出效应的视角》，《经济研究》2016 年第 9 期。

与技术创新 [1]、污染减排 [2]、碳减排 [3]、空气质量改善和雾霾降低 [4] 等环境指标改善存在显著的正相关。例如，Zhang 等学者的最新研究显示，环境规制有效地减少了雾霾污染。环境规制水平每提高 1%，PM2.5 的平均浓度就会降低 0.116μg/m³。[5] 这部分文献大致可以分为以下几个方面。

（一）关于环境政策工具类型的研究

政策工具（Policy Instruments）又称政府工具（Governmental Tools）、治理工具（Governing Instrument）。简单来说，政策工具就是达成政策目标的手段或途径，环境政策工具则是达成环境政策目标的手段或途径。目前学界对环境政策工具的研究主要集中在环境政策工具的类型划分、环境政策工具效用的评价和环境政策工具的选择上。[6]

关于环境政策工具的分类。[7] 豪利特和拉米什依照政府介入程度的高低，将政策工具分为自愿性工具、混合性工具、强制性工具 [8]；萨瓦斯将政府工具具体分为政府服务、政府间协议、契约、特许经营、补助、凭单制、市场化、自我服务、用户付费、志愿服务等类型 [9]。豪利特和萨瓦斯等学者

[1]　Ouyang X, Li Q, Du K,How does environmental regulation promote technological innovations in the industrial sector? Evidence from Chinese provincial panel data,*Energy Policy*, 2020.

[2]　沈满洪、杨永亮：《排污权交易制度的污染减排效果研究——基于浙江省重点排污企业数据的检验》，《浙江社会科学》2017 年第 7 期。

[3]　Ulucak R, Khan S U D, Baloch M A, et al., Mitigation pathways toward sustainable development: Is there any trade - off between environmental regulation and carbon emissions reduction?, *Sustainable Development*, 2020, pp. 813-822.

[4]　王书斌、徐盈之：《环境规制与雾霾脱钩效应——基于企业投资偏好的视角》，《中国工业经济》2015 年第 4 期。

[5]　Zhang M, Sun X, Wang W, Study on the effect of environmental regulations and industrial structure on haze pollution in China from the dual perspective of independence and linkage, *Journal of Cleaner Production*, Vol. 256, No.1, 2020.

[6]　王辉：《政策工具选择与运用的逻辑研究——以四川 Z 乡农村公共产品供给为例》，《公共管理学报》2014 年第 3 期。

[7]　详细的分类，可参见周付军、胡春艳《大气污染治理的政策工具变迁研究——基于长三角地区 2001~2018 年政策文本的分析》，《江淮论坛》2019 年第 6 期。

[8]　〔加〕迈克尔·豪利特、M. 拉米什：《公共政策研究政策循环与政策子系统》，庞诗等译，三联书店，2006，第 144 页。

[9]　〔美〕E.S. 萨瓦斯：《民营化与公私部门的伙伴关系》，周志忍等译，中国人民大学出版社，2002，第 92 页。

的划分具有较高的权威性，故被学界广泛采纳。关于环境政策工具的分类，最初是依据政府与市场的二元划分思想进行，随后又开始盛行三分法，分别对应着环境管制手段的三个阶段：以命令控制型手段为主导、市场经济手段的介入、合作型等多元手段的参与。[①] 例如，Kemp 将环境政策工具分为命令手段、市场手段、相互沟通的手段和信息披露等。[②] 命令手段包括关于减少多少污染的指令、制定环境标准、技术规范等；市场手段则是通过创造经济激励来降低污染，包括征收污染税、排污权交易、发放减排补贴等；相互沟通的手段和信息披露则主要是通过政府与社会的互动来影响企业减排，或者由社会监督政府执行环境政策，常见的手段包括环境影响评价、环境信息公开、环境管理体系、全面环境管理、绿色供应链管理、ISO14001、环境公益诉讼、垃圾分类、全民节能行动计划等。这一分类思想被后续的研究广为采纳，例如，杨洪刚将环境政策工具分为命令控制型、经济激励型和公众参与型三大类[③]；赵新峰等学者则采用了管制型政策工具、市场型政策工具和自愿型政策工具的分类[④]；傅广宛在最新的研究中采用了强制型政策工具、混合型政策工具和自愿型政策工具的分类方法[⑤]。基于上述理论基础，后文将把环境政策工具分为命令控制型、市场激励型和非正式型三种。

命令控制型环境政策工具是指政府颁布相关法律、法规和规范性文件，通过对企业或个人在生产消费中的不良行为进行直接管制的一种手段。对雾霾治理采用命令控制型政策工具意味着政府通过法律文件对不规范的污染行为直接禁止以达到治理环境、净化空气目的。在雾霾治理初期，中国政府在对国外经验学习的基础之上，命令控制型环境政策工具在我国被广泛使用，具体包括：环境影响评价制度、"三同时"制度、排污

---

① 李挚萍：《20世纪政府环境管制的三个演进时代》，《学术研究》2005年第6期。
② Kemp R, Norman M E,Environmental policy and technical change: a comparison of the technological impact of policy instruments, *Environmental Conservation*, 1998, p. 83.
③ 杨洪刚：《中国环境政策工具的实施效果及其选择研究》，复旦大学博士学位论文，2009。
④ 赵新峰、袁宗威：《区域大气污染治理中的政策工具：我国的实践历程与优化选择》，《中国行政管理》2016年第7期。
⑤ 傅广宛：《中国海洋生态环境政策导向（2014~2017）》，《中国社会科学》2020年第9期。

许可证制度、污染物申报制度、污染物限期治理制度以及城市环境综合整治定量考核制度等。

市场激励型环境政策工具是指政府部门通过市场传递信号，引导消费者和生产者在消费或生产行为中对各自的行为进行效益权衡，借助利益驱使来影响政策行为从而达到政策目标的一种途径。在雾霾治理中，这一手段的运用主要是通过提高消费者和生产者在环境污染行为中的成本及代价，从而控制消费者和生产者的排污行为，即通过利益调节来达到市场约束目的。运用市场激励型政策工具进行雾霾治理主要体现为排污税收与收费、补贴以及鼓励技术创新三大类。

非正式型环境政策工具是指政府通过宣传教育、舆论引导的方式，促使企业或个人树立保护环境的观念，从而自发为保护环境做出积极的行动。其实质是改变当事人在环境行为决策框架中的观念，将环境保护的观念全部内化到当事人的偏好结构中①，核心是引导公众参与环境治理过程。在环境治理中我国的非正式型环境政策工具包括政府主导下的听证会、专家论证会以及以公众为主体的信访、民间环保组织、环境宣传教育等。②

（二）关于环境政策工具对环境治理的影响研究

环境政策工具（亦称为环境规制）在实现环境质量目标的过程中至关重要。总体而言，环境规制旨在减轻经济活动对环境的负面影响，作为一种行之有效的环境治理手段，大多数国家通常都会采用环境规制来控制污染，被治理对象包括碳排放、空气污染、雾霾污染等。因此，环境规制与环境污染之间的关系一直是研究的热点。从理论上讲，环境规制与减少雾霾污染之间必然存在很强的因果关系，因为环境规制能够以多种方式实现雾霾污染物的减少。例如，政府通过宣传可以提高人们的环保意识③，采取

---

① 李晟旭：《我国环境政策工具的分类与发展趋势》，《环境保护与循环经济》2010 年第 1 期。

② 罗敏、伍小乐：《环境政策工具的有效性选择——来自 H 省 M 市环境治理的地方性经验》，《城市观察》2020 年第 3 期。

③ Triebswetter U, Hitchens D, The impact of environmental regulation on competitiveness in the German manufacturing industry—a comparison with other countries of the European Union, *Journal of Cleaner Production*, 2005, pp. 733-745.

必要手段迫使企业改进技术，采用清洁生产设备，[1] 明确地方官员的环境责任并实施问责机制[2] 等方法来提升环境治理的效果。但是正如最近研究所证明的，环境规制与雾霾污染之间的关系实际上仍然是不确定的。譬如，自2017 年中国共产党第十九次全国代表大会首次提出"高质量发展"新表述，部分学者开始基于 Tapio 系数对雾霾、碳排放与经济增长之间的脱钩关系进行测度分析，实证结果发现碳排放脱钩努力对雾霾的影响在东中部地区表现为负，在西部地区表现为正。[3] 一方面，环境监管可能产生创新补偿效应，从而减少环境污染；另一方面，也可能对技术创新产生合规成本效应，进而间接影响环境污染。总体来说，关于环境规制和环境污染的研究结论主要体现在以下三个方面。

其一，一些学者认为，环境规制有助于减少包括雾霾污染在内的许多空气污染。早期的研究主要针对环境规制对降低空气污染程度的效果进行分析。Cole 等人证实，英国在制造业领域实施的环境规制在降低污染强度方面取得了很大成功。[4] He 早期的研究发现，环境规制能够有效减少 SO_2 的污染排放。[5] 相较以往，近期的研究更加侧重于对环境规制如何影响碳排放和雾霾污染进行分析，例如 Ulucak 等人基于 1995 年至 2016 年金砖国家的面板数据，利用最小二乘法估计，证实了环境规制在减少碳排放中的积

---

① Costantini V, Mazzanti M, Montini A, Environmental performance, innovation and spillovers. Evidence from a regional NAMEA, *Ecological Economics*, 2013, pp.101-114.

② Wu J, Xu M, Zhang P, The impacts of governmental performance assessment policy and citizen participation on improving environmental performance across Chinese provinces, *Journal of Cleaner Production*, 2018, pp.227-238.

③ 王世进、姬桂荣、仇方道：《雾霾、碳排放与经济增长的脱钩协同关系研究》，《软科学》2021 年第 10 期。

④ Cole M A, Elliott R J R, Shimamoto K, Industrial characteristics, environmental regulations and air pollution: an analysis of the UK manufacturing sector, *Journal of Environmental Economics and Management*, 2005, pp.121-143.

⑤ He J, Pollution haven hypothesis and environmental impacts of foreign direct investment: The case of industrial emission of sulfur dioxide（SO_2）in Chinese provinces, *Ecological Economics*, 2006,pp.228-245.

极作用。① Zhang 等人使用省级数据实证检验了环境规制在中国雾霾污染治理中的作用，他们发现，中国当前的环境规制措施有效地抑制了雾霾污染并取得了预期的效果。② Song 等人用两阶段最小二乘法估计了 2004~2016 年中国 253 个地级市的环境规制在污染减排上的效果，最终得到了肯定的答案。他们同时也进一步指出，这种污染减排效应主要是通过技术进步、产业结构调整等手段来实现。③ Lee 等人的评估发现，韩国的《清洁空气法》显著减少了空气污染物，代表性的数据是将 PM10 降低了 9%。④

从理论和作用机制来说，这部分文献印证了波特假说⑤，即适当的环境规制可以激励企业提高技术水平和控制污染的能力，由此产生的收益可以部分或完全抵消企业实施环境规制所产生的成本，从而产生创新补偿效果，故有益于环境治理⑥。此外，环境监管还可以通过技术创新的中介效应间接改善当地的环境质量⑦，其机制是随着环境监管强度的提高，污染控制成本在企业总成本中的比重可能会继续增加，这使企业不得不通过增加研发投入来改善生产技术⑧。此时，技术创新的补偿效果要强于履约成本效果，从

① Ulucak R, Khan S U D, Baloch M A, et al., Mitigation pathways toward sustainable development: Is there any trade-off between environmental regulation and carbon emissions reduction?,*Sustainable Development*, 2020, pp.813-822.

② Zhang M, Liu X, Ding Y, et al.,How does environmental regulation affect haze pollution governance?—an empirical test based on Chinese provincial panel data,*Science of The Total Environment*, 2019.

③ Song Y, Yang T, Li Z, et al.,Research on the direct and indirect effects of environmental regulation on environmental pollution: Empirical evidence from 253 prefecture-level cities in China,*Journal of Cleaner Production*, 2020.

④ Lee S, Yoo H, Nam M,Impact of the Clean Air Act on air pollution and infant health: Evidence from South Korea,*Economics Letters*, 2018,pp.98-101.

⑤ Porter M E, Van der Linde C,Toward a new conception of the environment-competitiveness relationship,*Journal of Economic Perspectives*, 1995, pp. 97-118.

⑥ Qiu L D, Zhou M, Wei X,Regulation, innovation, and firm selection: The porter hypothesis under monopolistic competition, *Journal of Environmental Economics and Management*, 2018, pp. 638-658.

⑦ Ling Guo L, Qu Y, Tseng M L,The interaction effects of environmental regulation and technological innovation on regional green growth performance, *Journal of Cleaner Production*, 2017, pp.894-902.

⑧ Lanoie P, Patry M, Lajeunesse R,Environmental regulation and productivity: testing the porter hypothesis,*Journal of Productivity Analysis*, 2008, pp.121-128.

31

而能够达到减少排放、保持利润的目的。

其二，还有一些研究认为，环境规制并不能达到减少污染的预期效果。这种观点主要源于"绿色悖论"假说，即旨在限制气候变化的政策和措施的实施加速了对化石燃料的开采，从而加速了大气中温室气体的积累，导致了环境的退化。[①] Yuan 等人指出，当前的环境规制水平还不足以提高生态效率。[②] Hao 等人使用 2003~2010 年 283 个城市的面板数据，发现环境规制并没有减少中国的空气污染。反之，环境规制还通过外国直接投资（FDI）间接恶化了环境质量。[③]

从理论和作用机制来说，这些文献从合规成本的角度出发，由于环境规制的引入必然会增加企业的生产成本和污染控制成本，在资金既定的情况下，可能会在一定程度上减少企业的研发经费，这显然不利于绿色技术创新。同时，合规成本效应还降低了公司向低污染且高效率的公司学习的热情，这也对技术创新造成了阻碍，不利于改善环境质量。[④] 这些效应都会使得环境规制与环境污染之间产生正相关关系，进而削弱环境规制的正向效果。[⑤]

此外，一些学者揭示了环境规制对雾霾污染的非线性影响。一些研究证实，环境规制与环境污染之间呈倒 U 形关系[⑥]，即随着环境监管强度的提高，污染排放量呈现先增加后减少的趋势。例如，Ouyang 等学者的实证发

---

① Sinn H W,Public policies against global warming: a supply side approach,*Int Tax Public Finance*, 2008,pp.360-394.

② Yuan B, Ren S, Chen X,Can environmental regulation promote the coordinated development of economy and environment in China's manufacturing industry?–A panel data analysis of 28 sub-sectors,*Journal of Cleaner Production*, 2017, pp.11-24.

③ Hao Y, Deng Y, Lu Z N, et al.,Is environmental regulation effective in China? Evidence from city-level panel data, *Journal of Cleaner Production*, 2018, pp.966-976.

④ Albrizio S, Kozluk T, Zipperer V,Environmental policies and productivity growth: Evidence across industries and firms,*Journal of Environmental Economics and Management*, 2017,pp.209-226.

⑤ Jaffe A B, Palmer K,Environmental regulation and innovation: a panel data study,*Review of Economics and Statistics*, 1997, pp.610-619.

⑥ Zhao Y, Liang C, Zhang X,Positive or negative externalities? Exploring the spatial spillover and industrial agglomeration threshold effects of environmental regulation on haze pollution in China,*Environment, Development and Sustainability*, 2020,pp.1-22.

现，30 个经合组织国家环境规制对农村地区的 PM2.5 存在非线性影响。随着环境政策严格性的提高，PM2.5 排放量先是上升，随后两者的相关性开始减弱，如果环境规制强度在这一阶段基础上进一步提高，则有望减少 PM2.5 排放量。[①] 其他一些研究也印证了这种倒 U 形关系 [②]。

以理论为出发点考量的话，其中的原因可能与企业在环境成本和生产成本之间的选择有关。众所周知，改变生产需要成本和时间，即企业对环境规制的响应可能是一个缓慢而非瞬时的过程。换句话说，当环境规制强度较低时，由于环境成本低，公司将不会对此做出积极响应，即不会增加清洁技术投入。只有当环境规制强度提高到一定程度，即环境成本大于清洁生产的成本时，公司才会对环境规制做出响应，也就是增加清洁技术投入以减少环境污染。[③] 因此，环境规制与环境污染之间呈倒 U 形关系在理论上是合理的。这也就印证了 Acemoglu 等学者提出的环境规制可以促进清洁行业的创新这一理论。但是，此类创新有一个先决条件，即环境规制需要达到一定水平。Liang 通过数学模型证明了清洁生产技术或污染控制技术的选择取决于环境规制的水平。[④] 文献认为，在更严格的环境监管下，能源密集型行业将被迫加强技术投资以减少污染。[⑤] 这些发现表明，环境规制需要更严格才能真正发挥效力。

（三）关于不同环境政策工具的治理效能研究

1. 命令控制型环境规制（CCR）的治理效能研究

作为一种传统的环境控制方法，CCR 在发达国家得到了较早的应用。自从 20 世纪 50 年代以来，美国就一直在不断地完善其空气质量法律法规，

---

① Ouyang X, Shao Q, Zhu X, et al.,Environmental regulation, economic growth and air pollution: Panel threshold analysis for OECD countries, *Science of the Total Environment*, 2019, pp.234-241.

② Zhang M, Liu X, Sun X, et al.,The influence of multiple environmental regulations on haze pollution: Evidence from China,*Atmospheric Pollution Research*, 2020, pp.170-179.

③ Krysiak F C,Environmental regulation, technological diversity, and the dynamics of technological change, *Journal of Economic Dynamics and Control*, 2011,pp.528-544.

④ Liang J R, Shi Y J, Xi X J,Clean production technology innovation, abatement technology innovation and environmental regulation,*China Economic Studies*, 2018, pp.76-85.

⑤ Pei Y, Zhu Y, Liu S, et al.,Environmental regulation and carbon emission: The mediation effect of technical efficiency,*Journal of Cleaner Production*, Vol. 236, No.1, 2019.

包括《空气污染控制法》（1955 年）、《清洁空气法》（1963 年）、《空气质量控制法》（1967 年）等，这些法律中最有名的是 1970 年的《清洁空气法》。该法不仅规定了减少污染空气排放的制度和项目，还为法律的有效实施设定了一些保障措施，包括行政保障措施、民事诉讼措施和刑事保障措施等。时至今日，在许多发展中国家，环境保护法律法规仍然是一种常见的环境监管工具。

由于西方国家较早使用 CCR 来应对环境污染问题，早期关于 CCR 的文献主要集中于这一工具在西方国家如何发挥作用。先前关于 CCR 效果的研究主要基于美国、德国和日本等发达国家的产业或企业。例如，Hamamoto 等人的研究发现，CCR 有效地刺激了日本企业研发投资的增长，进而对全要素生产率的增长产生了显著的积极影响。[①] 细分来说，在我们讨论的各种命令和控制工具中，最常见的工具是环境标准和环境规制。

虽然 CCR 在实证检验中已经被确定有效，然而在近几十年里，由于市场机制愈发成熟，西方国家越来越多地使用市场激励型和自愿性的环境标准作为监管工具，以取代命令控制型的环境监管。[②] 不过，CCR 在发展中国家仍然很普遍[③]，例如在中国，基于市场的规制试验仍处于起步阶段[④]，因此中国的环境治理体系仍然主要依靠自上而下的指挥和控制手段。就中国而言，由于其有效性和重要性，CCR 的环境规制效应已引起学者越来越多的关注。[⑤]

中国越来越多地依靠 CCR 来干预环境治理。近年来一些学者指出，中

① Hamamoto M,Environmental regulation and the productivity of Japanese manufacturing industries,*Resource and Energy Economics*, 2006, pp. 299-312.

② Albrizio S, Kozluk T, Zipperer V,Environmental policies and productivity growth: Evidence across industries and firms,*Journal of Environmental Economics and Management*, 2017,pp.209-226.

③ Requate T,Dynamic incentives by environmental policy instruments—a survey,*Ecological Economics*, 2005, pp.175-195.

④ Lo A Y,Carbon trading in a socialist market economy: Can China make a difference?,*Ecological Economics*, 2013,pp. 72-74.

⑤ Yu Y, Zhang N,Does smart city policy improve energy efficiency? Evidence from a quasi-natural experiment in China, *Journal of Cleaner Production*, 2019,pp.501-512.

国的环境管制人员手握更锋利的环境管理工具，这一工具有助于实现更具有约束力的环境目标。[①] 他们认为，CCR 作为强制性和有约束力的环境管理工具，能够带来许多令人满意的结果。首先，CCR 的强制性和高约束力特点使得中国各级政府能够迅速将环境问题纳入各自的政策议程。其次，在将环境治理目标向下传递到管理层次结构的过程中，目标分配的自由度允许地方政府在考虑本地情况时具有一定的灵活性，在像中国这样地域多元化的国家中，这种灵活性尤为重要。

　　除了上述规范研究，还有一些文献对 CCR 的有效性进行了实证分析，并得出了肯定的结论。一些研究提供了国外 CCR 抑制污染有效性的证据，例如，一项针对《美国清洁水法》的评估提供证据表明，该法不仅减少了水污染，而且增加了当地居民的福利。[②] 另一项针对《德国施肥条例》的评估提供的证据亦表明，该法可以通过限制农民的施肥以及影响其管理选择来解决氮肥过剩问题，从而间接改善了因氮肥过剩而被污染的水质。[③] 近年来，针对国内 CCR 有效性的研究中肯定性的结论逐渐增多，例如，Zhang 等人的研究发现，CCR 确实显著地抑制了雾霾污染，但这种抑制作用在西部地区不明显。[④] Li 和 Ramanathan 研究了不同类型的环境规制对中国环境绩效的影响，并且进一步得出结论，即 CCR 对环境绩效存在非线性的影响，这在总体上有助于降低污染排放。[⑤] Chen 等人基于 1998~2012 年中国 30 个省的二氧化碳排放、烟尘排放和废水排放数据，以环境污染治理投资占国内生产总值的比例表征 CCR，并使用 GMM 方法进行估计，得出 CCR

① Beeson M, The coming of environmental authoritarianism, *Environmental Politics*, 2010, pp.276-294.

② Keiser D A, Shapiro J S, Consequences of the Clean Water Act and the demand for water quality, *The Quarterly Journal of Economics*, 2019, pp.349-396.

③ Klages S, Heidecke C, Osterburg B, The impact of agricultural production and policy on water quality during the dry year 2018, a case study from Germany, *Water*, 2020, p.1519.

④ Zhang M, Liu X, Sun X, et al., The influence of multiple environmental regulations on haze pollution: Evidence from China, *Atmospheric Pollution Research*, 2020, pp.170-179.

⑤ Li R, Ramanathan R, Exploring the relationships between different types of environmental regulations and environmental performance: Evidence from China, *Journal of Cleaner Production*, 2018, pp.1329-1340.

与环境污染成正相关的结论。[①] Wang 等人还对 CCR 控制污染的中介机制进行了检验，认为 CCR 通过促进污染产业转移这一行为，间接减少了本地空气污染。[②]

另一项经常被学者们检验的 CCR 是中国于 1998 年开始试点的"两控区"政策[③]，这一政策作为准自然实验，为相关的研究提供了绝佳的案例。一些学者利用双重差分法对其政策效果进行了检验，例如，Tang 等人最新的研究发现，CCR 严重阻碍了企业全要素生产率的增长，而且这种负面影响是滞后且持续的。在他们看来，在 CCR 控制之下，很难实现环境可持续发展和企业全要素生产率增长的双赢。因为 CCR 相对严格，故有必要采取灵活的方法，如利用 MBR 等市场手段，进行多样化管理。

虽然相关的支持性证据不胜枚举，但反对意见也层出不穷，因此关于 CCR 的有效性问题始终没有形成共识。对 CCR 效果持怀疑态度的文献主要可以分为两类思路。第一类是规范研究，这一类研究主要担心 CCR 在中国不可避免地会遭遇政策执行鸿沟（implementation gaps）。[④] 就环境政策执行而言，由于环境执法与地方经济利益相悖，出于地方保护的本能，地方政府必然会倾向于庇护本地企业，进而放松监管，疏于执法。[⑤] 极端点说，地方政府甚至还会采取上下共谋[⑥]、政企合谋[⑦]、讨价还价等应对策

---

① Chen H, Hao Y, Li J, et al., The impact of environmental regulation, shadow economy, and corruption on environmental quality: Theory and empirical evidence from China, *Journal of Cleaner Production*, 2018, pp.200-214.

② Wang T, Peng J, Wu L, Heterogeneous effects of environmental regulation on air pollution: evidence from China's prefecture-level cities, *Environmental Science and Pollution Research*, 2021, pp.1-16.

③ "两控区"是指酸雨控制区和二氧化硫污染控制区。相关政策背景介绍，可参见 Tang 的参考文献。

④ Lieberthal K. Lampton D, Bureaucracy, Politics, and Decision Making in Post–Mao China, *Berkeley:University of California Press*, 1992.

⑤ Liu N, Tang S Y, Zhan X, et al., Political commitment, policy ambiguity, and corporate environmental practices, *Policy Studies Journal*, 2018, pp.190-214.

⑥ Lorentzen P, Landry P, Yasuda J, Undermining authoritarian innovation: the power of China's industrial giants, *The Journal of Politics*, 2013, pp.182-194.

⑦ 郭峰、石庆玲：《官员更替、合谋震慑与空气质量的临时性改善》，《经济研究》2017 年第 7 期。

略①。例如有一些研究表示，随着环境目标层层分解、逐级下压，最终可能会导致目标变得不适合地方情况，存在僵化和被夸大的问题。②同时，为了回应环境治理压力，地方政府可能会采取周期性的治理行为，甚至干脆采取数据造假之类的措施。③④因此，为了在短期内达到环境治理目标，中国倾向于使用各种运动式治理，如"奥运蓝""阅兵蓝""APEC蓝""G20蓝"等。⑤一些实证研究也揭示了中国面临政策持续执行的鸿沟，这是CCR在运用时必须直面的问题。⑥⑦

　　第二类研究从实证的角度，提供了CCR无法控制污染的经验证据。例如，She等人基于长江水污染密集型企业的重点监测数据，针对政府主导的环境规制能否减少水污这一问题做出了考察。遗憾的是，他们发现CCR对企业减少水污染物的排放影响实际上很小。不过他们也同时指出，与大中型企业相比，小型和微型企业更容易受到政府导向的环境手段影响。另一些研究提供的证据表明，CCR因其强制性特性，故污染减排效果确实在短期内会立竿见影，但持续性有所不足。例如，一项研究发现，通过交通限行和限制燃煤等行政措施，APEC会议期间的空气质量明显改善，PM2.5和PM10等空气污染物均大幅减少。⑧Li等人估计，APEC会议期间空气质量

---

①　周雪光、练宏:《政府内部上下级部门间谈判的一个分析模型——以环境政策实施为例》，《中国社会科学》2011年第5期。

②　Kostka G, Command without control: The case of China's environmental target system, *Regulation & Governance*, 2016, pp.58-74.

③　Chen Y, Jin G Z, Kumar N, et al., Gaming in air pollution data? Lessons from China, *The BE Journal of Economic Analysis & Policy*, 2012.

④　Ghanem D, Zhang J, 'Effortless Perfection': Do Chinese cities manipulate air pollution data?, *Journal of Environmental Economics and Management*, 2014, pp. 203-225.

⑤　Li X, Qiao Y, Zhu J, et al., The "APEC blue" endeavor: Causal effects of air pollution regulation on air quality in China, *Journal of Cleaner Production*, 2017, pp.1381-1388.

⑥　Ran R, Perverse incentive structure and policy implementation gap in China's local environmental politics, *Journal of Environmental Policy & Planning*, 2013, pp.17-39.

⑦　Zhang N, Rosenbloom D H, Multi - Level Policy Implementation: A Case Study on China's Administrative Approval Intermediaries' Reforms, *Australian Journal of Public Administration*, 2018,pp.779-796.

⑧　Wang P, Dai X G, "APEC Blue" association with emission control and meteorological conditions detected by multi-scale statistics, *Atmospheric Research*, 2016, pp.497-505.

指数下降了35.9%，大阅兵期间空气质量指数下降了37.4%。[1]但是，CCR的主要问题是缺乏长期的可持续性，收益仅在短时间内得以维持，而在相关重大事件过后，污染事件反而有可能反弹。另外，加强CCR所产生的巨大经济成本亦可能难以承受[2]，这也是在CCR运用中应当警醒的一个点。例如，Wu等人的研究表明，通过关闭或限制大型污染企业确实能够减少污染排放，但同时这也导致了经济效率的降低。[3]

2. 市场激励型环境（MBR）的治理效能研究

从理论上说，相比其他政策工具，MBR在提高企业采用污染预防技术的积极性方面有更大的优势。[4]例如，税收可以减少劳动和生产的不协调，同时有助于减少污染。[5]一些文献为此提供了经验证据。Zheng & Shi较早将环境政策工具区分为市场激励型（如排污费等）和公众参与型（如环境信访等），并发现二者都可促进产业转移。[6]Xie等学者评估了不同类型的环境法规对绿色生产率的影响，结果显示，当前MBR对绿色生产率的影响比CCR强。[7]有研究显示，政府补贴有利于提高CO_2减排效率[8]，并促进污染企业走绿色可持续发展之路[9]。Li等学者区分了环境政策工具的异质性，并

[1] Li X, Qiao Y, Zhu J, et al., The "APEC blue" endeavor: Causal effects of air pollution regulation on air quality in China, *Journal of Cleaner Production*, 2017, pp.1381-1388.

[2] Ouyang X, Shao Q, Zhu X, et al., Environmental regulation, economic growth and air pollution: Panel threshold analysis for OECD countries, *Science of the Total Environment*, 2019,pp. 234-241.

[3] Wu H, Hao Y, Ren S, How do environmental regulation and environmental decentralization affect green total factor energy efficiency: Evidence from China, *Energy Economics*, 2020.

[4] Zhao X, Zhao Y, Zeng S, et al., Corporate behavior and competitiveness: impact of environmental regulation on Chinese firms, *Journal of Cleaner Production*, 2015, pp.311-322.

[5] Bosquet B, Environmental tax reform: does it work? A survey of the empirical evidence, *Ecological Economics*, 2000,pp. 19-32.

[6] Zheng D, Shi M, Multiple environmental policies and pollution haven hypothesis: evidence from China's polluting industries,*Journal of Cleaner Production*, 2017, pp. 295-304.

[7] Xie R, Yuan Y, Huang J, Different types of environmental regulations and heterogeneous influence on "green" productivity: evidence from China, *Ecological Economics*, 2017, pp.104-112.

[8] Zhao X, Yin H, Zhao Y, Impact of environmental regulations on the efficiency and CO_2 emissions of power plants in China, *Applied Energy*, 2015,pp.238-247.

[9] Zhao X, Zhao Y, Zeng S, et al., Corporate behavior and competitiveness: impact of environmental regulation on Chinese firms, *Journal of Cleaner Production*, 2015, pp.311-322.

发现 MBR 对环境效率存在非线性关系，然而，这种影响仅在当年成立。[①] Blackman 等学者对 MBR 进行了系统综述。在关于中国的文献中，多数文献讨论了 MBR，并发现有 5/6 的文献指出其或多或少能产生抑制污染的效果。[②] 相对而言，直接检验 MBR 对雾霾污染的文献还不太多。Han 等学者指出环保税有效降低了 2018 年的 PM2.5 浓度。[③] Zhang 等学者提出的证据表明，MBR 与雾霾污染呈倒 U 形曲线关系。就目前情况来看，当前施行的 MBR 在西部地区以外的其他地区都显著地降低了雾霾污染。[④]

在实证证据方面，虽然有文献表明 MBR 在提供环境保护方面可能比 CCR 更为有效[⑤]，但也不乏相反的结论，以下对既有研究成果进行列举，从中可以看出不同研究者之间的结论冲突。Lin 的研究表明，中国的污染税对降低工厂的 COD 无效。[⑥] 王红梅在对北京 PM2.5 治理的效果评估中发现，市场化手段比行政命令手段更具效果。他们的解释是，前者采用市场化的方式，给予了企业自主选择权，可以在自身成本—收益分析的基础上做出技术创新和污染排放的最优选择。[⑦⑧] 另外，命令控制型环境规制强制性有余而灵活性不足，而非正式型环境规制严重依赖公众的自觉，同时没有约束力，难以发挥监督作用。但我们同时也注意到，王书斌、徐盈之的

---

① Li R, Ramanathan R, Exploring the relationships between different types of environmental regulations and environmental performance: Evidence from China, *Journal of Cleaner Production*, 2018, pp.1329-1340.

② Blackman A, Li Z, Liu A A, Efficacy of command-and-control and market-based environmental regulation in developing countries, *Annual Review of Resource Economics*, 2018, pp.381-404.

③ Han F, Li J, Environmental Protection Tax Effect on Reducing PM2.5 Pollution in China and Its Influencing Factors, *Polish Journal of Environmental Studies*, 2021.

④ Zhang M, Liu X, Sun X, et al., The influence of multiple environmental regulations on haze pollution: Evidence from China, *Atmospheric Pollution Research*, 2020, pp. 170-179.

⑤ Wang X, Shao Q, Non-linear effects of heterogeneous environmental regulations on green growth in G20 countries: evidence from panel threshold regression, *Science of The Total Environment*, 2019, pp.1346-1354.

⑥ Lin L, Enforcement of pollution levies in China, *Journal of Public Economics*, 2013, pp.32-43.

⑦ 王红梅：《中国环境规制政策工具的比较与选择——基于贝叶斯模型平均（BMA）方法的实证研究》，《中国人口·资源与环境》2016 年第 9 期。

⑧ 王红梅、王振杰：《环境治理政策工具比较和选择——以北京 PM2.5 治理为例》，《中国行政管理》2016 年第 8 期。

研究认为，MBR 反而会削弱雾霾治理效应。[①] 还有一些研究比较了 CCR 和 MBR 在抑制污染上的差异。Pan & Tang（2021）利用双重差分法，考察了国家重点生态功能区政策和生态功能区转移支付政策，并将前者视为 CCR，将后者视为 MBR。其检验结果表明，两者均可减少水污染，后者减少的效果比前者更高。机制分析表明，这种减排效果主要是通过降低工业污染排放而非农业污染排放取得。

3. 非正式型环境规制（IR）的治理效能研究

通过文献梳理可以发现，自 Pargal & Wheeler 于 1996 年首先提出了非正式型环境监管的概念以来 [②]，现有文献通常依据正式程度将环境规制区分为正式型环境规制（formal environmental regulation）和非正式型环境规制（formal environmental regulation）两类 [③④⑤]。正式型环境规制包括命令控制型环境规制（CCR）和市场激励型环境规制（MBR），非正式型环境规制通常表示的是影响环境保护的其他因素，例如人口密度、教育水平和公众参与等因素。[⑥⑦⑧] 虽然已经有一些文献探讨了非正式型环境规制工具（IR）对环境（雾霾）污染的影响，然而现有研究仍有明显分歧。

---

① 王书斌、徐盈之：《环境规制与雾霾脱钩效应——基于企业投资偏好的视角》，《中国工业经济》2015 年第 4 期。

② Pargal S, Wheeler D, Informal regulation of industrial pollution in developing countries: Evidence from Indonesia, *Journal of Political Economy*, 1996, pp.1314-1327.

③ Cole M A, Elliott R J R, Shimamoto K, Industrial characteristics, environmental regulations and air pollution: an analysis of the UK manufacturing sector, *Journal of Environmental Economics and Management*, 2005, pp.121-143.

④ Ouyang X, Shao Q, Zhu X, et al., Environmental regulation, economic growth and air pollution: Panel threshold analysis for OECD countries, *Science of the Total Environment*, 2019, pp.234-241.

⑤ Wang T, Peng J, Wu L, Heterogeneous effects of environmental regulation on air pollution: evidence from China's prefecture-level cities, *Environmental Science and Pollution Research*, pp.1-16.

⑥ Pargal S, Wheeler D, Informal regulation of industrial pollution in developing countries: Evidence from Indonesia, *Journal of Political Economy*, 1996, pp.1314-1327.

⑦ Kathuria V, Informal regulation of pollution in a developing country: evidence from India, *Ecological Economics*, 2007, pp. 403-417.

⑧ Cole M A, Elliott R J R, Shimamoto K, Industrial characteristics, environmental regulations and air pollution: an analysis of the UK manufacturing sector, *Journal of Environmental Economics and Management*, 2005, pp.121-143.

　　一些文献提供的证据表明，非正式型环境规制对于控制环境污染或者雾霾污染具有显著的效果。例如，早前的一项研究证明，公众压力构成的非正式型环境规制对印度尼西亚大气污染减少具有重要贡献（Pargal & Wheeler, 1996）。随后，Cole（2005）也进一步揭示了非正式型环境规制有助于降低空气污染强度这一结论。随着我国污染问题日益严重，基于国内数据的研究近年来越来越多。一些研究已经证实，来自公众的压力可能迫使地方政府执行更严格的环境政策。同时，城市居民减少雾霾的行为对控制污染有重要贡献。[1] 具体来说，居民的很多环保行为都对降低 PM2.5 浓度有很大贡献[2]，例如购买电动汽车[3]、采用更环保的出行方式[4]、购买绿色产品[5]、废弃物回收利用[6] 等行为。这也表明，鼓励居民采取环保行为是应对雾霾污染的一种有效方法。近年来，由于互联网的流行，公众环境参与从线下转为线上的趋势愈发明显。例如，Li 等人利用百度搜索的大数据来证明公众对环境关心的程度，剖析了公众这种关心对治理雾霾污染的影响。他们的研究发现，公众对环境的关心可以在短期内显著改善雾霾污染问题。

　　不过，另一些研究对此提出了质疑。从理论上说，非正式型环境规制对企业或者政府构成的环保压力缺乏强制性，如果政府无视公民的环保诉求或者进行政企合谋，非正式型环境规制也很难发挥效用。还有一些文献

①　Shi H, Wang S, Li J, et al., Modeling the impacts of policy measures on resident's PM2. 5 reduction behavior: an agent-based simulation analysis, *Environmental Geochemistry and Health*, 2020,pp. 895-913.

②　Liu H, Fang C, Zhang X, et al., The effect of natural and anthropogenic factors on haze pollution in Chinese cities: A spatial econometrics approach, *Journal of Cleaner Production*, 2017,pp.323-333.

③　Shi H, Wang S, Zhao D, Exploring urban resident's vehicular PM2.5 reduction behavior intention: An application of the extended theory of planned behavior, *Journal of Cleaner Production*, 2017, pp.603-613.

④　Bamberg S, Hunecke M, Blöbaum A, Social context, personal norms and the use of public transportation: Two field studies, *Journal of Environmental Psychology*, 2007, pp.190-203.

⑤　Yadav R, Pathak G S, Determinants of consumers' green purchase behavior in a developing nation: Applying and extending the theory of planned behavior, *Ecological Economics*, 2017, pp.114-122.

⑥　Greaves M, Zibarras L D, Stride C, Using the theory of planned behavior to explore environmental behavioral intentions in the workplace, *Journal of Environmental Psychology*, 2013, pp.109-120.

基于实证分析得出的结果是：非正式型环境规制对于 PM2.5 的影响要么缺乏统计学意义[1]，要么虽然有影响但是在程度上微乎其微。其中的原因可能是大多数公众认为自己个人的力量过小，对环境保护的影响微不足道，随着时间的流逝，公众对环境污染案件的态度也渐渐变得漠然。[2] 如果公民意识到环境参与无法起到实质作用，那么这一事实会进一步强化公民的消极态度。[3]

还有一些文献指出，非正式型环境规制与雾霾污染（PM2.5）存在非线性关系。Zhou 等人（2021）发现，非正式型环境规制与雾霾污染之间的关系均呈倒 U 形曲线，即随着环境规制的提高，一开始雾霾污染逐步增加，当达到拐点后开始逐步下降。

六　政策工具规制效果的比较研究

在实际政策实施过程中，不同环境政策工具的使用比例差异很大。大致来说，被最频繁使用的是命令控制型环境政策工具，其次是市场激励型环境政策工具，而非正式型环境政策工具使用得较少。例如，杨志军等人基于环境政策文本的统计，发现三者的使用频次大致为 61.438%、33.987% 和 4.575%。[4] 还有一些研究对某一政策领域环境政策工具的类型使用频次进行了统计，例如傅广宛统计了三种政策工具在海洋生态环境治理中的运用频次，2014~2017 年合计频次分别占 59.8%、25.77% 和 14.43%。[5] 这一研究并非孤证，许阳等学者对海洋环境政策的统计也印证了上述发现。[6] 周

---

[1] Zhang M, Liu X, Sun X, et al., The influence of multiple environmental regulations on haze pollution: Evidence from China, *Atmospheric Pollution Research*, 2020, pp.170-179.

[2] 曾婧婧、胡锦绣：《中国公众环境参与的影响因子研究——基于中国省级面板数据的实证分析》，《中国人口·资源与环境》2015 年第 12 期。

[3] Zhang Y C, Chen A Q, The impact of public participation and environmental regulation on environmental governance- Analysis based on provincial panel data, *Urban Problems*. 2018, pp.74-80.

[4] 杨志军、耿旭、王若雪：《环境治理政策的工具偏好与路径优化——基于 43 个政策文本的内容分析》，《东北大学学报》（社会科学版）2017 年第 3 期。

[5] 傅广宛：《中国海洋生态环境政策导向（2014—2017）》，《中国社会科学》2020 年第 9 期。

[6] 许阳、王琪、孔德意：《我国海洋环境保护政策的历史演进与结构特征——基于政策文本的量化分析》，《上海行政学院学报》2016 年第 4 期。

付军等人将环境政策工具分为管制型、经济型和信息型三类，基于此对2001~2018 年长三角大气污染治理的政策文本进行了分类统计。他们发现，在长三角地区，三类政策工具的运用均呈上升趋势，但还是更加偏好管制型政策工具。[①] 不同环境政策工具的使用频率与其实际效果是否存在关联度呢？这是一个需要解答的问题。

各种环境政策工具都有其自身特点和使用前提，因此也会产生不同的实施效果。杨洪刚在其博士学位论文中指出了不同环境政策工具的影响因素。其中，命令控制型环境政策工具的有效性主要受到政府环境管理体制和环境治理能力等因素的制约；市场激励型环境政策工具的有效性主要受到自身设计上的缺陷和市场机制不成熟等因素的约束；公众参与型环境政策工具则因公众参与不足等原因，导致政策效果与政策目标尚存在较大距离[②]。因此，在选择与使用环境政策工具时，有必要对不同环境政策工具的实施效果进行比较。

已有部分研究对不同环境政策工具的效果进行了比较。例如，Popp 运用专利数据进行研究发现，与命令和控制法规相比，SO_2 排放交易许可制度在激发绿色技术创新上更具潜力。[③] Johnstone 等学者基于 25 个国家 26 年的面板数据，研究了不同类型的政策工具对不同的可再生能源技术创新的影响。他们发现，采用市场激励型环境政策工具对于激发绿色技术创新具有较强的刺激作用。例如，可交易能源政策与化石燃料的技术创新显著相关；价格补贴，如提高上网电价，对于诱导成本更高的能源技术（例如太阳能）的创新有较强效果；出口退税政策对于激励太阳能产业的技术创新较为明显；而税收措施（例如有针对性的税收抵免）和自愿方案对于技术创新则无显著影响。[④] 余伟等学者的实证结果显示，命令控制型和市场激励

①　周付军、胡春艳:《大气污染治理的政策工具变迁研究——基于长三角地区 2001—2018 年政策文本的分析》,《江淮论坛》2019 年第 6 期。
②　杨洪刚:《中国环境政策工具的实施效果及其选择研究》,复旦大学博士学位论文,2009。
③　Popp D,Pollution control innovations and the Clean Air Act of 1990,*Journal of Policy Analysis and Management*, 2003, pp. 641-660.
④　Johnstone N, Haščič I, Popp D,Renewable energy policies and technological innovation: evidence based on patent counts, *Environmental and Resource Economics*, 2010, pp. 133-155.

型环境政策工具对于激发创新投入的影响并不显著，但运用以"环境新闻报道量"为表征的"软"手段则对激发创新投入具有显著作用。同时，他们还注意到这种"软"手段的创新效应只在东部地区显著。[1]李胜兰、黎天元比较了在考虑交易费用的情况下，不同环境政策工具适用的场景。[2]

王红梅等学者对污染控制的研究发现，市场激励型环境政策工具有着最为显著的效果；其次是命令控制型环境政策工具；再次是非正式型环境政策工具。[3]在北京治理 PM2.5 的行动中，王红梅等学者也发现了类似的结论。[4]他们的解释是：前者采用市场化的方式，给予了企业自主选择权，可以让企业在对自身成本—收益分析的基础上做出技术创新和污染排放的最优选择。另外，命令控制型环境政策工具强制性有余而灵活性不足，而非正式型环境政策工具严重依赖公众的自觉，缺乏足够约束力，难以发挥监督作用，这些不足都导致了其效果较市场激励型环境政策工具要差。持此类观点的研究数量较多，这些研究者大多建议进一步优化市场激励型环境政策工具，同时强化政策执行，提高环境治理效果。还应注意的是，即便是在市场激励型环境政策工具内部，也可能会存在一些差异。有研究对环境税和排污权交易的污染减排效果进行了比较，发现在环境库兹涅茨曲线的左侧，环境税效果更佳；而在相反的情况下，排污权交易则更胜一筹。[5]

还有研究从政策成本—收益的视角进行对比分析。Rousseau & Proost 研究了市场型激励环境政策工具下的遵循成本。[6]许士春等学者比较了不同环

① 余伟、陈强、陈华：《不同环境政策工具对技术创新的影响分析——基于 2004-2011 年我国省级面板数据的实证研究》，《管理评论》2016 年第 1 期。

② 李胜兰、黎天元：《复合型环境政策工具体系的完善与改革方向：一个理论分析框架》，《中山大学学报》（社会科学版）2021 年第 2 期。

③ 王红梅：《中国环境规制政策工具的比较与选择——基于贝叶斯模型平均（BMA）方法的实证研究》，《中国人口·资源与环境》2016 年第 9 期。

④ 王红梅、王振杰：《环境治理政策工具比较和选择——以北京 PM2.5 治理为例》，《中国行政管理》2016 年第 8 期。

⑤ 陈仪、姚奕、孙祁祥：《经济增长路径中的最优环境政策设计》，《财贸经济》2017 年第 3 期。

⑥ Rousseau S, Proost S,The relative efficiency of market-based environmental policy instruments with imperfect compliance,*International Tax and Public Finance*, 2009, pp.25-42.

境政策工具对企业技术创新激励的影响，他们通过研究发现，在不同的情况下，污染排放标准、污染税、减排补贴和可交易污染许可的政策效果存在差异。同时，这些政策的实施成本也不尽相同。[①] 相对而言，从这个角度进行的多数研究认为命令控制型环境政策工具的成本最高，因为它在执行、监督和惩处所有环节都依赖政府控制。相较而言，市场激励型环境政策工具则有助于激发利益主体的内生动力，减少了企业的遵从成本和政府的监管成本。这一结论与之前存在差异，可见研究角度的不同可能会影响研究的结果。总结来说，由于政策工具使用的前提、成本、收益、效果均存在差异，不结合实际情况而盲目选择手段的办法是不可取的，因此，合理优化、组合使用政策工具就显得尤为必要。

七　国内外相关研究述评

现有文献对环境治理及其政策工具效应进行了大量研究，已经取得了数量和深度均令人瞩目的研究成果，尤其是对雾霾的现状、危害和驱动因素的研究较为丰富，这对于理解雾霾的来龙去脉大有裨益。然而，在对于雾霾治理的研究方面，当下学界的既有成果仍有以下不足。

第一，研究视角有待进一步拓宽。由于雾霾是近年才集中爆发的新环境问题，国内外对雾霾治理政策工具的研究总体还处于起步阶段。在众多的文献中，从环境化学、大气科学层面对雾霾的成因、特征、危害与防治的研究较多[②③④]，而从社会科学视角对雾霾的理解尚显缺乏。因此，利用环境经济学和公共政策学的方法进行研究，可以为雾霾治理研究提供新的视角，从而充实学界对雾霾和环境治理的研究。

---

① 许士春、何正霞、龙如银：《环境政策工具比较：基于企业减排的视角》，《系统工程理论与实践》2012年第11期。

② 张人禾、李强、张若楠：《2013年1月中国东部持续性强雾霾天气产生的气象条件分析》，《中国科学：地球科学》2014年第1期。

③ An Z, Huang R J, Zhang R, et al., Severe haze in Northern China: A synergy of anthropogenic emissions and atmospheric processes, *Proceedings of the National Academy of Sciences*, 2019, pp. 8657-8666.

④ Ji X, Yao Y, Long X, What causes PM2.5 pollution? Cross-economy empirical analysis from socioeconomic perspective, *Energy Policy*, 2018, pp.458-472.

第二，环境规制与雾霾污染的研究仍然不足。环境规制一直是学术界的热门话题。在当前的文献中，学者们从不同的研究角度分析了环境规制的有效性。例如，有研究从短期和长期的视角分析了环境规制对于抑制碳排放的影响，发现虽然短期内环境规制会增加碳排放，但从长远来看，随着环境监管强度的提高，污染控制的效果也会越来越好，碳排放量也会相应减少。Zhao 等学者认为环境监管可以通过增加环境污染成本或推广环境治理技术直接产生显著的碳减排效果。[1] 此外，一些学者还研究了环境规制对于污染减排的中介机制，包括技术创新 [2]、外国直接投资、产业结构等的作用。除少数文献外，现有文献主要对碳排放、空气污染等其他问题予以分析，但以雾霾污染为核心的分析较少。因此，本课题重点阐述环境规制对抑制雾霾污染的影响，以期为此提供更多的实证证据。

第三，大多数关于环境规制与雾霾治理的文献存在两点不足。其一，当前文献集中于从"环境规制"的整体视角对环境污染或雾霾治理效果进行实证分析 [3][4]，其普遍做法是找到一个或者多个环境规制的代理变量，构建相应的模型，基于全国或者区域的数据进行检验 [5]。这种做法的主要不足在于忽略了环境规制的异质性，必须考虑现实中的环境规制不是只有一种类型，而是种类繁多且类型各异，而不同的环境政策工具的雾霾治理效应也理应不可能完全一样。换句话说，不管这些研究得出的结论如何，都无法进一步向读者表明哪种治理手段是有效的，哪些治理手段又是无效的。其

① Zhao X, Liu C, Sun C, et al., Does stringent environmental regulation lead to a carbon haven effect? Evidence from carbon-intensive industries in China, *Energy Economics*, 2019.

② Yang G, Zha D, Wang X, et al.,Exploring the nonlinear association between environmental regulation and carbon intensity in China: The mediating effect of green technology, *Ecological Indicators*,Vol. 114, No.1, 2020.

③ Dong F, Zhang S, Li Y, et al.,Examining environmental regulation efficiency of haze control and driving mechanism: evidence from China, *Environmental Science and Pollution Research*, 2020, pp.29171-29190.

④ Ouyang X, Shao Q, Zhu X, et al.,Environmental regulation, economic growth and air pollution: Panel threshold analysis for OECD countries,*Science of the Total Environment*, 2019,pp.234-241.

⑤ Zhou Q, Zhang X, Shao Q, et al.,The Non-Linear Effect of Environmental Regulation on Haze Pollution: Empirical Evidence for 277 Chinese Cities During 2002-2010,*Journal of Environmental Management*, 2019.

二，一些文献侧重从单一环境政策出发来评估其对雾霾治理的效用，如排污费、节能减排、减排补贴等。[①] 例如，Qiu & He 使用双重差分法讨论了绿色交通政策的有效性，结果表明这些政策可以显著改善试点城市的空气质量。[②] 虽然单一环境政策的作用清晰明了，但缺陷是不太可能穷举所有的环境政策。尤其是随着时代进步，新的环境政策势必加速涌现，这些新的环境政策也是亟待检验。基于此，本课题借鉴政策工具类型划分的前期思想，根据政府强制性的程度高低，将环境政策工具分为命令控制型、市场激励型和非正式型三类，这三类环境政策工具可以代表相应的、具体的环境政策。通过分析三种不同类型环境政策工具在雾霾治理中的作用，能够从类型学上为相关研究提供参考。

第四，雾霾治理是一个多主体、多维度的复杂事务，既离不开政府、企业与社会的协同治理，也离不开各种治理手段的叠加使用。在现实中，单一型环境政策工具不但不太可能单独使用，也必然难以回应复合型的雾霾问题。环境治理目标的多样性要求环境政策工具的组合运用，协同治理的效果则取决于环境治理政策工具组合的优化。然而，当前研究对此缺乏足够的学术关注。同时，一项环境治理政策往往也会有意无意地涉及多个政策目标，故而环境治理也会更多地将更精密的政策工具组合作为手段。大多数改进的政策组合通常都包括了价格和数量两类政策工具，Nissinen 等学者考察了"政策工具包"对污染排放的影响，认为不同政策工具间存在相互强化的协同效应，因此"政策工具包"的整体效率得以提高。[③] 综上，在借鉴环境治理政策工具研究现有成果的基础上，需要为探寻雾霾治理政策工具的组合与优化方案进行更深度的研究。

[①]　Xie Y, Dai H, Dong H,Impacts of SO_2 taxations and renewable energy development on CO_2, NO_x and SO_2 emissions in Jing-Jin-Ji region, *Journal of Cleaner Production*, 2018, pp.1386-1395.

[②]　Qiu L Y, He L Y,Can green traffic policies affect air quality? Evidence from a difference-in-difference estimation in China,*Sustainability*, 2017, p.1067.

[③]　Nissinen A, Heiskanen E, Perrels A, et al.,Combinations of policy instruments to decrease the climate impacts of housing, passenger transport and food in Finland,*Journal of Cleaner Production*, 2015, pp.455-466.

第四节　结构安排

根据研究设计，本课题的结构安排如下。

绪论。本部分将阐明本课题的研究背景、研究意义、文献综述和结构安排。

第一章是对雾霾污染机理的阐述与治理现状的分析。本部分将阐述雾霾的定义与测量、我国雾霾的成因及危害以及我国雾霾污染的空间聚集特征。

第二章是对雾霾治理政策工具进行类型分析。本部分首先介绍政策工具的相关理论基础，然后阐述政策工具分类的原则，最后梳理雾霾治理政策工具的分类，并将雾霾治理的政策工具划分为命令控制型环境规制（CCR）、市场激励型环境规制（MBR）和非正式型环境规制（IR）三类。

第三章就环境规制对雾霾污染的影响进行分析。本部分的目的在于探讨环境规制（ER）能否降低雾霾污染。为此，在系统文献梳理的基础上，选用PM2.5作为雾霾污染水平的替代变量，选用环保支出占财政支出的比重作为环境规制（ER1）的替代变量，同时控制了一系列既可能影响环境规制，又可能影响雾霾污染水平的变量。基于中国2007~2017年的省级数据，进行相应的回归分析，并通过替换被解释变量 [环境污染指数（EPI）、二氧化碳浓度（CO_2_1）、二氧化碳浓度（CO_2_2）] 和替换核心解释变量 [选用环保支出占GDP的比重为环境规制（ER2）的替代变量] 进行了稳健性检验。在此基础上，为了进一步考察结果的稳健性，本文通过异质性拓展分析，对全样本划分为不同的分样本，按经济地理区域回归、按南北方回归、按行政级别回归和按到沿海的距离回归，分别检验环境规制的区域异质性效果。最后，为更好地解决内生性偏差的影响，本文选用带有工具变量的两阶段最小二乘法（2SLS）进行估计，以此获得稳健的研究结果。

第四章、第五章和第六章分别是对命令控制型环境政策工具雾霾治理效果的实证分析、市场激励型环境政策工具雾霾治理效果的实证分析以及非正式型环境政策工具雾霾治理效果的实证分析。本书选用了工业污染治理投资总额占工业增加的比重作为命令控制型环境政策工具的替代变量，选取各省排污费收入占工业增加值的比重作为市场激励型环境政策工具的替代变量，选取各省环境信访量作为衡量非正式型环境政策工具的代理变量。同时，被解释变量、控制变量和实证过程同第四章。

第七章梳理发达国家空气污染治理的做法与经验教训。本章内容介绍了主要发达国家空气污染的历史与危害，发达国家空气污染治理的做法和发达国家空气污染治理的经验教训。主要发达国家空气污染治理的做法与经验教训为中国治理空气污染和雾霾污染提供了很好的范例参考。

第八章提出中国雾霾治理政策工具的组合与优化路径。本章分为两方面的内容。第一方面，本文对雾霾治理政策工具组合的效用进行了分析。具体包括以下四种可能的组合：CCR 与 MBR 组合、CCR 与 IR 组合、MBR 与 IR 组合和 CCR、MBR 和 IR 的组合。第二方面，本文分析雾霾治理政策工具的优化路径。本课题认为，通过对环境规制影响雾霾污染的传导机制的分析，找到有效的中介变量，就找到了优化环境政策工具的重要抓手。基于上述逻辑，结合现有文献，本部分将产业结构、技术进步、财政支出水平、财政分权和贸易开放作为中介变量，基于 2007~2017 年中国各省的 PM2.5 数据，分别进行了传导机制检验。

结论。阐述了研究结论、政策建议、不足与展望等内容。

第一章　我国的雾霾污染与雾霾治理

　　空气是人类及各种生物生存的最基本条件，也是维持生态系统循环的核心介质。改革开放以来，我国经济高速发展，工业化、新型城镇化快速推进，人民生活水平得到显著提升。然而，发展模式、产业结构、能源消耗、生活方式等方面隐藏的弊端逐渐引发一系列负面问题，大气污染正是其中的典型问题之一。2013年初，我国遭遇了全国范围内持续性、大面积的严重雾霾天气侵扰，影响人口超800万，造成直接经济损失约230亿元人民币，这被视为我国自20世纪以来最为严重的大气污染事件。2016年冬天，重度雾霾污染天气席卷全国多地，部分城市拉响黄色甚至红色预警，2016年全国190个监测城市中，PM2.5年均浓度超过2012年新修订《环境空气质量标准》二级浓度限值的城市就有172个。[①] 2019年《中国生态环境状况公报》显示，全国337个地级市中，仅有157个城市空气质量达标，达标率为46.6%。[②] 可见，我国雾霾治理形势依旧十分严峻。

　　2016年9月，习近平总书记在G20峰会上提出："我们要建设天蓝、地绿、水清的美丽中国，让老百姓在宜居的环境中享受生活，切实感受到经济发展带来的生态效益。"[③] 2017年12月中央经济工作会议明确提出，今后3年治污重点为打赢蓝天保卫战。2018年，习近平总书记在全国生态环境

[①]　中华人民共和国生态环境部：《中国生态环境状况公报》，2017。
[②]　中华人民共和国生态环境部：《中国生态环境状况公报》，2020。
[③]　习近平：《论把握新发展阶段、贯彻新发展理念、构建新发展格局》，中央文献出版社，2021，第127页。

保护大会上再次强调："把解决突出生态环境问题作为民生优先领域。"[①] 党的十九大报告指出："坚持全民共治、源头防治，持续实施大气污染防治行动，打赢蓝天保卫战。"可见，我国领导层对于空气质量、雾霾治理的重视达到空前高度。目前，我国经济已经进入高质量发展阶段，正处在转变发展方式和优化经济结构的关键期。作为限制我国经济高质量发展的关键因素之一，雾霾污染所带来的多元危害已逐渐渗透全社会的各个方面及各个主体，科学有效的雾霾治理是新时代之需，将成为我国治理体系与治理能力现代化的核心构成要素之一。

第一节　雾霾的概念界定与度量标准

一　雾霾的定义

雾霾（fog and haze）是雾和霾的组合词，是一种典型的大气污染（air pollution）现象。雾与霾是两种不同的概念，雾是由大量悬浮在近地面层空气中的微小水滴或冰晶组成的气溶胶系统，多出现于秋冬季节，是近地面层空气中水汽凝结（或凝华）的产物[②]；而霾是由空气中的灰尘、硫酸、硝酸、有机碳氢化合物等粒子组成的[③]。中国气象局在《地面气象观测规范》[④]（2003 年）中对雾霾给出了权威定义：雾是指大量微小水滴浮游在空中，常呈乳白色，使水平能见度小于 1 千米的天气现象；霾是指大量极细微的干尘粒等均匀地浮游在空中，使水平能见度小于 10 千米的天气现象。在 2010 年颁布的《气象标准汇编》中，在能见度的基础上增加了相对湿度的概念，对雾霾做出了进一步的界定：能见度小于 10 千米、空气相对湿度大于等于 95 的天气现象定义为雾；能见度小于 10 千米、空气相对湿度小于 80 的天

---

① 《习近平谈治国理政》第 3 卷，外文出版社，2020，第 368 页。
② 张小曳、孙俊英、王亚强等：《我国雾霾成因及其治理的思考》，《科学通报》2013 年第 13 期。
③ 吴兑：《关于霾与雾的区别和灰霾天气预警的讨论》，《气象》2005 年第 4 期。
④ 中国气象局：《地面气象观测规范》，气象出版社，2003，第 21 页。

气现象定义为霾。通常在低层大气中，气温是随着高度的增加而降低，但某些情况下会出现逆温现象，气温会随高度的增加而升高。逆温层是指出现逆温现象的大气层。在逆温层中，较暖和而轻的空气位于较冷而重的空气上面，形成一种极其稳定的空气层，笼罩在近地面层的上空，严重阻碍着空气的对流运动。对流运动受阻导致近地面层空气中的各种有害气体、汽车尾气、烟尘以及水汽等，只能飘浮在逆温层下面的空气中，无法向上向外扩散，从而易形成云雾，导致能见度降低，甚至由于空气中的污染物不能及时向大气中扩散，导致阴霾天气现象增多、空气质量恶化，这种天气现象统称为"雾霾"或"雾霾天气"。[①] 霾和空气质量有着直接关系，而雾本身对人体并没有危害，但是由于雾的存在，空气中的颗粒物会不断进行堆积，细菌等各种污染物不容易扩散并相互产生化学反应，间接地影响空气质量。[②]

梳理现有研究[③][④][⑤]，结合我国实际大气污染物结构，可吸入颗粒物（PM2.5）是雾霾的主要成分，对应形成了空气质量评估标准（见表1—1）。

表1—1　我国 PM2.5 监测网所采取的空气质量评估标准

空气质量等级	24 小时 PM2.5 平均浓度标准值（微克／米^3）
优	0~35
良	35~75
轻度污染	75~115
中度污染	115~150
重度污染	150~250
严重污染	大于 250 及以上

资料来源：PM2.5 监测网，https://www.aqistudy.cn/historydata/。

---

① 李东海、何彩霞：《浅谈雾霾天气的识别及预警策略》，《安徽农学通报》2011 年第 18 期。
② 李伟：《雾霾天气协同治理的策略研究》，江西财经大学博士学位论文，2016。
③ 周峤：《雾霾损失和协同防治政策研究》，中国科学技术大学博士学位论文，2017。
④ 唐昀凯、刘胜华：《城市土地利用类型与 PM2.5 浓度相关性研究——以武汉市为例》，《长江流域资源与环境》2015 年第 9 期。
⑤ 陈文波、谢涛、郑蕉、吴双：《地表植被景观对 PM2.5 浓度空间分布的影响研究》，《生态学报》2020 年第 19 期。

　　PM2.5 的概念于 1997 年由美国学者最先提出：指直径小于或等于 2.5 微米的细颗粒物，具有粒径小、成分复杂的特点。在《地面气象观测规范》中则将其定义为空气动力学等效直径小于和等于 2.5 微米的大气气溶胶质量浓度。[1]联合国 IPCC 评估报告领衔作者、英国剑桥大学教授关大博和刘竹指出[2]，PM2.5 按其来源可分为两类：一是燃烧过程、矿物质加工和精炼过程，以及工业加工过程等直接排放的一次颗粒物（简称 "PM2.5 一次源"）；二是由排放的二氧化硫（SO_2）、氮氧化物（Nox）和挥发性有机物（VOCs）等 "前体物" 通过大气反应而生成的二次颗粒物（如硫酸盐、硝酸盐、铵盐等）。另一种观点认为 PM2.5 主要有自然和人为两种来源。[3]自然源包括土壤扬尘、海盐、植物花粉、孢子、细菌等；人为源包括各种燃料燃烧源，PM2.5 也可以由硫和氮的氧化物转化而成。PM2.5 中含有大量的有毒物质，活性非常强，容易吸附大量细菌、病毒和致癌物质。并且，因为体积小、重量轻，其可以长时间滞留在空气中，不易消散，污染波及的范围非常广。PM2.5 被视为导致雾霾天气产生的 "罪魁祸首"，因此解决 PM2.5 问题成为雾霾治理的关键。

　　同时，雾霾之中还包含着较高浓度的硫氧化物（SO_X）和氮氧化物（NO_X）。硫氧化物和氮氧化物分别是含硫、含氮氧化物的总成，自然界中的硫循环、氮循环均是生态循环的重要组成部分，但当前人类活动产生的硫氧化物、氮氧化物过多，在诸多区域已显著超过了环境承载力，进而造成雾霾污染。此外，各种重金属微粒以及扬尘也是部分地区雾霾的组成部分。

二　雾霾的度量

（一）大气环境质量指标体系演化

　　从 1982 年开始，我国对大气污染物监测的主要依据是《环境空气质量标准》，该标准经过多次修订，对监测的大气污染物种类、污染物的浓

---

①　中国气象局：《地面气象观测规范》，气象出版社，2003。

②　关大博、刘竹：《雾霾真相——京津冀地区 PM2.5 污染解析及减排策略研究》，中国环境出版社，2014。

③　杨新兴、尉鹏、冯丽华：《大气颗粒物 PM2.5 及其源解析》，《前沿科学》2013 年第 2 期。

度限值等进行了多次变更，但始终包括 SO_2、可吸入颗粒物（PM10）等主要污染物指标。2012 年之后，为了适应新雾霾形势下的监测要求，删除了总悬浮颗粒物（TSP）监测指标，增加了 PM2.5 监测指标，并将 NO_x 浓度指标调整为 NO_2 浓度指标。同时，对污染物的浓度监测数据也做了调整。1996~2012 年，我国大部分地区采用《环境空气质量标准》（GB3095－1996），一般认为，颗粒物浓度、SO_2 浓度、NO_x 浓度可以综合反映雾霾的状况，因而，质量标准的三种指标分别对应前驱污染物烟尘、SO_2、NO_x。鉴于大气物浓度数据每日变化较大，随采样地点的不同而波动，主要指标经过多次调整，故浓度数据的参考价值有限。而全国各地环保机构从 2002 年以来，对烟尘、SO_2、NO_x 年度排放量的统计数据却较为连续和完整，且总量控制作为我国环保领域的重要准则，总量排放数据质量较为可靠，因此，烟尘、SO_2、NO_x 排放量的面板数据，可以作为反映雾霾发展态势的重要指标。

（二）雾霾污染的特征性指标

PM10 和 PM2.5 的指标监测结果是目前我国各城市判断雾霾污染情况的主要依据。首先，我国 PM10 和 PM2.5 的浓度均有显著的季节变化，然而受城市位置、气候条件等因素影响，二者浓度最高的季节在不同地区还存在差异。通常情况下，冬春季是雾霾天气集中多发的季节，夏秋季则相对较少。造成雾霾季节性特征的原因主要包括：一是降雨量与雾霾大体上呈现负相关，而我国的降雨量在冬季较少，夏季雨水则较为充沛；二是我国近年来冬季的冷空气过程减少，对雾霾天气的形成起到了一定的促进作用。因此，在我国冬、春、秋三季皆有可能出现 PM10 和 PM2.5 的浓度高峰值，二者的浓度在夏季往往相对较低。以北京、上海、广州三市为例（见图 1—1、图 1—2、图 1—3），三个分别分布在我国华北、华东、华南的城市在 2019 年全年 PM2.5 日均值走势上均表现出在 1 月、2 月、3 月、4 月、10 月、11 月和 12 月日均值普遍偏高，时而出现"爆表"现象，而其他月份日均值则相对较小。这印证了春秋冬三季雾霾污染多发且浓度较高，而夏季情况较好的特征。但值得注意的是，我国雾霾污染呈现从集中爆发于冬春季节向全年扩散的趋势，雾霾污染年均天数持续增长。

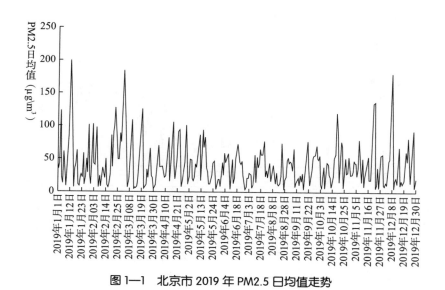

图1—1　北京市 2019 年 PM2.5 日均值走势

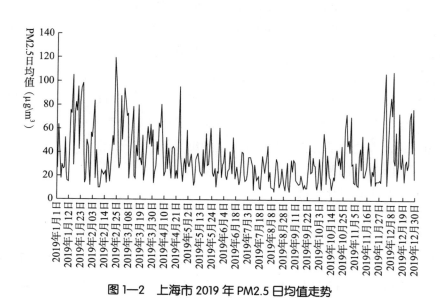

图1—2　上海市 2019 年 PM2.5 日均值走势

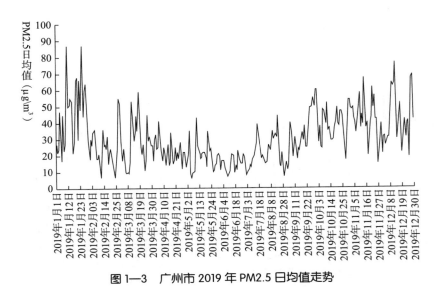

图 1—3　广州市 2019 年 PM2.5 日均值走势

资料来源：笔者根据国家公布的 PM2.5 日均值数据绘制。

同时，PM10 和 PM2.5 的浓度高峰值不一定同时出现在某一季节，例如在青岛市，PM10 浓度高峰值易出现在春季，而 PM2.5 浓度高峰值易出现在冬季；其次，PM10 和 PM2.5 的主要排放源类别包括扬尘、机动车尾气、硫酸盐和煤烟尘等。这些排放源对于 PM10 和 PM2.5 的贡献率有所差别，其中机动车尾气、燃油尘、二次硫酸盐和硝酸盐粒子对 PM2.5 的贡献率更高，城市扬尘、煤烟尘、建筑水泥尘等粗粒子对 PM10 的分担率更高；对于滨海城市来说，海盐粒子也会对 PM10 浓度做出贡献。[①]

（三）对雾霾的监测

1. 评估雾霾污染程度

我国在 2012 年出台规定，以空气质量指数代替了原有的空气污染指数，参与空气质量评价的主要污染物为细颗粒物、可吸入颗粒物、二氧化硫、二氧化氮、臭氧、一氧化碳六项。已经有不少研究证明了空气质量指数与雾霾之间存在密切关系，尤其是 2013 年以来，以 PM2.5 和 PM10 为

---

① 吴虹、张彩艳等：《青岛环境空气 PM10 和 PM2.5 污染特征与来源比较》，《环境科学研究》2013 年第 6 期。

首要污染物的比重占据全年空气污染的绝对地位，而两者中又以 PM2.5 为主。因此可以通过对 PM2.5 浓度的监测来评估雾霾污染程度。目前我国关于 PM2.5 和空气污染程度的规定有三个层级：当 PM2.5 日均浓度超过 75μg/m³，空气质量为轻度污染；PM2.5 日均浓度超过 115μg/m³，空气质量为中度污染；PM2.5 日均浓度超过 250μg/m³，空气质量则为严重污染。当空气质量评估为轻度污染时，健康人群就会出现刺激症状，随着空气污染程度的加深，刺激症状会愈发加重。

2. 观测雾霾污染分布

我国对 PM2.5 浓度的监测是环保部自 2012 年在京津冀、长三角、珠三角等重点区域和省会城市开始的。2013 年，在 113 个环境保护重点城市和环境保护模范城市开展了 PM2.5 浓度监测。基于卫星监测的 PM2.5 浓度年均值的栅格数据同时运用软件便可解析各省份的 PM2.5 浓度数据，进而研究我国雾霾污染的空间分布特征。

3. 展现雾霾污染变化

一方面，通过监测地区空气质量指标的变化可圈定雾霾污染的横向扩散范围；另一方面，将某一地区纵向时序上的关键指标数据进行比较，可以看出该地区污染演变和治理成效。

（四）我国雾霾监测的主要缺陷

1. 污染构成分析欠缺

我国环境监测方法的开发研究和标准化工作常落后于"环境质量标准"和"污染物排放标准"的制定，目前雾霾监测的对象基本只能局限于特征性较明显、易于识别的"常规"污染物，在环境监测标准的各项指标中还存在"盲点"。

2. 污染成分来源监测不力

我国现有的监测能力很难满足一个大范围的源解析的要求，同时还有人力资源和时间成本的限制。因此只能尽可能地选择具有区域代表性的采样点，采样点选取的标准并不完善，这无疑也会影响源解析研究的结果。

三　我国雾霾监测历史

2012 年下半年开始，我国大范围、持续地遭遇雾霾天气。2013 年，我国遭遇史上最严重雾霾天气，其发生频率之高、波及面之广、污染程度之深前所未有。中国社会科学院和中国气象局发布的《应对气候变化报告（2013）》数据显示，2013 年，全国 100 多个大中型城市、25 个省份不同程度地都被笼罩在雾霾之下，平均雾霾天数为 29.9 天，较常年同期偏多 10.3 天，为 1961 年以来历史同期最多。中国环境监测总站的数据显示，2013 年在全国 74 个监测城市中，有超过 30 个城市可吸入颗粒（PM10 和 PM2.5）均超过 300 微克 / 米³，其中北京 787 微克 / 米³，天津 500 微克 / 米³，石家庄 960 微克 / 米³。亚行和清华大学发布的《中国国家环境分析》显示，中国 500 个大型城市中只有不到 1% 的城市可达到世卫组织规定的空气标准。"雾霾"成为年度关键词。

2014~2015 年，我国雾霾污染持续发酵。2016~2018 年，治理政策体系加速完善，治理投入不断加大，考核机制日趋全面，我国雾霾问题出现持续好转的趋势。2019 年 1~12 月，全国 337 个地级及以上城市 PM2.5 浓度为 36 微克 / 米³，同比持平，其中，未达标城市 PM2.5 年均浓度为 40 微克 / 米³，同比下降 2.4%；PM10 浓度为 63 微克 / 米³，同比下降 1.6%；O_3 浓度为 148 微克 / 米³，同比上升 6.5%；SO_2 浓度为 11 微克 / 米³，同比下降 15.4%；NO_2 浓度为 27 微克 / 米³，同比持平；CO 浓度为 1.4 毫克 / 米³，同比持平；优良天数比例为 82.0%，157 个城市环境空气质量达标。2019 年 1~12 月，168 个重点城市中安阳、邢台、石家庄等城市空气质量相对较差；拉萨、海口、舟山等城市空气质量相对较好。从空气质量同比改善程度看，2019 年 1~12 月，168 个城市中宿州、驻马店、咸阳等城市空气质量改善幅度相对较好；青岛、日照、泰安等城市空气质量改善幅度相对较差。

第二节　我国雾霾的成因及危害

对雾霾污染成因的分析可以从两种途径展开：一是从定性视角通过案例经验总结归纳得出；二是从定量视角利用数理模型分解剖析雾霾污染的

驱动影响因素。

一 我国雾霾污染成因的归纳分析

雾霾受多重因素的叠加影响，雾霾污染的形成是自然生态系统和经济社会系统失衡的一种表现。在前面的文献综述中，就雾霾的成因进行了系统介绍。就我国来说，雾霾污染成因主要有五个方面。

（一）我国气候特征条件是雾霾污染形成的关键因素

事实上，对雾霾成因的探索最早是从气象学领域开始的，这类研究主要通过统计当地雾霾持续天数，对应研究对象的自然地理特点及气候变化规律，从而来分析雾霾与气候条件之间的耦合关系。西安市气象局曾对西安地区 7 个气象站 53 年间（1960~2012 年）的地面观测资料进行了统计分析[1][2]，通过深入分析西安地区气候变化规律与雾霾污染的时空分布特征，发现雾霾污染极易受到气温、风速、湿度、气压场、不连续降水日数这五个气候要素的显著影响。具体而言，从物理角度来说，主要包括以下三方面的原因。第一，水平方向的静风现象增多。雾霾主要是由空气中悬浮颗粒组成，由于城市中的高楼数量逐年增加，促使流经城区的风所受到的阻碍和摩擦作用不断增强，导致风力逐渐减弱，在风级较小或无风的情况下，空气中的悬浮颗粒无法有效地流动和扩散，只能停留在其产生区域，最终使得大量悬浮颗粒受限于风力作用而集聚在城市上空。第二，城市热岛效应。城市热岛效应是指在垂直方向上，城市上空拥有较高的温度，而地面温度却更低的一种现象。城市的热岛效应限制了近地面层气流的垂直运动，使处于近地面层区域的悬浮颗粒无法向高空扩散，从而使得近地面层和低空区域中集聚了大量的悬浮颗粒。一旦悬浮颗粒的数量达到一定程度，便会形成雾霾污染。河北省气候中心同样采用定量分析的方法，观测分析了河北南部 1981~2013 年雾霾天气过程与气象条件的关系，结果显示：重雾霾的持续时间与平均风速呈负相关，与相对湿度、前期降水量呈正相关。本项目在长三角区域实证

---

① 王珊、孟小绒、金丽娜：《西安雾日和霾日时空特征分析》，《安徽农业科学》2013 年第 8 期。

② 王珊、修天阳等：《1960—2012 年西安地区雾霾日数与气象因素变化规律分析》，《环境科学学报》2014 年第 1 期。

研究中通过对上海市 2019 年全年日空气质量数据分析也得到了相似结论（见表 1—2）。由该表可知，上海市全年有 26 天处于轻度污染以上的情形，在这期间，有 25 天的风力为 0~2 级，即轻风或无风天，仅有 1 天为 4 级风力（微风），可见，雾霾污染天与静风及微风天存在一定的同步规律。

表 1—2　上海市 2019 年轻度污染以上（PM2.5 浓度大于 75μg/m³）日风力情况

序号	风力	日期	PM2.5 浓度（μg/m³）
1	1	2019-01-13	76
2	1	2019-01-15	105
3	1	2019-01-18	83
4	1	2019-01-19	75
5	1	2019-01-20	96
6	1	2019-01-22	82
7	0	2019-01-23	93
8	1	2019-01-24	99
9	0	2019-02-04	84
10	1	2019-02-23	120
11	2	2019-02-24	107
12	2	2019-02-25	80
13	1	2019-03-01	88
14	1	2019-03-04	94
15	1	2019-03-05	84
16	2	2019-03-12	79
17	2	2019-03-17	80
18	2	2019-04-07	81
19	1	2019-04-08	78
20	1	2019-04-24	96
21	0	2019-12-03	82
22	0	2019-12-04	108

续表

序号	风力	日期	PM2.5 浓度（μg/m³）
23	1	2019-12-09	87
24	2	2019-12-11	109
25	0	2019-12-28	75
26	4	2019-12-30	78

资料来源：笔者根据上海市 2019 年公布的 PM2.5 浓度和风力数据自制。

（二）工业排放污染是雾霾形成的直接因素

工厂产生的各种污染物、废气直接排放在空气中，包括二氧化硫、二氧化氮、颗粒物、一氧化碳、粉尘等，是雾霾污染的主要成分，主要源自火力发电站、金属冶炼厂、化工厂等工业企业，严重危害着我国的空气质量，工业污染的长期积累最终直接引发了雾霾天气的出现。[1] 从图 1—4 中可以看出，我国年度第二产业生产总值与 PM2.5 浓度之间呈现一定的正相关关系。随着我国第二产业产值逐年提升，工业排放源对雾霾污染治理的压力也随之增大。

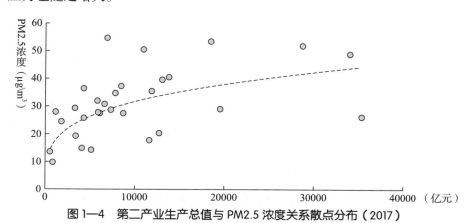

图 1—4　第二产业生产总值与 PM2.5 浓度关系散点分布（2017）

注：虚线是拟合曲线。

资料来源：笔者根据我国第二产业生产总值与 PM2.5 浓度相关数据自制。

---

[1]　田孟、王毅凌：《工业结构、能源消耗与雾霾主要成分的关联性——以北京为例》，《经济问题》2018 年第 7 期。

　　能源消费与相应废弃物排放是工业生产活动对雾霾污染驱动影响的核心环节。从图1—5中可以看出，1990年之后，我国工业行业能源消费总量整体呈现快速上涨趋势，尤其是在2000~2015年，工业行业能源消费量急剧攀升，近几年才逐渐缓和，这样的演化趋势和对应的雾霾污染天气变化态势基本吻合。

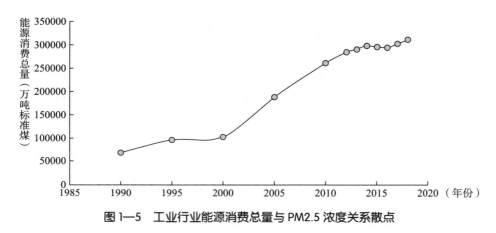

图1—5　工业行业能源消费总量与PM2.5浓度关系散点

注：折线为能源消费总量变化曲线。
资料来源：笔者根据我国工业行业能源消费总量与PM2.5浓度相关数据自制。

　　在我国，不同区域的雾霾污染成因也不尽相同，工业污染导致的雾霾污染主要出现在京津冀和东北地区。东北地区矿产资源丰富，是我国最早的大经济区。新中国成立后，东北成为我国重要工业区，重工业集聚加之东北地区在冬季主要依靠燃煤取暖，工业排放的硫氧化物总量很大。我国中部地区，尤其是河南省，农村面积较大，在秋冬季节焚烧秸秆，使得空气中的PM10等颗粒物浓度较高。在江浙沪地区，轻工业集聚，有大量的化工、纺织等工厂，工厂排放的有机化合物对天气状况产生一定的影响。从全国范围来说，改革开放以来，我国的能源消费结构以煤炭消费为主，煤炭燃烧产生大量的颗粒物和有害气体，严重危害大气状况。

　　（三）机动车尾气是我国近15年雾霾形成的主要驱动

　　诸多研究表明，在很多城市或者区域雾霾的严重性往往与当地的机动车保有量呈现正相关关系[1]，在这些污染物中含铅汽油对人体和大气的危害尤为明显，在废气中铅主要是以微粒状的形态存在，在空气中随风传播。专家对北京和上海等城市进行的实验表明，雾霾的组成物质有多种。因为二氧化硫的产生主要在于燃煤，所以硫酸盐的产生和汽车尾气关系不大，但是另外三种成分的产生却主要由汽车尾气排放所引起，尤其是在汽油和柴油不完全燃烧的情况下会产生大量的黑碳等，这些因素都直接推动了雾霾的形成。

我国汽车销售总量和使用量呈现急速上升的趋势（见图1—6），从统计数据来看，自1978年改革开放以来，我国民用汽车数量迅速上升，自2000年起我国开始快速发展高速公路，同时出台实施多项汽车消费刺激政策，导致车辆拥有量爆发性增长，尤其是在2005年之后，增幅明显加大，《2015年中国机动车污染防治年报》显示，我国连续6年保持世界机动车产销第一大国地位，到2019年全国民用汽车保有量已超过2.5亿辆。与日俱增的汽车数量，不仅加重了城市的交通负担，还使得我国废弃物排放量不断增多，大大增加了空气中悬浮颗粒的数量，成为我国空气污染形成的重要推手之一。以北京市为例，北京环境保护监测中心在2013年的报告显示，北京市2013年PM2.5的组成成分及占比分别为：机动车尾气占26.7%、燃煤污染占18.2%、沙尘占3.1%、餐饮业油烟占7.4%、包括工业和建筑业在内的其他排放源占21.2%、从其他地区扩散来的占23.4%。由此可见，机动车尾气排放占比最大。

（四）雾霾根本上是粗放型经济发展的产物

改革开放以来，我国经济始终保持高速增长，但在发展的同时却忽略了粗放型经济发展模式对环境的危害。[2]从图1—7可以看出，我国国内生产总值与PM2.5浓度呈现一定正相关关系。长久以来，盲目追求经济增长，生产过程中常出现资源转化率普遍偏低、资源浪费的现象，在生产的过程中产生和排放了大量污染物。同时，诸多企业空气质量保护意识薄弱，未

---

[1] 邢茜茜：《城市机动车通行量与空气质量的相关性分析》，《社会科学前沿》2017年第3期。

[2] 梁龙武、王振波、方创琳、孙湛：《京津冀城市群城市化与生态环境时空分异及协同发展格局》，《生态学报》2019年第4期。

能坚守基本的排污红线，这更是增加了生态环境的恶化程度。此外，我国在火电厂、炼钢厂等耗能较大行业的产业布局上较为混乱，多数行业的产业布局较为分散，不仅不利于能源的多次循环利用，还会形成二次污染，增加雾霾隐患，致使雾霾天气防治效果下降。

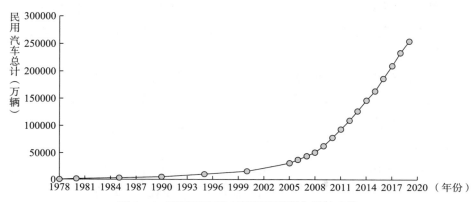

图1—6　改革开放以来我国民用汽车总计走势

注：折线为民用汽加总量变化曲线。

资料来源：笔者根据国家每年公布的民用汽车数据自制。

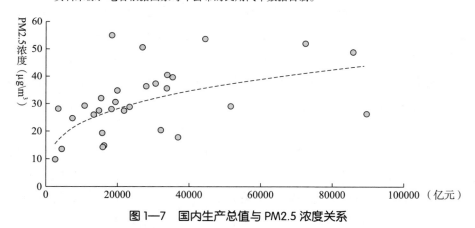

图1—7　国内生产总值与PM2.5浓度关系

注：虚线是拟合曲线。

资料来源：笔者根据我国国内生产总值与PM2.5相关数据整理自制。

同时，在经济建设过程中，受规划不科学、考虑不全面等因素的影响，常使城市中出现大量违章、低效和重复建设的现象。这种现象的出现是资源错配的结果，不仅导致资源的浪费，而且大量的违章、低效、重复建设还增加了空气中粉尘的排放量，致使空气中粉尘含量及浓度增加，使得生态环境进一步恶化。短期谋利者认为，在短期内经济发展和环境保护属于对立关系，环境保护会阻碍经济发展，环保不仅会占用经济资源，还会降低国内生产总值。但是，从长远利益的角度来看，上述短期谋利者的观点是极端错误的，环境污染带来的损失将超过经济发展的增长值，这一现象将会随时间延续逐渐显现，最终危害的将不仅是经济发展，还有人类健康。所以说，雾霾污染物浓度在一定程度上是我国粗放经济发展模式的一个监测指标和预警参数。

二　基于LMDI分解法视域下我国雾霾驱动因素分解

本研究选取我国雾霾污染主要成因PM2.5作为切入点，以此揭示雾霾成因的多尺度结构特征。指数分解法最早产生于20世纪70年代，随后经过不断完善被逐渐运用到能源和环境以及其他领域的研究当中。对比不同的指数分解方法及其实际应用结果，对数平均迪氏指数分解法（Logarithmic Mean Divisia Index method，LMDI）是最佳的分解方法。[①]LMDI分解法能将所有因素完全分解，保证分解后的残差为0，因而能有效地对残差进行完全分解并解决零值和负值问题。[②]其分解方法有加法和乘法之分，乘法分解结果和加法分解结果之间可相互转化。LMDI分解基于以下一个函数：

$$
\begin{cases}
L(x, y) = \dfrac{x - y}{ln\dfrac{x}{y}} \text{ 其中 } x > 0,\ y > 0 \\
L(0, 0) = 0
\end{cases}
$$

对其中任何一个因式分解：$P_t = X_t * Y_t$ false，与函数 $L(x, y)$ false 相结合，可得各因素的独立效应如下所示：

①　Ang B W, Decomposition analysis for policymaking in energy: while is the preferred method, *Energy Policy*, 2004, pp.1131-1139.

②　Ang B W, Liu N, Handling zero values in the logarithmic mean divisia index decomposition approach, *Energy Policy*, 2007, pp.238-246.

$$\begin{cases} \Delta P_x = L\,(P_t, P_0)\,ln\,\dfrac{X_t}{X_0} \\[3mm] \Delta P_y = L\,(P_t, P_0)\,ln\,\dfrac{Y_t}{Y_0} \end{cases}$$

其中，P 为污染物排放量或目标被解释变量，X、Y 为解释变量（多个解释变量时与之类似），角标 t 和 0 分别表示观察期和基期，ΔP_x、ΔP_y 分别表示 P 单独受 X、Y 因素影响时的变化，分级的目的是比较被解释变量受单个因素作用的影响有多大。

LMDI 分解法近年来被国内研究广泛地用于能源消耗、碳排放以及雾霾污染物等分解研究，LMDI 分解法在连接经济部门和环境治理上的桥梁作用越来越凸显。

根据我国雾霾基本特征，本研究从 PM2.5 浓度出发，围绕空气污染物协同排放、能源消耗根本动因、人口经济影响以及污染治理四个方面，遴选 PM2.5 浓度驱动因素集合，即 CO_2 排放量、国内生产总值、能源消费量、人口规模以及森林面积，并依据 LMDI 分解法原理，将全国 PM2.5 浓度用以下分解式表示：

$$PM = \sum_{i=1}^{30} PM_i = \sum_{i=1}^{30} \frac{PM_i}{C_i} \cdot \frac{C_i}{E_i} \cdot \frac{E_i}{G_i} \cdot \frac{G_i}{F_i} \cdot \frac{F}{P_i} \cdot P_i = \sum_{i=1}^{30} PMC_i \cdot CE_i \cdot EG_i \cdot GF_i \cdot FP_i \cdot P_i$$

其中，PM 为 i 地区 PM2.5 浓度，C 为 i 地区 CO_2 排放量，E 为 i 地区能源消费量，G 为 i 地区国内生产总值，P 为 i 地区人口规模，F 为 i 地区森林面积；PMC 为单位二氧化碳排放产生的 PM2.5 排放量；CE 为能源排放强度效应；EG 为单位 GDP 能耗；GF 为单位森林面积承载的国内生产总值量；FP 为人均森林资源量。

设定基期到 t 期的变化量为 Δ PM，利用 LMDI 对其进行分解：

$$\Delta PM = PM^t - PM^0 = \sum_{i=1}^{30} PMC_{it} \cdot CE_{it} \cdot EG_{it} \cdot GF_{it} \cdot FP_{it} \cdot P_{it}$$
$$- \sum_{i=1}^{30} PMC_{i0} \cdot CE_{i0} \cdot EG_{i0} \cdot GF_{i0} \cdot FP_{i0} \cdot P_{i0}$$
$$\Delta PM_{PMC} + \Delta PM_{CE} + \Delta PM_{EG} + \Delta PM_{GF} + \Delta PM_{FP} + \Delta PM_P$$

$$\Delta PM_{PMC} = \sum_{i=1}^{30} \frac{PM_i^t - PM_i^0}{lnPM_i^t - lnPM_i^0} ln \frac{PMC_i^t}{PMC_i^0}$$

$$\Delta PM_{CE} = \sum_{i=1}^{30} \frac{PM_i^t - PM_i^0}{lnPM_i^t - lnPM_i^0} ln \frac{CE_i^t}{CE_i^0}$$

$$\Delta PM_{EG} = \sum_{i=1}^{30} \frac{PM_i^t - PM_i^0}{lnPM_i^t - lnPM_i^0} ln \frac{EG_i^t}{EG_i^0}$$

$$\Delta PM_{GF} = \sum_{i=1}^{30} \frac{PM_i^t - PM_i^0}{lnPM_i^t - lnPM_i^0} ln \frac{GF_i^t}{GF_i^0}$$

$$\Delta PM_{FP} = \sum_{i=1}^{30} \frac{PM_i^t - PM_i^0}{lnPM_i^t - lnPM_i^0} ln \frac{FP_i^t}{FP_i^0}$$

$$\Delta PM_P = \sum_{i=1}^{30} \frac{PM_i^t - PM_i^0}{lnPM_i^t - lnPM_i^0} ln \frac{P_i^t}{P_i^0}$$

因此，基期到 t 期 PM2.5 变化可分解为六种因素的贡献：ΔPM_{PMC} 反映了协同减排效应，反映碳排放对 PM2.5 排放的影响；ΔPM_{CE} 为能源排放强度效应，反映能源结构变动对 PM2.5 排放量的影响；ΔPM_{EG} 表示能耗强度变动对 PM2.5 排放量的影响，反映了生产技术低碳化因素对 PM2.5 排放量的影响；ΔPM_{GF} 为生态经济压力效应，反映生态经济协调度对 PM2.5 排放量的影响；ΔPM_{FP} 表示生态治理效应，反映生态保护措施对 PM2.5 排放量的影响；ΔPM_P 为人口规模效应，反映人口变动引起 PM2.5 的变化。计算所用数据见表 1—3。

表 1—3　计算所用数据来源

数据名称	数据单位	数据来源	数据提取
省级 PM2.5 浓度	微克／米^3	哥伦比亚大学 国际地球科学信息网络中心	根据栅格数据 提取省域均值
省级 CO_2 排放	百万吨	中国碳核算数据库（CEADs）	根据年度排放清单 直接提取
省级能源消费总量	万吨	中国能源统计年鉴	根据年鉴数据提取 各省市年能源消费总量

续表

数据名称	数据单位	数据来源	数据提取
省级年生产总值	亿元	中国统计年鉴	根据年鉴数据提取各省市年 GDP
省级森林覆盖率	%	中国林业统计年鉴	根据年鉴数据提取各省市森林覆盖率
省级人口规模	万人	中国统计年鉴	根据年鉴数据提取各省市年常住人口总量
省级行政区划面积	平方公里	中国城市统计年鉴	根据年鉴数据提取各省市国土面积

资料来源：笔者自制。

（一）国家尺度分解结果

如图 1—8 所示，图中总变化量是基于前一年的 PM2.5 浓度（μg/m³）变化量，其余数值为各驱动因素对 PM2.5 浓度变化做出的贡献，当各因素效应对应值为正时，说明该因素驱动 PM2.5 浓度增加，当该因素效应对应值为负时，说明该因素驱动 PM2.5 浓度减少。从总浓度变化来看，2008~2011 年是连续上升期，表明该阶段全国范围内 PM2.5 浓度持续增大，雾霾污染加重；2013~2017 年则是连续下降期，PM2.5 浓度持续减小，雾霾污染得到一定程度减轻。这一转折与我国自 2013 年起高度重视雾霾污染治理密切相关。从各驱动因素的影响特征来看，生态经济压力效应、能耗强度效应、碳排放协同效应作用更为显著，而人口效应与能源排放强度效应的影响微弱。其中，生态经济压力效应是 PM2.5 浓度增大的关键诱因，这说明发展与保护间的失衡是我国 PM2.5 浓度控制的首要突破点。而能耗强度效应和碳排放协同效应则是引起我国 PM2.5 浓度降低的主要因素，这说明提升 CO_2 和 PM2.5 的协同减排潜力或能源效率能够显著降低 PM2.5 排放量。2007~2017 年，人口效应引起的 PM2.5 浓度变化均为正，说明人口规模扩大将导致 PM2.5 排放的增加，这一点对于我国这样的人口大国来说尤其值得关注。

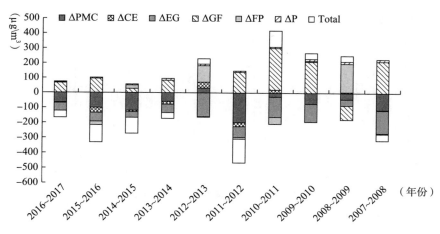

图1—8 国家尺度PM2.5分解结果

资料来源：笔者自制。

（二）区域尺度分解结果

本研究按照我国地理空间划分六大区域：华北地区、东北地区、华东地区、中南地区、西南地区以及西北地区，基于地区划分以探究PM2.5变化的区域间差异。图1—9呈现了2007~2017年区域间分解结果，图中总变化量（Total）为2017年相对2007年的PM2.5浓度增长量，可以看出，除东北地区在研究期内PM2.5浓度上升之外，其余区域PM2.5浓度均有不同程度降低，雾霾污染情况有所好转，这反映出我国东北地区的PM2.5浓度控制压力较大。从具体驱动效应来看，能耗强度和生态经济压力是各区域PM2.5浓度变化的共性影响因素。其中，能源排放强度效应对PM2.5排放变化呈现负相关性，这说明从区域尺度来看，能源结构呈现低碳化趋势，各区域通过能源结构优化在一定程度上降低了PM2.5排放量。而生态经济压力效应则恰恰相反，说明多数区域经济发展与生态环境间的权衡严重偏向前者，经济发展的负外部性超出了生态系统承载限度，这一点在华东和中南地区尤为明显。CO_2与PM2.5协同排放效应及能耗强度效应对华东、中南和西北地区的PM2.5浓度起到较为显著的削弱作用，这一点说明该类地区工业生产与空气质量的关联程度偏高。

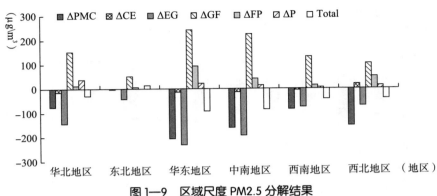

图1—9 区域尺度 PM2.5 分解结果

资料来源：笔者自制。

（三）省级尺度分解结果

图1—10 和图1—11 分别显示我国 30 个省份（包括自治区、直辖市，以下不再标注）（受数据限制未考虑港澳台地区及西藏自治区）2007~2017 年以及相邻年度 PM2.5 浓度变化的分解结果，图中总变化量为各省份 PM2.5 浓度变化量。

可见，各个省份 2007~2017 年 PM2.5 浓度的变化存在较大差异，黑龙江、吉林及辽宁 3 个省 PM2.5 排放量有所增加，其中，黑龙江省增加最多，深刻诠释着以重工业为主的东北地区所面临的雾霾污染困局。其他 27 个省份 PM2.5 浓度则均有不同程度下降，下降较多的包括河南省、重庆市、湖南省和上海市。

从驱动效应角度来看，除少数年份和少数地区外，研究期内能耗强度对全部 30 个省份的 PM2.5 浓度起到降低的影响作用，这表明能源消耗是我国雾霾污染最核心的驱动因素，也说明研究期内 30 个省份在降低能耗强度、提高能源利用效率方面取得了显著成效。但各省份的能耗强度效应仍存在显著差异，河南、天津、湖北能耗强度下降尤为明显。

除吉林、黑龙江两省呈现微弱正向影响外，其余省份碳排放协同效应的贡献均为负值，并且碳排放协同效应是最主要的负向影响因素，说明实施碳减排政策有效促进了 PM2.5 的协同控制，这一点为各省份在雾霾污染和碳排放双重压力下提供了解决之策。

生态经济压力效应的影响仅在上海市呈现负值，说明上海市在研究期内的生态经济协调发展水平逐步提升，进一步分析可知，上海市 2017 年相较 2007 年森林覆盖率从 3.17% 上升到了 10.74%，增比 239%，高于 GDP 的增比（145%）。其余省份尚未破解生态经济平衡的难题，有必要在下阶段探索逐步增加生态比重的路径。

能源排放强度效应整体上对 PM2.5 浓度变化的影响较小，各省份的能源排放强度效应也存在一定的差异，安徽、宁夏、新疆等 12 个省份为正值，主要是因为这些省份长期依赖传统的化石能源消耗，还未能有效改善其能源结构。北京、天津及浙江等 18 个省份为负值，说明这些省份低碳化的能源消费结构变动有效抑制了 PM2.5 排放。

24 个省份的人口效应为正值，仅吉林、黑龙江、四川 3 个省呈现微弱的负效应，主要原因是，在考虑人口流动情况下，这些省份是劳动力输出大省，人口效应变动对 PM2.5 排放产生负向影响。

综上所述，不同年度、不同省份 PM2.5 浓度的驱动机理呈现差异化特征，导致研究期内各省份 PM2.5 浓度波动规律不同。归纳来看，能耗强度效应、碳排放协同效应对多数省份的 PM2.5 浓度起到了正向抑制作用，生态经济压力效应是各省份 PM2.5 浓度控制瓶颈的关键所在，能源排放效应对传统能源消耗量大的省份相对显著，人口规模效应则对存在大量人口输出的省份来说值得关注。

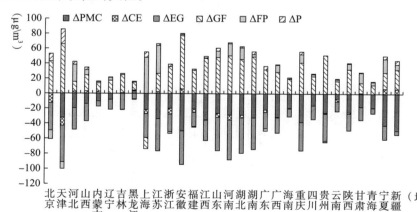

图 1—10 省级尺度 PM2.5 分解结果

资料来源：笔者自制。

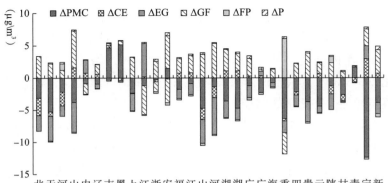

2016～2017

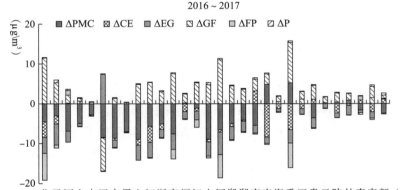

2015～2016

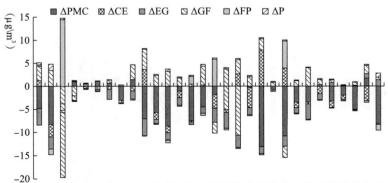

2014～2015

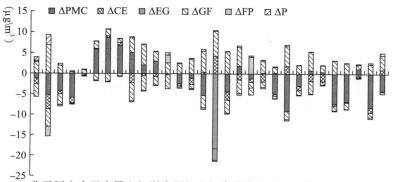

2013～2014

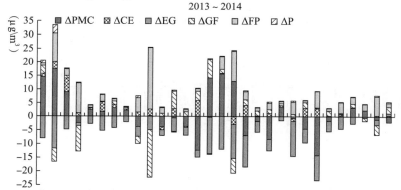

2012～2013

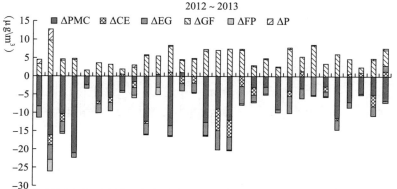

2011～2012

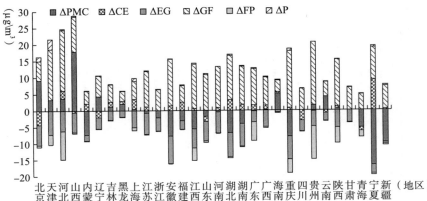

2010～2011

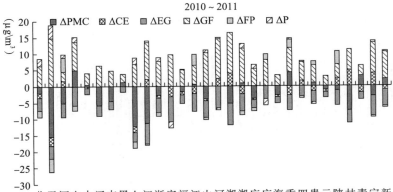

2009～2010

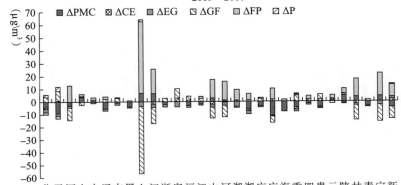

2008～2009

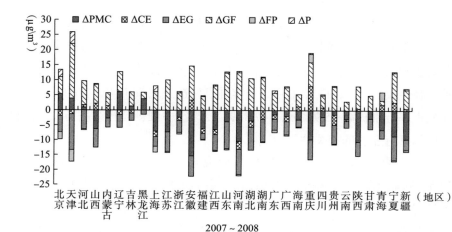

图1—11 相邻年度省级PM2.5分解结果

资料来源：笔者自制。

三 雾霾的主要危害

世界卫生组织（WHO）强调，全球每年有超过700万人由于空气污染而过早死亡。[①]目前中国约50%人口的居住环境年平均空气质量低于WHO所规定的安全标准，其中每10例的死亡报告就有1例的死因是空气污染。在这些受影响的地区中，由于空气污染而损失了超过15%的GDP。[②]中国长期受雾霾天气影响的区域约占全国国土面积的1/4，受影响的人数高达6亿人。[③]大范围、连续性的雾霾天气严重危害居民的健康与安全，其对经济发展和国民健康的负面影响已被广泛认知并得到高度关注。结合已有研究和实践调查，这里将雾霾污染的危害归纳为以下几个方面。

（一）雾霾对人类身心健康的影响

一是对人类呼吸系统的影响。雾霾对人感觉器官及呼吸系统产生很强

---

① Huang R J, Zhang Y, Bozzetti C, et al.,High secondary aerosol contribution to particulate pollution during haze events in China,*Nature*, 2014,p.218.

② Guan Y, Kang L, Wang Y, et al.,Health loss attributed to PM2.5 pollution in China's cities: economic impact, annual change and reduction potential, *Journal of Cleaner Production*, 2019, pp.284-294.

③ 付鹏：《新常态下城市雾霾治理的现实路径选择》，《管理世界》2018年第12期。

的刺激作用，在雾霾天容易引发的疾病包括急性鼻炎、急性支气管炎、咽炎等。硫氧化物、氮氧化物、颗粒物质的浓度与肺癌和喉癌的发病率呈现显著的正相关[①]，农村雾霾中含有较多的镁、铁、锌等重金属离子，可诱发多种呼吸道疾病[②]。2013 年 1 月北京雾霾事件造成北京市两区县的呼吸系统疾病死亡率分别提高 75.93% 和 147.81% [③]，雾霾中细颗粒物浓度与儿童内科门诊病例具有显著的相关性[④]。

二是雾霾可诱发心脑血管疾病。研究显示心血管疾病的急诊人数与 PM2.5、硫氧化物、氮氧化物等均存在一定的正相关性，且女性对空气质量更为敏感。[⑤]

三是造成新生儿先天缺陷。诸多实证案例显示：处于空气重污染环境下的孕妇生出的新生儿患先天畸形的概率比处于良好空气环境下出生的高出 10 倍[⑥]，PM10 的浓度每增加 $10\mu g/m^3$，新生儿低体重风险就会增加 20%[⑦]。

四是对免疫和神经系统的影响。实验发现，血液中进入的细颗粒物浓度增加，会加速蛋氨酸的氧化，从而削弱人体的免疫系统。[⑧]

五是在严重雾霾天气时人的心情会比较压抑，对于心理脆弱的人来说

---

① Pereria F A, Joao Vicente D A, et al.,Influence of air pollution on the incidence of respiratory tract neoplasm,*Journal of the Air & Waste Management Association*, 2005, pp.83-87.

② Fang G C, Zhuang Y J, Kuo Y C, et al., Ambient air metallic elements (Mn, Fe, Zn, Cr,Cu, and Pb) pollutants sources study at a rural resident area near Taichung Thermal Power Plant and Industrial Park:6-month observations,*Environmental Earth Sciences*, 2016, pp.1-12.

③ 陈晨、杜宗豪等:《北京二区县 2013 年 1 月雾霾事件人群呼吸系统疾病死亡风险回顾性分析》,《环境与健康杂志》2015 年第 12 期。

④ 崔亮亮、李新伟等:《2013 年济南市大气 PM2.5 污染及雾霾事件对儿童门诊量影响的时间序列分析》,《环境与健康杂志》2015 年第 6 期。

⑤ Metzger K B, et al., Ambient air pollution and cardiovascular emergency department visits,*Epidemiology*, 2004, pp.46-56.

⑥ Cordier S, Ha M C, et al., Maternal occupational exposure and congenital malformations, *Scandinavian Journal of Work Environment & Health*, 1992, pp. 7-11.

⑦ Rogers J F, et al., Air pollution and very low birth weight infants: a target populations, *Pediatrics*, 2006, pp.156-164.

⑧ Lee K Y, Wong K C, Chuang K J, et al., Methionine oxidation in albumin by fine haze particulate matter: An in vitro and in vivo study, *Journal of Hazardous Materials*, 2014, pp.384-391.

这是其脆弱敏感期，对于有心理疾病的人来说，则容易诱发其负面情绪并导致抑郁。

（二）雾霾对城市交通的影响

交通拥堵与雾霾污染之间存在"相互影响、互为因果"的关系。一方面，尾气排放是雾霾污染的主要来源。机动车尾气主要含有一氧化碳、碳氢化合物、氮氧化合物以及颗粒物。根据《中国机动车环境管理年报2018》，机动车排放已经成为空气污染的首要来源，贡献为10%~50%。在拥堵状态下，机动车处于频繁启停的状态，比匀速行驶时多燃烧超过80%的燃料，带来了更多的尾气排放。另一方面，雾霾污染导致能见度下降，影响了车辆的通行速度。根据国家气象行业标准《霾的观测和预报等级》，随着雾霾污染由轻微转向重度，空气能见度也将降至低于2千米。能见度的降低减缓了车辆通行速度，进一步加剧了交通拥堵的风险。就区域案例而言，雾霾浓度与拥堵严重度呈正相关关系，其中，在长三角地区这一特征最为明显。百度地图联合东南大学交通学院对中国百城空气污染数据和交通拥堵数据进行了量化分析，结果显示，大部分城市交通拥堵和雾霾浓度相关联，雾霾会降低能见度，减少步行和骑行舒适度，进而导致车辆行驶速度降低并迫使民众更多采用开车出行，从而加重交通拥堵。此外，雾霾与拥堵的相关性在经济产业发达、人口规模聚集、机动车保有量高的大中城市群更为显著，例如学者孙冉（2017）在观察上海雾霾时发现，当处于干霾天气时（相对湿度28%~79%），随着雾霾程度不同，道路能见度主要在1.25千米至9.46千米，当处于湿霾天气时（相对湿度85%~90%），道路能见度最低只有330米。当能见度低于500米时，司机无法准确判断路况以及与前车的距离，甚至无法判断路牌标志，从而带来严重的交通隐患。如果车速过快，很容易出现追尾、侧翻等事故，甚至是连环相撞等重大事故；如果周围车流较为复杂，交通很容易会因车速较慢而出现更严重的拥堵。

（三）雾霾对政府和社会治理的影响

雾霾治理需要付出经济成本。无论是末端治理，还是结构调整，都将付出巨大的经济成本。脱硫和脱硝处理、技术设备更新、供暖系统改造、淘汰落后产能和过剩产能等治理工作，不仅需要投入大量的资金，而且还会带来工人下岗、就业减少等。机动车限行、淘汰黄标车，不仅会给市民带来生活上的不便，增加出行成本，也会增加企事业单位的经济损失。据不完全估计，依据大气"国十条"和京津冀大气污染防治强化措施制定的雾霾治理政策导致 2017 年京津冀地区 GDP 损失 6315 亿元，2020 年的 GDP 损失 14595 亿元，分别相当于当年 GDP 的 8.45% 和 16.05%。[①]

此外，雾霾使城市居民的生活成本增加，在雾霾空气污染下，许多居民因不适而生病，主要是呼吸系统和心血管系统的疾病，这些疾病导致城市居民支出高额的门诊及住院医疗费用，从而降低了居民的生活水平和幸福感。

第三节　我国雾霾污染的空间聚集特征

一　数据来源

对于雾霾指标的选择，有学者同时选择多项指标包括 PM2.5、PM10、CO、O_3、SO_2 等排放物数据进行雾霾污染分析，也有将综合性的空气质量指数（AQI）作为雾霾污染的主要测度指标，而多数研究则以 PM2.5 浓度作为测量指标。[②③] 因此，本研究选取 PM2.5 视角对我国雾霾污染的空间集聚特征进行解析。

本研究所用 PM2.5 污染数据来自哥伦比亚大学国际地球科学信息网络中心（http://sedac.ciesin.columbia.edu）发布的 1998~2016 年全球历史 PM2.5 年平均栅格数据集，该数据与我国雾霾特征吻合度较高，得到诸多学者的

---

① 陈诗一、陈登科：《雾霾污染、政府治理与经济高质量发展》，《经济研究》2018 年第 2 期。
② 陈诗一、陈登科：《雾霾污染、政府治理与经济高质量发展》，《经济研究》2018 年第 2 期。
③ Lin Y, Huang K, Zhuang G, et al., A multi-year evolution of aerosol chemistry impacting visibility and haze formation over an Eastern Asia megacity, Shanghai, *Atmospheric Environment*, 2014, pp.76-86.

广泛应用，因此具备较高的可信度。[1][2] 该数据集通过使用地理加权回归法，结合多种卫星仪器，比如中等分辨率成像光谱仪（MODIS）等，反演气溶胶光学厚度（AOD）而获得。该栅格数据具有覆盖范围广（55°S—70°N）、时间序列长（共计 19 个年份的数据）、精度高（分辨率达到 0.01°，即 1km×1km），适用于大范围尺度的 PM2.5 污染相关研究；各省份的矢量数据来自中国科学院资源环境数据云平台（http://www.resdc.cn/）；确定 34 个省份为研究对象；以选取的研究对象为掩膜，用 ArcGIS10.2 软件的区域统计工具（Zonal Statistics as Table）提取 1998~2016 年各省份的 PM2.5 年平均浓度值。

二　我国雾霾污染的空间分布概述

雾霾在区域间存在显著的空间集聚或溢出效应，因此，系统把握雾霾在时序上的演进规律和空间分布特征是我国雾霾污染治理研究与实践的关键路径。

本研究参照哥伦比亚大学国际地球科学信息网络中心 PM2.5 浓度数据，进而梳理出我国 2013~2018 年 PM2.5 空间分布情况。基于数据分析可知：我国的北方地区，尤其是华北地区，是雾霾污染的重灾区。北京、河北石家庄等多个城市时常出现能见度极低的情况，严重影响了人们的出行与生活。以北京为例，扬尘、机动车排放物、煤炭燃烧废弃物、工业涂料，以及冶金、建材和化工行业排放的污染物是地区 PM2.5 的主要来源。同时北京的季节特点也影响着雾霾气候出现的规律与形成。春秋两季，北京的雾霾主要由于周边地区重工业企业污染排放所致；夏季由于气温高、风力弱，不利于颗粒物的沉积，雾霾天气很少出现；冬季的北京气温低、风力强，同时由于城市供暖，内部污染物排放源增多，加上大气对流引起颗粒物的大量悬浮。

---

① 李舸、柏永青等：《中美地球系统科学数据共享平台对比分析》，《中国科技资源导刊》2018 年第 2 期。
② 张英奎、刘思飀等：《雾霾污染、经营绩效与企业环境社会责任》，《中国环境管理》2019 年第 4 期。

　　我国的华中、华东地区也同样饱受雾霾困扰，这些地区经济发展速度快、规模大，导致污染物排放基数巨大，而大气状态表现相对稳定，而且与北方地区相比空气湿度大且风速小，逆温现象很容易出现，使得高空中有害颗粒物堆积下沉，不利于近地面烟雾的扩散。当下沉的颗粒物遇到地面湿度大的情况，便形成雾霾天气。

　　我国南方地区的雾霾污染程度相对较轻。从气象学上来看，南方地区温暖，因此不易出现颗粒物污染问题。同时我国南方水量充足，降水丰富，能够有效清理悬浮在空气中的颗粒物，此外南方的平坦地势也利于污染物的扩散。除了气候条件的客观原因，南方地区较早地关注空气污染问题，相关治理政策及措施的出台使雾霾污染得到了较好的控制。

　　从多年度时序角度来看，2013年爆发的大范围、长时间、集中性的雾霾事件，引起了全国各地区对雾霾治理的高度重视，从中央到地方、从政策到技术，各层次、各方面的治理方案与措施被逐一实施。因此，可从图1—12中发现，我国省级年均PM2.5浓度在2013年出现明显的下降拐点，且基本呈现逐年向好的趋势。而从不同区域间的对比情况来看，华北和中南地区PM2.5浓度下降幅度较为明显，西北地区在2017~2018年度存在小幅度反弹，华东和西南地区PM2.5浓度整体上逐渐降低。值得注意的是，全国范围内PM2.5浓度原本处于高位的省份在2013年之后的控制力度尤为显著，PM2.5浓度均有快速且大幅的下降，例如天津、重庆、河南、山东等。

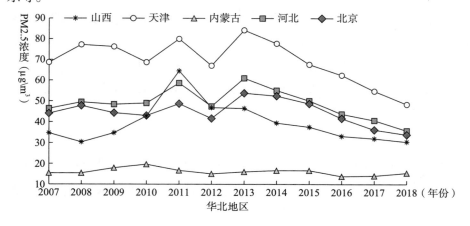

华北地区

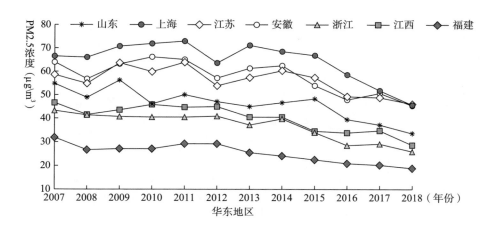

华东地区

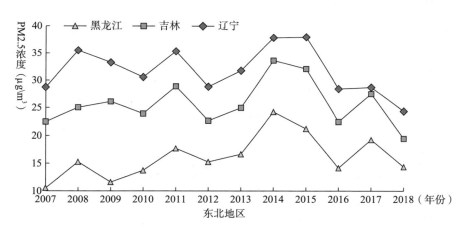

东北地区

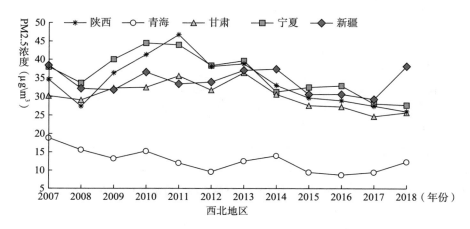

西北地区

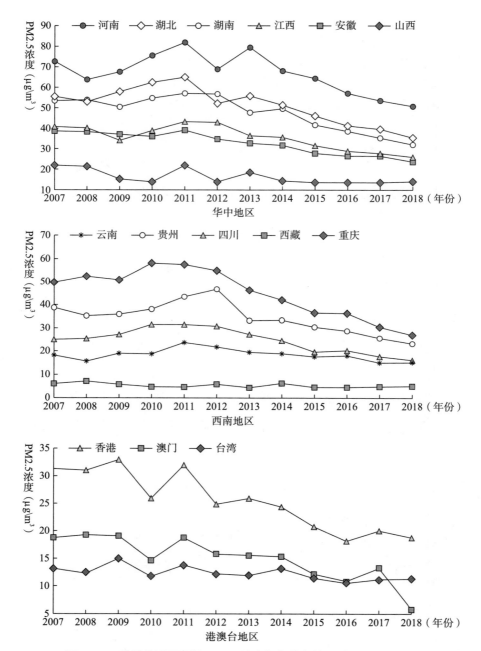

图 1—12　我国分地区省级 PM2.5 浓度年均值趋势图（2007~2018）

资料来源：笔者自制。

三 基于 ESDA 的我国雾霾污染空间自相关分析

（一）基于 ESDA 的雾霾污染空间自相关分析机理

Tobler 提出地理学第一定律："任何事件或属性在空间上都具有相关性，距离更近的事件比距离相对远的事件其相关性更强。"空间统计分析作为现代地理学的重要组成部分，弥补了传统数理研究在空间关联分析上的不足。空间自相关性指的是某一属性值在一个研究区域以及该区域的邻近区域上的相关程度，分为空间正相关和空间负相关：正相关表示某一属性值在一个研究区域及其邻近区域上有相同的变化趋势；负相关则表示有相反的变化趋势。

探索性空间数据分析技术（Exploratory Spatial Data Analysis，ESDA）是一种数据驱动下以空间目标关联测度为核心的系列空间数据分析方法和技术的集合，用于探测研究对象空间分布的非随机性或空间自相关性的方法，主要包括全局空间自相关分析和局部空间自相关分析。近几年来，学者们运用该方法对许多领域的空间相关性问题进行了研究，主要包括区域经济、区域环境、区域创新效率等议题。

本研究利用 ESDA 法从全局和局部两个层面分析我国雾霾污染的空间特征。

1. 空间权重矩阵选择

空间权重矩阵表达了不同地区间观测变量的空间布局，通常用一个二元对称空间权重矩阵 W 来表示几个地区的空间邻近关系。空间邻近关系可以从经纬度或空间位置的角度去表达：从经纬度的视角则是以两点之间的欧氏距离作为衡量是否相邻的标准，两个空间单元相邻即满足临界值大于所定义的两个点之间的距离；从空间位置视角来看，具有共同的边就认为两者在空间上是相邻的。

进而，最常用的空间权重矩阵设定方法有两种：一种是基于邻接关系的二进制空间权重矩阵；另一种是基于地理距离的二进制空间权重矩阵。

二进制邻接空间权重矩阵主要包括四种类型。分别为线性相邻、"车"相邻、"象"相邻和"后"相邻。线性相邻指区域 i 和区域 j 在左侧或者右侧有共同的顶点；"车"相邻指区域 i 和区域 j 有共同的边；"象"相邻指的是区域 i 和区域 j 有共同的顶点但没有共同的边；"后"相邻指的是区域 i 和区域 i 有共同的顶点或者共同的边。本书根据"后"相邻关系构建权重矩阵，二进制邻接空间权重矩阵设置原则如下：

$$\omega_{ij} = \begin{cases} 1 \ \text{区域 } i \ \text{与区域 } j \ \text{相邻} \\ 0 \ \text{区域 } i \ \text{与区域 } j \ \text{相邻} \\ 0 \ \ i = j \end{cases}$$

除了可以用地理邻接关系和地理距离关系来确定空间权重矩阵，还可以用社会经济距离、竞争关系和万有引力定律等来确定。现有文献中，基于邻接关系的二进制邻接空间权重矩阵已经成为相关学者进行空间计量分析的首选。

2. 全局空间自相关分析

全局空间自相关分析旨在衡量研究对象整体上的空间关联与空间差异程度。本研究利用 Global Moran's I 统计量作为度量指标，检验雾霾污染指标（属性值）在某个研究区域及其邻近地区是相似（即空间正相关）、相异（即空间负相关），或是相互独立的。计算公式如下：

$$Moran's\ I = \frac{\sum_{i=1}^{n} \sum_{j=1}^{n} \omega_{ij}(x_i - \bar{x})(x_j - \bar{x})}{\sum_{i=1}^{n} \sum_{j=1}^{n} \omega_{ij} \sum_{i=1}^{n}(x_i - \bar{x})^2} = \frac{\sum_{i=1}^{n} \sum_{j=1}^{n} \omega_{ij}(x_i - \bar{x})(x_j - \bar{x})}{S^2 \left(\sum_{i=1}^{n} \sum_{j=1}^{n} \omega_{ij} \right)}$$

其中，n 为地区总数；ω_{ij} 是标准化的空间邻接权重矩阵，选取基于共同边界的一阶 Rook 权重，当地区 i 与 j 相邻时，$\omega_{ij}=1$，否则 $\omega_{ij}=0$；x_i、x_j 为研究属性值。

Moran's I 可以看作观测值与它的空间滞后（Spatial Lag）之间的相关系数。属性值 x_i 的空间滞后是 x_i 在邻域 j 的平均值：

$$x_{i,-1} = \frac{\sum_{j} \omega_{ij} x_{ij}}{\sum_{j} \omega_{ij}}$$

所以，Moran's I 的取值范围为 [-1，1]。在给定置信水平下，Moran's I 若大于 0，表示存在空间正相关，越接近 1 时表明具有相似的观察值集聚在一起（高值区域与高值区域相邻，低值区域与低值区域相邻）；若小于 0，表示存在空间负相关，越接近 -1 则表明具有相异的观察值集聚在一起（高值区域与低值区域相邻）；若接近于 0 则表示观察值是随机分布的，不存在空间自相关性。只能用来检验某个观察值在特定的区域内是否存在集聚特性，但不能判断具体的集聚位置。

在结果图中主要有三个参数指标：Moran's、Z-score、P-value，分别代表 Moran's 指数、相关程度、两者不相关的可信度。从上述参数可以看出，在本研究中，希望 P-value 的值越小，这样原假设就不成立，进一步验证两者是相关的。Z 值是显著性的衡量指标，主要检验研究区域的相关性。在一般情况下，对相关性的显著有一个数字定义，就是当 0.05 作为显著性水平的取值时，Z 值得到的结果是大于 1.96 的。在进行统计检验之前，先假设研究区域之间的属性是不存在空间自相关的，并把显著性水平设为 0.05，之后根据相关统计数据得出显著性检验数据以及发生概率值，然后将 P 值与 0.05 进行比较，依据比较情况来判定原假设是否成立。如果 P<0.05，并且 Z >1.96，则说明原假设不成立，研究区域的属性值是空间自相关的，对于本文是指省域 PM2.5 浓度之间具有空间相关性，若不然，则表明原假设成立。

3. 局部空间自相关分析

局部空间自相关主要用来分析局部子系统所表现出的分布特征，常用 Moran 散点图和局部指标（LISA）来测量。首先，Moran 散点图是指将变量的滞后向量之间的相关关系用散点图的形式表示出来，其中 Moran 散点图的横轴表示变量在不同位置上的观测值，纵轴表示空间滞后向量的所有观测值。散点图分为四个象限，即可将雾霾污染分为四种不同的空间聚集模式：第一象限 HH（高 - 高）聚集类型，即高雾霾污染地区被高雾霾污染地区所包围；第二象限 LH（低 - 高）聚集类型，即低雾霾污染地区被高雾霾污染地区所包围；第三象限 LL（低 - 低）聚集类型，即低雾霾污染地区被低雾霾污染地区所包围；第四象限 HL（高 - 低）聚集类型，即高雾霾污染地区被低雾霾污染的地区所包围。其次，LISA 指标可以用来检验局部地区是否在空间上趋于集聚，包括局部 Moran 指数和局部 G_i 指数，本书选用局部 Moran 指数来衡量局部地区 i 和地区 J 的聚集程度。计算公式如下：

$$I_i = \frac{(x_i - \bar{x})}{S^2} \sum_{j \neq 1} \omega_{ij} (x_i - \bar{x})$$

其中，I_i 为局部 Moran 指数，x_i、x_j 分别为省份 i、j 的观测值，ω_{ij} 是空间权重矩阵，S^2 是属性的方差，$\bar{x}$ 表示的是属性的平均值。

（二）国家尺度下雾霾污染（PM2.5 视角）空间关联分析

1. 全局分析

从表 1—4 可知，2007~2017 年，我国省级年均 PM2.5 的全局 Moran's I 值维持在 0.5 左右，且均通过了 10% 水平下的显著性检验。说明中国省级呈现空间集聚状态，且存在显著的空间正向自相关特征。从年际变化来看，省级年均 PM2.5 的全局 Moran's I 指数呈现一定波动，整体上空间集聚形态较稳定。

2. 局部分析

进一步通过局部 Moran's I 对我国省级年均 PM2.5 的局部特征进行定量分析，结果见表 1—5。可见，（1）在研究年份中，出现"H-H"，即高值聚集的频数最高，其次是"L-L"（低值聚集），再者是"L-H"（低值被高值包围），未出现"H-L"情形；（2）山东省、河南省、江苏省、安徽省、湖北省、天津市、河北省、北京市处于"H-H"聚集区的年份数较高（≥4，共11 个年度），这与京津冀地区和长三角地区为我国雾霾污染的重灾区的实际情况比较一致；（3）西藏和青海两地区多为"L-L"聚集区，一定程度上表明该地区雾霾污染较轻，空气质量较好；（4）内蒙古地区处于"L-H"聚集区，表明该自治区自身雾霾污染较轻，而其周围省份的污染程度普遍较深，进而形成了低值区域被高值区域包围的态势。

表 1—4　我国省级 PM2.5 全局空间自相关分析（2007~2017）

年份	2007	2008	2009	2010	2011	2012
Moran's I	0.548	0.503	0.522	0.527	0.531	0.499
EI	-0.030	-0.030	-0.030	-0.030	-0.030	-0.030

续表

年份	2007	2008	2009	2010	2011	2012
Variance	0.012	0.012	0.012	0.012	0.012	0.012
Z-score	5.317	4.923	5.090	5.124	5.161	4.852
P-value	0.000	0.000	0.000	0.000	0.000	0.000
年份	2013	2014	2015	2016	2017	
Moran's I	0.519	0.521	0.534	0.492	0.542	
EI	-0.030	-0.030	-0.030	-0.030	-0.030	
Variance	0.012	0.012	0.012	0.012	0.012	
Z-score	5.093	5.089	5.210	4.823	5.282	
P-value	0.000	0.000	0.000	0.000	0.000	

资料来源：笔者自制。

表1—5 我国省级PM2.5局部空间自相关分析（2007~2017）

2017		2016		2015		2014		2013		2012	
西藏	LL	西藏	LL	西藏	LL	山东	HH	西藏	LL	西藏	LL
山东	HH	山东	HH	山东	HH	河南	HH	山东	HH	山东	HH
河南	HH	河南	HH	河南	HH	江苏	HH	河南	HH	河南	HH
江苏	HH	江苏	HH	江苏	HH	安徽	HH	江苏	HH	江苏	HH
安徽	HH	安徽	HH	安徽	HH	湖北	HH	安徽	HH	安徽	HH
湖北	HH	湖北	HH	湖北	HH	天津	HH	湖北	HH	湖北	HH
天津	HH	天津	HH	天津	HH	青海	LL	天津	HH	天津	HH
青海	LL	内蒙古	LH	青海	LL	内蒙古	LH	内蒙古	LH		
内蒙古	LH	河北	HH	内蒙古	LH	河北	HH	河北	HH		
河北	HH	北京	HH	河北	HH	北京	HH	北京	HH		
上海	HH			上海	HH						
				北京	HH						

续表

2011		2010		2009		2008		2007	
山西	HH	山东	HH	西藏	LL	西藏	LL	山东	HH
西藏	LL	河南	HH	山东	HH	山东	HH	河南	HH
山东	HH	江苏	HH	河南	HH	河南	HH	江苏	HH
河南	HH	安徽	HH	江苏	HH	江苏	HH	安徽	HH
江苏	HH	湖北	HH	安徽	HH	安徽	HH	湖北	HH
安徽	HH	天津	HH	湖北	HH	湖北	HH	天津	HH
湖北	HH			天津	HH	天津	HH	上海	HH
天津	HH			上海	HH	内蒙古	LH		
内蒙古	LH					上海	HH		

资料来源：笔者自制。

（三）区域尺度下雾霾污染（AQI 视角）空间关联分析 ①

1. 研究区域选择

太湖流域位于我国沿海与沿江两条生产力主轴线的接合部，区位优越，经济实力雄厚，无论是在长江经济带还是在全国都具有举足轻重的地位。近年来，太湖流域生态环境治理取得了一些积极进展，但污染排放、生态破坏、环境风险等问题仍较为突出，生态环境形势依然严峻。随着太湖流域大规模城市化、耕地向建设用地转化及开发强度不断增大，土地利用变化已对流域陆地生态系统产生强烈扰动。无论是在研究领域还是在实践上目前均更关注太湖流域水安全问题，但事实上，人口密度、工业生产规模、机动车拥有量等处于高位的现实同样给流域空气质量的保证形成了不小的阻碍。

2018 年 11 月 5 日，习近平总书记在首届中国国际进口博览会上宣布，支持长江三角洲区域一体化发展并将其上升为国家战略。随后，作为实施长三角一体化发展战略的先手棋和突破口，长三角生态绿色一体化发展示

---

① 以下关于太湖流域空气质量时空异质性分析，来自笔者的论文《基于 ESDA 的太湖流域空气质量时空异质性分析》，《生态经济》2021 年第 4 期。

范区亦逐步展开建设。由此，作为长江三角洲的核心地区和发展"引擎"，太湖流域肩负着落实新发展理念、率先形成新发展格局、率先打造改革开放新高地的重大使命，新时代太湖流域高质量发展的内涵要义必然包含空气质量、水环境等发展要素的高质量与可持续。因此，本研究选取太湖流域作为典型区域开展研究意义显著。

2. 太湖流域概况

太湖流域行政区划分属江苏、浙江、安徽以及上海三省一市，总面积达 36895 平方千米，属亚热带季风气候区，四季分明、雨水丰沛、河网如织、湖泊棋布。太湖流域综合性区位与战略优势显著，已发展成为我国人口密度最大、工农业生产最发达、大中城市最密集、国内生产总值和人均收入增长最快的地区之一。2018 年，太湖流域总人口 6104 万，占全国总人口的 4.4%，地区国内生产总值 87663 亿元，占全国生产总值的 9.7%，人均国内生产总值 14.4 万元，是全国平均水平的 2.2 倍。在经济社会高速发展的同时，太湖流域空气质量问题愈发凸显，臭氧（O_3）、细颗粒物（PM）以及 NO_2 为主要污染物，流域内多数城市空气质量未达到国家二级标准，空气污染治理成为流域综合治理的关键构成。

3. 空气质量衡量标准及数据来源

我国环境空气质量标准于 1982 年首次发布，随着经济社会发展水平和空气污染复杂性的提升，在 1996 年和 2000 年分别经历两次修订，但随着经济社会的快速发展以及机动车保有量的迅速增加，环境污染特征也不断变化，在可吸入颗粒物（PM10）和总悬浮颗粒物（TSP）污染还未全面解决的情况下，可入肺颗粒物 PM2.5 和臭氧污染加剧，导致雾霾、灰霾现象频发，严重影响了人们的生存环境，为了适应环境保护的新要求，我国于2012 年颁布实施《环境空气质量标准》（GB 3095—2012）。为了配合《环境空气质量标准》的修订，原环保部也开展了《环境空气质量指数（AQI）日报技术规定》的制定工作。与原来相关环境空气质量标准的规定相比，首先将环境空气污染指数（API）改为环境空气质量指数（AQI），与国际标准名称一致。

AQI 是反映大气环境质量水平的权威指标，它是根据《环境空气质量标准》和各项污染物对人体健康及生态环境的影响，将 PM10、PM2.5、SO₂、NO₂、O₃ 和 CO 等空气污染物浓度折算成单一、无量纲的概念性指数。AQI 将空气污染程度和空气质量状况分级表示，适用于呈现城市短期空气质量状况和变化趋势。因此，本书采用 AQI 作为衡量流域空气质量的指标，AQI 数值越大，表明综合污染程度越严重，城市空气质量越差。根据《环境空气质量指数（AQI）技术规定（试行）》（HJ 633-2012），AQI 数值大小可分为以下 6 级：0~50，空气质量状况为优；51~100，空气质量状况为良；101~150，空气质量状况为轻度污染；151~200，空气质量状况为中度污染；201~300，空气质量状况为重度污染；AQI 大于 300，空气质量状况为严重污染。

AQI 数据主要来源包括太湖流域地区各城市 2014~2018 年生态环境公报、流域内相关部委和监测站点公布的数据，以及其他有关的文献数据。

4. AQI 空间分析模型

首先根据收集整理的 AQI 数据，基于克里金插值法，利用 ArcGIS 软件得到太湖流域 2014~2018 年 AQI 空间分布情况；进而，为获取流域空气质量更具化的空间分布特征，采用 ESDA 法从全局和局部两个层面对太湖流域多年度 AQI 进行空间分析。

5. 太湖流域 AQI 时序演化

通过整理统计年鉴、监测与相关公报数据，本研究获取太湖流域内苏州、无锡、常州、镇江、上海、杭州、嘉兴和湖州 8 个城市 2014~2018 年 AQI 时序演化的情况（见表 1—6）。

表 1—6　太湖流域 8 个城市 2014~2018 年 AQI 时序演化

城市	2014 年		2015 年		2016 年		2017 年		2018 年	
	AQI	排名	AQI	排名	AQI	排名	AQI	排名	AQI	排名
苏州	95.08	5	91.25	4	86.60	5	85.38	4	80.42	3
无锡	100.42	8	94.58	7	90.32	8	88.94	6	80.66	5
常州	97.67	7	94.08	6	89.58	7	89.49	7	91.39	8
镇江	96.25	6	97.17	8	84.41	4	94.59	8	88.72	7

城市	2014 年		2015 年		2016 年		2017 年		2018 年	
	AQI	排名	AQI	排名	AQI	排名	AQI	排名	AQI	排名
上海	80.33	1	88.50	2	80.79	1	83.55	1	74.26	1
杭州	90.33	2	87.33	1	85.53	3	85.12	3	80.66	4
嘉兴	90.75	3	90.83	3	81.74	2	84.61	2	79.38	2
湖州	94.17	4	93.67	5	88.92	6	87.87	5	81.46	6
平均值	93.13		92.18		85.99		87.44		82.12	

资料来源：笔者根据 2014~2018 年统计年鉴、监测与相关公报数据整理而成。

可见，太湖流域内 8 个主要城市 2014~2018 年空气质量整体上处于良好等级且呈现向好趋势。具体来看，AQI 平均值存在一定波动，2014~2016 年逐年下降，2017 年稍有反弹，2018 年除常州外明显下降，2014~2018 年均下降 2.36%。从城市 AQI 年均值角度来看，上海相较表现最好，连续 5 年 AQI 年均值均在 90 以下，常州、无锡的空气质量则较差，其中，无锡市 2014 年 AQI 年均值达 100.42，为最高值。从年际变化来看，苏州、无锡、杭州、湖州的空气质量逐年改善，无锡空气改善效果尤为显著，AQI 下降率达到 19.68%，上海、嘉兴空气质量总体向好，常州 AQI 下降后又有所反弹，镇江则处于升降交替状态。综合可见，太湖流域内城市空气质量存在时空差异，有必要进一步定量分析其特征。

6. 太湖流域 AQI 空间分布

基于克里金插值对太湖流域 2014~2018 年 5 个年度 AQI 空间分布予以明晰。太湖流域东部沿海沿江地区以及西南部山林区域的空气质量普遍较好，而流域西北部区域则相对较差。

进一步利用 ESDA 法得到太湖流域 AQI 全局与局部的空间分布特征。首先，太湖流域 AQI 的全局 Moran's I 在 2014~2018 年内保持在 0.25~0.35，且显著性检验通过（P 值均小于 0.1，见表 1—7），因此，太湖流域 AQI 在研究期内存在显著的空间聚集特征，流域空气质量的总体空间差异较小。

表 1—7　太湖流域 AQI 全局 Moran's I 指数

年份	Moran's I	z-score	P-value
2014	0.238 8	1.846 3	0.064 9 < 0.10
2015	0.337 1	2.084 2	0.037 1 < 0.05
2016	0.259 1	1.767 9	0.077 1 < 0.10
2017	0.350 7	2.433 7	0.014 9 < 0.05
2018	0.347 2	2.313 7	0.020 7 < 0.05

资料来源：笔者根据 2014~2018 年统计年鉴、监测与相关公报数据整理而成。

继续进行太湖流域 AQI 局部空间自相关分析，太湖流域 AQI 的局部 Moran's I 指数见表 1—8。由表可见，2016 年的无锡和 2018 年的镇江分别成为当年度的高污染地区"包围圈"，说明上述城市及其周边地区在当年度内空气质量整体较差。从时序角度来看，2014~2017 年，上海与嘉兴多为流域 AQI 冷点区，即 AQI 低值区，表明该区域空气质量相对较好，而无锡、常州、镇江在研究期内多为 AQI 热点区，即 AQI 高值区，表明该区域空气质量相对较差。从格局演变上来看，AQI 低值区域逐年向上海周边地区辐射，而 AQI 高值冷点区则逐年由无锡向常州及镇江转移，其中，镇江的局部集聚更为显著。总体而言，太湖流域 AQI 的局部集聚性尚不明显。

表 1—8　太湖流域各市 AQI 的局部 Moran's I 指数（2014~2018）

年份	地区	LMi Index	LMi ZScore	LMi PValue	Type
	苏州	-0.12	0.26	0.80	
	无锡	0.36	0.54	0.59	
	常州	1.14	1.12	0.26	
2014	镇江	0.47	0.62	0.54	
	上海	0.91	0.99	0.32	
	杭州	0.34	0.51	0.61	
	嘉兴	1.35	1.27	0.20	
	湖州	0.01	0.35	0.72	

续表

年份	地区	LMi Index	LMi ZScore	LMi PValue	Type
2015	苏州	0.31	0.55	0.59	
	无锡	0.27	0.45	0.65	
	常州	1.38	1.24	0.21	
	镇江	1.92	1.73	0.08	
	上海	1.13	1.10	0.27	
	杭州	0.28	0.42	0.67	
	嘉兴	1.50	1.35	0.18	
	湖州	-0.65	-0.10	0.92	
2016	苏州	-0.11	0.33	0.74	
	无锡	2.45	2.09	0.04 < 0.05	HH
	常州	0.78	0.86	0.39	
	镇江	-0.45	-0.32	0.75	
	上海	1.49	1.43	0.15	
	杭州	0.05	0.27	0.79	
	嘉兴	0.71	0.91	0.36	
	湖州	0.06	0.45	0.65	
2017	苏州	0.77	0.96	0.34	
	无锡	0.05	0.36	0.72	
	常州	1.37	1.43	0.15	
	镇江	1.13	1.46	0.14	
	上海	1.47	1.52	0.13	
	杭州	0.43	0.62	0.53	
	嘉兴	1.72	1.64	0.10	
	湖州	-0.19	0.27	0.78	

续表

年份	地区	LMi Index	LMi ZScore	LMi PValue	Type
2018	苏州	0.73	0.93	0.35	
	无锡	-0.34	0.06	0.95	
	常州	1.62	1.60	0.11	
	镇江	2.08	2.46	0.01 < 0.05	HH
	上海	1.18	1.24	0.22	
	杭州	0.17	0.38	0.70	
	嘉兴	1.08	1.18	0.24	
	湖州	0.16	0.53	0.60	

资料来源：笔者自制。

7. AQI 驱动机制分析

为深入剖析太湖流域空气质量演化规律的成因，构建 AQI 驱动因子体系，通过相关性拟合分析，得到不同驱动因子对太湖流域 AQI 的影响特征。利用文献梳理法、频次统计法，结合太湖流域实际，从社会、经济及生态三个方面确定了 AQI 驱动因子体系，具体见表 1—9。

表 1—9　AQI 驱动因子体系

空气质量指数（AQI）	社会因子	人口密度 /（人 / 千米²）
		城镇化率 /%
	经济因子	人均国内生产总值 /（万元 / 人）
		人均汽车拥有量 /（辆 / 人）
		单位规模以上工业总产值能耗 /（吨标准煤 / 元）
	生态因子	工业氮氧化物排放量 / 万吨
		工业烟（粉）尘排放量 / 万吨
		建成区绿化覆盖率 /%
		林木覆盖率 /%

资料来源：笔者自制。

受限于统计口径和数据可得性，选取太湖流域内苏州、无锡、常州、镇江为分析对象，表1—10收集整理了这4个城市2014~2018年的人口密度（X_1）、城镇化率（X_2）、人均国内生产总值（X_3）、人均汽车拥有量（X_4）、单位规模以上工业总产值能耗（X_5）、工业氮氧化物排放量（X_6）、工业烟（粉）尘排放量（X_7）、建成区绿化覆盖率（X_8）及林木覆盖率（X_9）共9项指标统计数据。

表1—10　太湖流域苏锡常镇四市AQI驱动因子（2014~2018）

地区	年份	X_1	X_2	X_3	X_4	X_5	X_6	X_7	X_8	X_9
苏州	2014	1 249.00	73.95	12.99	0.23	0.273	16.70	7.16	42.93	20.40
	2015	1 226.00	74.90	13.67	0.25	0.272	13.97	7.54	43.08	20.59
	2016	1 230.00	75.50	14.56	0.29	0.276	11.88	6.18	42.66	20.69
	2017	1 234.00	75.80	16.21	0.33	0.270	10.38	4.77	42.15	20.76
	2018	1 238.00	76.05	17.35	0.36	0.261	9.24	3.97	42.27	20.85
无锡	2014	1 031.00	74.47	12.64	0.19	0.253	10.71	4.32	42.90	26.60
	2015	1 039.00	75.40	13.09	0.22	0.242	9.78	8.29	43.00	26.84
	2016	1 410.93	75.80	14.40	0.24	0.263	8.37	6.76	43.00	26.99
	2017	1 416.11	76.00	16.07	0.27	0.250	7.27	5.78	43.00	27.28
	2018	1 420.76	76.30	17.43	0.29	0.242	6.18	5.29	43.00	27.66
常州	2014	1 074.00	68.70	10.44	0.19	0.151	5.84	11.51	43.00	24.06
	2015	1 075.00	70.00	11.22	0.21	0.154	5.85	9.80	43.10	25.48
	2016	1 077.00	71.00	12.49	0.23	0.145	5.40	5.75	43.13	25.88
	2017	1 079.00	71.80	14.04	0.26	0.159	5.18	5.49	43.10	26.19
	2018	1 082.00	72.50	14.93	0.28	0.161	4.59	3.23	43.12	26.41
镇江	2014	825.89	66.60	10.27	0.12	0.17	5.34	2.65	42.50	26.84
	2015	827.21	67.90	11.04	0.13	0.15	4.29	2.53	42.80	25.02
	2016	828.46	69.20	12.27	0.15	0.24	3.99	2.09	42.90	24.97
	2017	829.77	70.50	12.60	0.17	0.29	1.74	0.70	43.00	25.00
	2018	832.40	71.20	12.69	0.19	0.42	1.26	0.60	43.10	25.06

通过绘制其与 AQI 的散点图并进行相关性拟合（见图 1—13），综合分析可知如下几点。

第一，对苏州、无锡、常州而言，城镇化率、人均国内生产总值、人均汽车保有量、建成区绿化覆盖率以及林木覆盖率与 AQI 之间存在较为显著的负相关，意味着上述驱动因子值越大，AQI 指数越小，空气质量越高。此情形可细分为两类：一是建成区绿化覆盖率以及林木覆盖率越来越高，则空气净化能力也越来越高，使得空气质量得以提升；二是城镇化率、人均国内生产总值及人均汽车保有量与 AQI 之间呈现负相关"矛盾"，主要是由于苏锡常三市近年来在发展过程中对空气污染治理重视程度快速提升，治理政策及技术使得这三个城市在社会经济发展的同时，空气污染治理初步成效显现。

第二，对苏州、无锡、常州而言，工业氮氧化物排放量及工业烟（粉）尘排放量与 AQI 之间存在较为显著的正相关。说明工业氮氧化物排放量及工业烟（粉）尘排放量两项指标的上升，导致了 AQI 值的明显上升，这与这三个城市目前主要污染物为氮氧化物和细颗粒物较为吻合。

第三，人口密度、单位规模以上工业总产值能耗这两个驱动因子与镇江市的表现未呈现显著的相关性，主要原因为影响 AQI 值的驱动因子不止本书遴选的 9 个，2014~2018 年，本研究所选取城市的 AQI 波动还有本书未考虑的因子影响，因此，未能形成连贯的相关性。

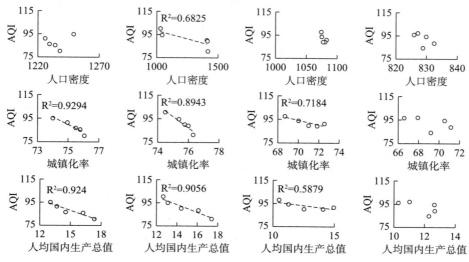

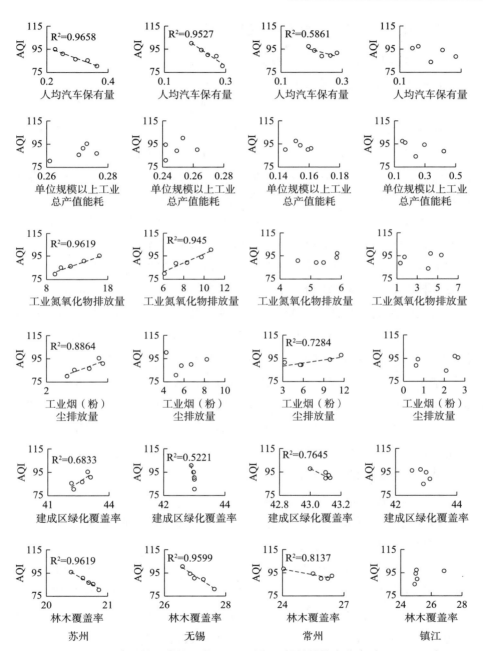

图1—13 太湖流域苏锡常镇四市AQI驱动因子相关性散点分布（2014~2018）

资料来源：笔者自制。

四 我国雾霾污染治理沿革及困境分析

（一）我国雾霾治理政策发展历程

1. 起步阶段：新中国成立后至 20 世纪 80 年代

新中国成立初期，因过于追求经济发展速度，自然环境受到了较为严重的破坏。为了应对出现的各种环境问题，国家出台了《矿业暂停条例》（1951 年）、《关于防治厂矿企业中矽尘危害的决定》（1953 年）、《工厂安全卫生暂行条例》（1953 年）、《工厂安全卫生规程》（1956 年）、《矿产资源保护条例》（1956 年）、《工业企业设计卫生标准》（1962 年）、《关于保护和改善环境若干条例》（1973 年）等法律法规。《中华人民共和国环境保护法》（1979 年）是中国颁布的第一部综合性环境保护基本法，确定了环境保护基本方针。随后陆续颁布了《对工矿企业和城市节约能源的若干具体要求》（1981 年）、《环境空气质量标准》（1982 年）、《大气环境质量标准》（1982 年）、《大气污染防治法》（1987 年）；《关于防治煤烟型污染技术政策的规定》（1987 年）、《工业窑炉烟尘排放标准》、《火电厂大气污染物排放标准》、《水泥厂大气污染物排放标准》及《大气污染物综合排放标准》等。

基于对该时期政策文件的分析，可以发现该阶段的大气污染防治主要是聚焦锅炉改造、烟尘控制等，相关政策文件起到了一定的效果，但整体治理水平不高。究其原因，主要是这一时期我国采取优先发展重工业的经济制度，甚至"大烟囱"成为"工业化"的"代名词"，加之环境保护制度不健全、环境保护的意识淡薄。

2. 发展阶段：20 世纪 90 年代

1990 年，由于能源结构以煤为主，我国部分地区遭受 SO_2 和酸雨的严重侵蚀。农林和健康子系统的恶化促使各地区政府对污染问题严重性有所认识，扭转了政策核心理念。相继出台了《环境保护法》（1989 年）、《关于控制酸雨发展的意见》（1990 年）、《汽车尾气污染监督监管办法》（1990 年）、《汽车排气污染监督管理办法》（1990 年）、《燃煤电厂大气污染物排放标准》（1991 年）、《大气污染防治法实施细则》（1991 年）、《征收工业燃煤二氧化硫排污费试点方案》（1992 年）、《确定排放大气污染物许可证排污指标的原则和方法》（1992 年）、《中华人民共和国大气污染防治法（修订）》（1995 年）、《环境空气质量标准》（1996 年）、《酸雨控制区和二氧化硫控制区划分方案》（1998 年）、《机动车排放污染防治技术政策》（1999 年）等政策文件。

对该阶段的情况进行梳理，发现该阶段的大气污染防治有了明显进步。在治理流程方面，从主抓末端治理向强调全流程治理转变；在治理手段方面，从分散管制向集中整治转变；在治理技术方面，从控制单一浓度向浓度与总量多重控制转变。但与同时期经济发展水平相比，在环境治理方面依然较为滞后，环境形势仍不容乐观。其原因主要是在大气污染防治方面缺乏战略目标，同时"唯 GDP 论"导致地方政府对经济发展过度推崇，对环境保护较为忽视，环境保护部门被"边缘化"，在执法过程中存在执法困境。

3. 综合应用阶段：2000~2010 年

先后发布《关于有效控制城市扬尘污染的通知》（2001 年）、《两控区酸雨和二氧化硫污染防治"十五"计划》（2002 年）、《排污费征收使用管理条例》（2003 年）、《国民经济和社会发展第十一个五年计划》（2006 年）、《二氧化硫总量分配指导意见》（2006 年）、《环境空气监测规范（试行）》（2007 年）、《现有燃煤电厂二氧化硫治理"十一五"规划》（2007 年）、《主要污染物总量减排监测办法》（2008 年）、《循环经济促进法》（2009 年）等政策文件，同时，2008 年设置了环境保护部。

在综合应用阶段，国家对大气环境的保护不断强化，制定了相应的大气污染防治路线图和总体目标。该阶段的治理效果较前阶段有显著的进步。但是依然存在一些不足，在治理手段方面，重行政管制，轻市场调节，在环保方面的投资增长速度滞后于同时期经济发展速度。

4. 转型阶段：2010 年至今

先后发布《国家酸雨和二氧化硫污染防治"十一五"规划》（2010 年）、《关于推进大气污染联防联控工作改善区域空气质量的指导意见》（2010 年）、《"十二五"节能减排综合性工作方案》（2011 年）。在《国家环境保护"十一五"规划》（2011 年）中明确要求加大二氧化硫和氮氧化物减排力度，实施多种大气污染物综合控制。2011 年 12 月 31 日环保部审议通过的新标准，不仅将 PM2.5 纳入国家监测标准，而且将重点地区监测起始时间由原来的 2016 年提前至 2012 年。《重点区域大气污染防治"十二五"规划》（2012 年）、《环境空气质量标准》（2012 年），《"十二五"主要污染物总量减排目标责任书》（2012 年）、《"十二五"主要污染物总量减排目标责任书》（2012 年），《关于加强环境空气质量监测能力建设的意见》（2012 年）出台，并以此加强监测能力建设，同时还制定了《蓝天科技工程"十二五"专项规划》（2012 年）；严格规定了 PM10、二氧化氨浓度限值，并增加 PM2.5、臭氧 8 小时浓度限值指标。随着环境保护的法律法规体系日益完善，中国大气污染防控迈上新台阶。

国务院在 2013 年发布了《大气污染防治行动计划》，作为新形势下针对大气污染治理的总计划，其主要目标为：到 2017 年，全国地级及以上城市可吸入颗粒物浓度要比 2012 年下降 10% 以上，其中京津冀地区、长三角地区以及珠三角等地域的细颗粒物浓度分别下降 25%、20% 和 15% 左右。随着以雾霾为代表的环境污染公共事件频繁发生，《京津冀及周边地区落实大气污染防治行动计划实施细则》（2013 年）、《关于进一步做好重污染天气条件下空气质量监测预警工作的通知》（2013 年）、《环境保护法》（2014 年）中有针对性地规定了雾霾治理的具体措施。2014 年环保部与全国 31 个省份签署了《大气污染防治目标责任书》。《大气污染防治行动计划》（2014 年）、《大气污染防治法》（2015 年）等法律法规对污染治理、监督管理、重点区域大气污染联合防治等内容做了规定。《中华人民共和国大气污染防治法（2015）》（2015 年），做出总量控制以强化责任、从源头进行治理、加大处罚力度、规定环境信息公开等措施，机动车尾气、燃煤废气等大气污染均是造成雾霾天气的原因，因此雾霾污染也在该法的规定、治理范围之内。《能源生产和消费革命战略（2016–2030）》（2017 年）要求推动化石能源清洁高效利用，协同改善区域生态环境和减缓温室气体排放，促进生态文明建设。党的十八大提出将全面推进生态文明建设纳入中国特色社会主义事业"五位一体"总体战略布局，党的十九大进一步提出把生态文明建设作为中华民族永续发展的千年大计。并强调："要着力解决突出环境问题。坚持全民共治、源头防治，持续实施大气污染防治行动，打赢蓝天保卫战。"

中国的雾霾治理走上稳定发展阶段。

回溯本阶段，可以清晰发现政府在治理大气污染过程中综合运用多种政策工具，推动建立立体化、系统化的大气污染治理体系。由于经济发展模式、产业升级仍在转型进程中，污染防治的制度机制尚未完善，在污染治理过程中行政命令手段依旧是主流方式。

（二）我国雾霾污染治理困境剖析

1. 以化石能源为主的能源消费结构导致雾霾治理压力居高不下

我国是全球第一大能源生产和消费国、第一大煤炭消费国，也是全球第一大环境污染物和温室气体排放国，生产和生活高度依赖煤、石油等化石燃料。常年以来，我国能源消费整体结构基本保持不变，根据《中国能源统计年鉴》中按电热当量计算法统计的数据（见图1—14），煤炭、石油、天然气和一次电力及其他能源组成了能源消费总量，煤炭、石油、天然气、一次电力及其他能源在2008~2018年的平价占比分别为70.33%、18.67%、5.58%和5.42%，煤炭占能源消耗的比重超过七成，远高于发达国家水平（发达国家能源消耗中煤炭仅占20%左右）。不合理的能源生产和消费结构及其使用过程中所产生的污染物排放是形成雾霾天气的重要原因。特别是我国使用的煤炭大多是高硫煤，在燃烧过程中会产生大量的二氧化硫，进一步加剧了雾霾的形成。

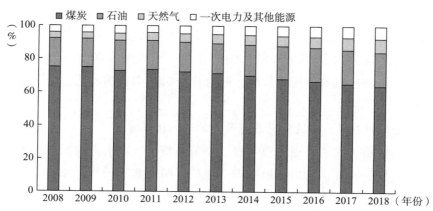

图1—14　我国2008~2018年能源消费结构（按电热当量计算法）

资料来源：《中国能源统计年鉴》。

2. 经济结构转型滞后是雾霾重污染地区面临的普遍挑战

从蓝皮书报告[①]的分析中可以看出，我国的雾霾天气形成和分布与工业污染物排放有很大的关联。大多数雾霾污染的重灾区，也是高污染和高排放产业占比较大、产业结构偏重、经济结构转型相对滞后的工业发达城市或老工业基地。以七座城市位列 PM2.5 年均值前十位、雾霾污染较为严重的河北省为例，2013 年河北省生铁和粗钢产量分别是 16358.54 万吨和18048.4 万吨，分别占全国的 22.99% 和 22.19%，产能均居全国之首；消耗煤炭 31663.3 万吨，占全国的 7.5%，而煤炭、钢铁企业排放的大量污染物正是形成雾霾天气的重要原因。

3. 区域协调治理机制仍有待进一步深化

雾霾的渗透性与扩散性决定了仅是一个地区加强治理很难实现治霾的目标，只有各个地区、各个行动主体联合起来，形成联动机制，构建起全国各级雾霾治理网络，才能够更好地达到预期效果。从我国区域雾霾构成来源特征看，上海市来自外地输送的污染源约占 20%，北京市来自外地输送的污染源则超过 30%，浙江省自身的大气环境质量状况相对良好，但是受到外地大气环境污染的影响，雾霾天气仍时有发生。这说明加强联防联控对于区域雾霾治理具有重要作用。但是，目前我国部分区域如京津冀、长三角等地区虽然已经形成了协调治理机制，但这是松散型的行政合作，缺乏强有力的组织保障和财力支持，致使涉及跨行政区域的环境规划、生态保护措施等难以落实。当地区经济发展与区域生态环境建设发生矛盾时，地方政府经常会做出"牺牲环境、追求 GDP"的行动策略。同时，这种松散的合作机制也很难保持长效化，联合执法机制则更加弱化，缺乏强有力的约束性。

4. 治污减霾工作不连贯，没有长久治理的行动方案

我国雾霾天气的出现有很明显的季节性特征，单次雾霾天气的出现也具有间接性的特征，所以多地政府多在秋冬两季雾霾天气严重时大力开展治污减霾工作，在其余时期，对于这项工作的关注度大大降低。过多采用

----

① 潘家华、单菁菁主编《中国城市发展报告 No.10》，社会科学文献出版社，2017。

临时性、应急性治理机制，这就形成了"治标不治本"的"运动式"治理，例如"奥运蓝""阅兵蓝""APEC 蓝"等。2015 年纪念中国人民抗日战争暨世界反法西斯战争胜利 70 周年大阅兵期间，通过实施空气质量保障措施，与 2014 年同期相比，北京市二氧化硫、氧化氮、PM10、PM2.5 和挥发性有机物日排放量分别下降 39.6%、53.2%、59.8%、51.8% 和 34.2%，5 种污染物平均下降 48%。[①]但是，该类治理手段所耗费的经济成本巨大，对公共日常生活和就业市场造成重大负面影响，尚难转化为日常措施，因此缺乏可持续性，如此反复的应急性治理只能是对有限治理资源的浪费，在空气治理中更需要的是"常态蓝"。

5. 雾霾治理公民参与缺失

当前，我国公民的环保意识获得了显著的提高，但行动意识尚不强、个人行动乏力、有关体制不够健全等仍然是公民参与雾霾治理的短板。公民参加雾霾治理的方式主要有对部分环境破坏的行为进行举报与投诉，但大部分未被处理，效果不明显；公民的参与往往以"点缀式"呈现，且公民在日常生活出行的选择中也并未重视环保问题，相较于乘坐公共交通设施，许多公民还是选择开私家小车出行，这不仅给交通运转带来了较大负荷，同时大量的尾气排放也加剧了雾霾问题。

---

① 李智江、唐德才：《北京雾霾治理措施对比分析——基于系统动力学仿真预测》，《科技管理研究》2018 年第 20 期。

第二章　雾霾治理政策工具的类型分析

关于工具概念的最常见定义就是一个行动者能够直接使用或潜在地加以使用，以便达成一个或更多目的的任何事物。任何治理目标的达成都必须借助于一定的手段和工具才能实现，治理工具被一些学者定义为政府面临公共性问题时所采用的可以指导行动的手段或机制，关注的核心问题是"应该怎么做"。基于这种理解，治理工具抑或政策工具是一个相当宽泛的概念，政府在治理实践中为解决公共性难题而采取的行动模式和固定的方式、方法等都可以纳入治理工具的范畴。正是因为治理工具是政府治理中不可或缺的要素，自政府治理被学界关注的那一刻起，其就被视为一个重要议题。但是，政策工具选择是一个非常复杂的问题，对于经济结构不同、市场发展水平和社会发达程度不同的国家来说，政策工具的选择呈现很大的差异性。雾霾产生的原因在不同的国家具有解读与认知上的差异，治理工具的选择也就很难相同。雾霾治理政策工具的具体表现形式、工具行使的效果等都是雾霾治理中需要关注的核心之处。

第一节　雾霾治理政策工具的相关理论基础

一　公共政策工具理论

英国著名学者克里斯托弗·胡德是开启政策工具理论系统研究的先驱，其著作《政策工具》较为全面地总结了政府部门在解决社会问题、达成政策目标、推进政府治理过程中所采取的手段和方式。而公共政策工具理论起源于 20 世纪 60 年代，至 20 世纪 80 年代该理论研究成果才逐渐成熟，随后，政策制定与政策执行的现实需要又推动该理论研究日趋完善。政策工具（policy instruments）又称政府工具（governmental tool）、治理工具（governing instrument）。简单地说，政策工具就是达成政策目标的手段或途径。目前学界对政策工具的研究主要包括在政策工具的界定、性质、类型划分以及政策工具的选择与评价上。[①]

自第二次世界大战结束以后，尤其是 20 世纪 70 年代以来，西方各个领域中的公共治理问题越来越突出和复杂，如何通过具体的手段和方法解决面临的具体困境，已经成为公共政策和公共管理领域中日益受到关注的话题。政策工具的研究也由此在西方社会科学领域中逐步兴起，渐渐发展成为一个比较成熟的研究领域。国内学者陈振明将政策工具研究在西方兴起并盛行的原因归结为三点：首先是第二次世界大战以来，学术与实践的密切结合使得不少学者致力于解决实际问题，社会科学实践性的增强促使政策工具研究盛行；其次是政府执行的难度和复杂性日趋提高，政府管理以及政策执行对工具方面知识需求的增大，要求对公共政策问题做更多的科学与实证分析，通过对政策工具的研究能够将政策目标与政策途径相关联，政策工具能够将复杂的政策问题付诸实践以促进政策目标的达成；最后是在政府一些政策失败的背景下，政府开始寄希望于政策工具的选择。关于这一点，20 世纪 80 年代荷兰的吉尔霍得（Geelhoed）委员会就已经得出结论：政策工具知识的缺乏导致了政府治理失败。这一结论推动了学者对政策工具的研究工作。特别应该注意的是，自 20 世纪 80 年代以来，随着政策复杂性和政策执行难度的提高，在"新公共管理"运动兴起的背景下，政策工具研究逐渐成为帮助解决政府治理失败问题、提高政府工作效率的重要手段。[②]

自 20 世纪中叶以来，西方国家对政策工具的研究经历了工具主义、过

---

① 王辉：《政策工具选择与运用的逻辑研究——以四川 Z 乡农村公共产品供给为例》，《公共管理学报》2014 年第 3 期。

② 陈振明主编《政策科学：公共政策分析导论》，中国人民大学出版社，2003。

程主义、权变主义以及建构主义四种路径。在工具主义路径中，人们更加侧重对工具属性的研究，此时的研究者已经意识到政策工具能够对政策目标产生极大的推动作用，认为运用政策工具能够得到良好的预期效果，使用合适的政策工具能够将政策失败转变为政策成功。可以发现，工具主义奉行工具至上的观点，将政府的治理失败直接归因于政策工具的特性和缺陷，其中的部分观点夸大了政策工具的作用和效果。在过程主义路径中，研究者逐渐打破了工具主义中政策工具普遍适用的观点，重新审视政策工具的角色，开始针对特定问题、结合实际情况，在动态适应过程中利用政策工具给出解决办法。与工具主义不同的是，过程主义不再强调工具的自身特性，而是强调工具的效果应当视具体情况而定。到了权变主义阶段，工具主义中工具至上的观点进一步受到挑战，权变主义强调政策工具的选择既要考虑工具的应用背景和应用环境，又要明确解决问题的特定要求和工具的特性。权变主义最大的特点是开始重视工具在使用过程中受到的环境因素的影响，对政策工具的研究更加多维化。建构主义在权变主义的基础上进一步发展，认为政府工具不是政策系统运行过程中的决定要素，只是影响政策系统和政策过程的众多因素之一。在建构主义路径中，人们不再只关心"工具"本身，更关心政策系统、政策网络和执行过程。综合上述观点不难发现，政策工具的"工具属性"在研究发展过程中是不断降低的。直至现阶段，政策工具的研究范围及主题进一步发生了变化，主要表现为横向的扩展和纵向的转变：横向扩展表现为通过介绍新工具和工具应用新策略以充实整个工具研究，例如网络理论、执行理论等新理论的出现；而纵向转变则表现为政府工具从古典主义转向建构主义，更多地关注偶发事件中政策工具的应用过程和影响。当然，目前对政策问题的研究也存在一定的问题：一是研究片面地集中于环境和经济政策领域；二是研究太过于关注工具的运用，而实际上，工具选择的过程及演进路径同样有助于解释其功能；三是目前的理论对工具应用的复杂环境重视不够；四是当下的研究倾向于把工具看作中立的手段而忽视其政治性，将效力作为评价工具的唯一标准，给人们一种公共管理者就是政策制定者的角色代入。

国内外文献中，关于政策工具的内涵，国内外学者从不同的角度给出了相应的解释。阿瑟·林格林把"工具"概念描述为具有影响和支配社会过程特征的政策活动的集合[①]；加拿大学者迈克尔·豪利特和 M. 拉米什在《公共政策研究政策循环与政策子系统》中提出应从政策执行过程的角度来解释政策工具，认为政策工具是政府推进政策活动的重要环节，是实现公共目标的支配机制或技术[②]；盖伊·彼得斯则从政策结果的角度，认为政策工具的应用焦点在于政策的产出或效果的实现[③]；欧文·休斯以政府行为作为落脚点，认为政策工具是一种政府活动或者说影响政府行为的机制。然而，更多的学者倾向于从方法途径的角度理解政策工具，例如莱特斯·萨拉蒙认为政策工具是通过组织行动以解决公共问题的某种途径；国内学者赵德余将政策工具看作政府行为的表现形式，即将政策工具看作以影响某些领域为目的的不同行为规则组合，而在组合的过程中体现了利益主体之间的合作与妥协，因此政策工具是一种分配过程[④]。

　　更多的学者将政策工具看作一种实现政策目标的手段，例如顾建光将政策工具定义为实践者、决策者为实现一个或多个政策目标采用的手段[⑤]；陈振明等进一步将政策工具界定为人们为解决某一社会问题或达成一定的政策目标而采用的具体手段和方法或可辨别的集体行动机制，政策工具研究的核心是将政府的意图转化为政策现实，将政策理想转变为政策现实[⑥]；也有学者将政策工具看作一种中介资源，例如王辉将政策工具看作政府意图转变为政策行动的中间环节，政策工具是政府可利用的一种资源，目的是将政策理想转化为政策现实；张成福、党秀云则更加偏重公共目标角度，强调公共政策在政府治理中的重要性，认为政策工具是政府治理的核心，是政府将实质目标转化为具体行动的机制和路径，政府的实质性目标离开

---

① 〔澳〕欧文·E.休斯：《公共管理导论》，彭和平等译，中国人民大学出版社，2001，第76页。

② 〔加〕迈克尔·豪利特、M.拉米什：《公共政策研究政策循环与政策子系统》，庞诗等译，三联书店，2006，第281页。

③ 〔美〕盖伊·彼得斯、弗兰斯·K.M.冯尼斯潘：《公共政策工具：对公共管理工具的评价》，顾建光译，中国人民大学出版社，2007，第49页。

④ 赵德余：《公共政策：共同体、工具与过程》，上海人民出版社，2011，第73页。

⑤ 顾建光：《公共政策工具研究的意义、基础与层面》，《公共管理学报》2006年第4期。

⑥ 陈振明、薛澜：《中国公共管理理论研究的重点领域和主题》，《中国社会科学》2007年第3期。

政府工具就无法实现[①]；也有学者在承认方法途径定义角度基础上，更加强调政策工具的目标导向，例如国内学者朱春奎等认为政策工具作为政策目标和政策行动之间的联结机制，同时包含了目标和行动两个内涵，它是政策行为主体为了实现预期政策目标而使用的所有技术、方法手段的总和，政策行为主体在确定目标之后，最重要的事情就是选择合适而有效的政策工具，以实现政策目标[②]。通过梳理国内外学者对政策工具的概念界定，可以把政策工具视为协助政府将潜在政策转化为具体行动，以完成政策目标的一种治理手段。

对政策工具研究路径演变趋势和内涵界定的系列梳理，有助于更好地理解政策工具在政府治理中的角色。一般来说，科学合理的政策工具应该符合以下几个基本特征[③]：一是有效性，也就是能够有效地解决面临的困境和问题；二是政治上的可接受性，也就是符合政治基本价值理念，为政治制度所容纳，被政治人物所接受；三是技术上的便利性，即在实施的具体方式方法方面具有较强的可操作性，成本较低，能够在较短的时间里得到有效执行；四是长期效应性，也就是说政策工具不仅仅只是消除眼前的短期问题，而且应当能够形成长效机制，从较为根本的层面使问题得到真正的解决。从理论上来说，政策工具没有绝对意义上的好坏之分，只能根据不同场域来看适合与否或者恰当与否。但是在实际的公共管理过程中，政府工具应该如何选择、工具的分类原则是什么，这些问题仍然需要进一步探讨。只有在明确政策工具分类原则的基础上，才能为政府行为和工具选择研究提供新的视角。

二　协同治理理论

一般而言，在系统中存在着稳定因素和不稳定因素，稳定因素有助于

---

① 张成福、党秀云：《公共管理学》，中国人民大学出版社，2001，第62页。

② 朱春奎等：《政策网络与政策工具：理论基础与中国实践》，复旦大学出版社，2011，第128页。

③ Michael E. Kraft, Scott R, Furlong. Outlines & Highlights for Public Policy: Politics, Analysis, and Alternatives, *CQ Press/Sage: Washington*, D.C., 2015, p.85.

强化系统的稳定性与平衡性，而不稳定因素则包含着诸多风险性与不确定性。[①] 两种因素之间相互作用、相互制约，构成系统在某种程度上的均衡。在推动事务发展和创新的过程中，不稳定因素往往发挥着重要功能。基于贝纳德对流实验可以发现，伴随着温度的持续升高，温差会使系统内部结构处于失衡状态，由此形成新的耗散结构。不稳定性原理亦然，由于外界环境的突然改变（即不稳定性因素产生），系统会处于不稳定状态；与此同时，系统结构也会从旧式结构向新式结构过渡，从而推动结构不断转型。

雾霾治理往往涉及多地区、多目标和多主体，这与协同治理的本质特征是相似的。其具体内容表现在以下几个方面。其一，造成雾霾污染的因素众多，包括经济发展、尾气、工业粉尘等，多重驱动因素意味着雾霾治理往往面临较大的执行难度，需要不同参与主体相互合作、彼此制约，进而达成集体行动。而协同理论就是充分调动和运转各子系统，使之协同发展，充分耦合各参与主体的利益诉求，因此适用于雾霾污染治理领域。其二，由于雾霾的本质是空气污染，空气具有公共物品属性、不可分割性等多重表征，属于公共管理范畴。需要注意的是，对地方官员以经济成绩考量为主的"晋升锦标赛"使其易倾向于选择对环境治理的消极参与，从而进一步加剧雾霾污染。其三，雾霾污染治理是系统性工程，需要各地区、各主体协同合作。而当前的"属地管理"导致地方政府只关注所辖范围的环境问题，往往是"治标不治本"，"上游污染、下游治理"等类似的跨界污染也使雾霾治理效能大打折扣。因此，推动协同治理是雾霾污染治理的重要理论依据。

三　公共物品理论

公共物品理论是公共部门经济学的一项基本理论，最早由美国的经济学家保罗·萨缪尔森进行系统研究。他提出公共物品有这样的特性：每个人对于公共物品的消费不会导致其他人对于此物品消费的减少。换言

---

① 曹勇、王晓莉：《协同理论视角下突发自然灾害社会动员研究》，《福建省社会主义学院学报》2012 年第 6 期。

之，每个人对公共物品的消费只取决于自己，而非受限于他人。德国经济学家理查德·阿贝尔·马斯格雷夫又在此基础上对该理论进行了完善，他提出，对于公共物品的消费很难将某一个人排除在受益群体之外，或者排除的成本非常高。也就是说，你不能或者很难限制一个人使用红绿灯或者公路等诸如此类的公共物品。由此，逐步形成了公共物品的两大特性，即消费的非竞争性与非排他性。消费的非竞争性意味着增加额外的消费者不会影响其他消费者的消费水平，或者说增加消费者的边际成本为零。例如，在交通不拥挤的时候，在桥上通行是非竞争性的，因为增加一辆车并不降低其他车的速度。而消费的非排他性则意味着很难将个人排除在消费公共物品之外。典型的纯公共物品有国防、公共安全等，这些物品一旦被国家提供，该国的居民都能享用，为多一个人而增加的防务边际成本为零，居民的增加也不会影响对其他居民的国防或公共安全服务。与纯公共物品相反，纯私人物品是另一个极端，即一种物品同时具有消费的竞争性和排他性。

根据信息商品属于公共物品的观点，市场机制会造成信息商品生产不足，即私人市场提供的信息商品数量将小于最优值。因而从资源配置的帕累托效率观点来看，将信息商品作为公共产权安排更为有效，因此便需要政府干预。干预的形式一般有两种：（1）政府自己充当信息生产者；（2）对私人信息生产者给予补贴和资助。在这种产权安排下，信息商品一般便只能采取统一定价，或在统一定价的基础上适当调整，这样便有效缓解了信息产品生产不足的问题。

第二节　政策工具分类的原则

政策工具本身具有多元性，政府在面对各种问题时必须具备足够的、丰富的政策"工具箱"。基于此，一些学者对工具的类型从不同的角度、不同的标准进行了较为深入的分析。针对"政策工具分类"的研究主要集中在 20 世纪 70~80 年代，并在 90 年代逐渐成熟。[①] 1964 年，荷兰经济学家

---

① 郑石明、要蓉蓉、魏萌：《中国气候变化政策工具类型及其作用——基于中央层面政策文本的分析》，《中国行政管理》2019 年第 12 期。

科臣（E.S.Kirschen）最早试图对政策工具分类予以研究，他通过列举 64 种经济政策手段对政策工具进行分类，但是他按照学科领域分类过于笼统，亦没有对分类进行系统划分，故在这种宽泛的分类中无法形成完整的系统。

随着多学科的融合发展，政策工具的分类方式越来越丰富。澳大利亚学者欧文·休斯从政府职能的角度，将政策工具划分为政府供应、生产、补贴和管制四种类型。这种分类方式的优点是梳理了政府为实现其职能所采用的主要工具手段，但是忽视了合同承包、公私伙伴、志愿组织等市场化和社会化工具的重要性。[1] 林德布洛姆根据政策工具的强制性程度，将政策工具分为规制性和非规制性工具，但是对于复杂的政策工具系统而言这种分类仍然过于简单笼统。美国学者萨瓦斯同样按照政府干预程度的强弱，总结了 10 种政策工具或模式，依据服务的安排者、生产者和消费者的动态关系将政策工具具体划分为从政府服务到自我服务的连续光谱，[2] 相比较林德布洛姆的划分方式这更加精细化。加拿大政策学者迈克尔·豪利特与萨瓦斯、林德布洛姆一样，也以国家干预的强弱程度为基础进行划分，将萨瓦斯的 10 种政策工具分类细化，最终分为自愿性政策工具、混合型政策工具和强制性政策工具三类。自愿性政策工具主要体现为政府干预程度较弱，主要以志愿者组织、个人与家庭为主等；强制性工具是借助政府的权威直接进行命令控制以达到政策目的的一种方式；而混合型政策工具结合了上述二者的特征，这种分类方式为后来的研究提供了良好的思路和借鉴意义。我国学者朱春奎教授在此基础上进一步细分，增加命令型政策工具、权威型政策工具、契约和诱因型政策工具，政策工具的划分在大类标准下渐渐细化。

胡德在其名为《政府治理工具》的著作中，一开始便指出政府治理工具的研究目标在于帮助人们了解政府治理"正在以何种方式运行"。政策分类方面，胡德根据政府治理工具的功能以及政府运用的资源，将政策工具

---

① 〔澳〕欧文·休斯：《公共管理导论（第二版）》，张成福译，中国人民大学出版社，2010，第 96 页。

② 〔美〕E.S. 萨瓦斯：《民营化与公私部门伙伴关系》，周志忍译，中国人民大学出版社，2002，第 69 页。

分为四个大的类型，也就是命令型政策工具、经济型政策工具、组织型政策工具和信息型政策工具，并详细分析了各种政策工具的功能特征和适用条件。胡德的研究成果强调了对于政策工具进行分类的重要性，也开创了政府政策工具研究的"工具主义"途径。这种途径相信政策工具在政府治理中起着主导作用，认为实践者只要把握了政府政策工具的性质，就可以通过理性选择，找到能达到治理目标最优化的工具，从而实现最佳治理效果。按照这个途径进行的政策工具研究，将主要精力放在了政策工具的特征和绩效特性上。

狄龙、彼得斯将政府政策工具划分为法律政策工具（管制型工具）、经济政策工具（财政激励工具）和交流政策工具（信息转移工具）三类，在这里已经开始区分法律和经济两种政策工具，但是对于社会自愿性组织、个人与家庭、非政府组织等非正式型政策工具的重视程度不够。麦克唐纳尔和艾莫尔从政策目的的角度出发，将政策工具划分为命令型政策工具、激励型政策工具、能力建设政策工具和系统变化政策工具。Schneider 和 Ingram 按照工具目的将政策工具分类为激励型政策工具、象征建议型政策工具、能力建设型政策工具和学习型政策工具。[①] 在《政府工具：新治理指南》一书中，萨拉蒙将政策工具划分为直接行政、社会管制、保险、合同、拨款、直接贷款、贷款担保、经济管制、税式支出、用者付费、债务法、政府公司、凭单制等诸多细分种类。而奥斯本和盖布勒在《改革政府——企业精神如何改革着公营部门》中，将政策工具比作政府"箭袋"里的"箭"，分为传统类（包括建立法律规章和制裁手段、管制或放松管制、税收政策合同承包等 10 种），创新类（特许经营、公司伙伴关系、志愿者服务、催化非政府行动等 18 种）以及先锋派类（包括种子资金、回报性安排、股权投资、重新构造市场等 8 种）。

尽管有关政策工具的研究取得了不少有价值的成果，然而，在西方，这种以政策工具的类型和功能特征为研究重点的研究途径，在过去的 10 年

---

① Schneider A.L., Ingram, H.M., Policy Design for Democracy, *University Press of Kansas: Kansas*, 1997.

中开始遭到越来越多的批评。一些学者认为，政府政策工具的性质定位和类型划分上的混乱，不仅影响政策工具理论研究的价值，更使人们怀疑政策工具研究的可能性和必要性。有些人甚至提出，整个政策工具研究已经陷入了死胡同。

国内学者陈振明在前人的基础上借鉴新公共管理的理论和方法，进一步凸显被"忽略"的政策工具的市场化和社会化特征，将政策工具划分为市场化工具、工商管理技术工具和社会化手段三类，市场化工具是指利用市场来达成政府提供公共物品和服务的方式，包括民营化、用者付费、管制与放松管制、合同外包、内部市场等；工商管理技术工具是将企业的管理思维嵌入公共管理活动，以实现政策目标的一种手段，包括战略管理技术、绩效管理技术、顾客导向技术、目标管理技术、全面质量管理技术、标杆管理技术、企业流程再造技术等；社会化手段是指充分利用社会资源来实现政策目标的手段，包括社区治理、个人与家庭、志愿者组织和公私伙伴关系等。这种划分方式虽然凸显了政策工具的市场化和社会化发展趋势，但是将政府管制纳入市场化工具的范围内，忽视了管制作为政府基本职能和保障性工具的重要性。[①] 卓越、郑逸芳在既有研究的基础上，从规范性、执法性和综合性三个层面对政府政策工具进行分类，将强制性和非强制性作为分类的基本原则和标准。强制性工具包括法律、政策和制度；非强制性工具包括市场化工具、社会化工具、道德教育工具和文化宣传工具等。[②] 不同学者对政策工具类型的划分可见表2—1。

目前被学界广泛接受的是迈克尔·豪利特和拉米什根据政府的干预程度来划分的方式，将政策工具划分为强制性、混合性和自愿性三种。其中强制性政策工具是政府干预程度最高的一种政策工具，政府采取直接命令式、管控式的手段干预社会成员，以达到政府设定的政策目标，体现为法律法规、行政命令等。自愿性政策工具是政府干预程度最低的一种政策工具，在政府的非强制手段下，由市场或民间力量自发形成，自愿性政策工

---

① 王辉：《政策工具选择与运用的逻辑研究——以四川Z乡农村公共产品供给为例》，《公共管理学报》2014年第3期。

② 卓越、郑逸芳：《政府工具识别分类新捋》，《中国行政管理》2020年第2期。

具主要通过鼓励劝说、舆论引导、宣传教育等方式来促使社会成员在自愿性行动中完成期望目标。混合性政策工具同时兼具自愿性政策工具和强制性政策工具的特征，通过市场激励、资金税费等对政策目标提供支持，这种划分方式被现代大多数学者所接受。

表 2-1　不同学者对政策工具类型划分情况

代表人物	分类原则	划分类型
欧文·休斯	政府职能	供应、生产、补贴和管制
胡德	资源类型	信息类、经济类、命令类、组织类
林德布洛姆	强制性程度	规制性、非规制性
豪利特、拉米什	政府的干预程度	强制性、混合性和自愿性
卓越、郑逸芳	规范性、执法性和综合性	强制性和非强制性
陈振明	社会资源的利用程度	市场化、工商管理技术和社会化手段

资料来源：笔者根据不同学者对政策工具类型划分整理而成。

在政策工具分类的基础上，需要进一步考虑政策工具的选择和运用问题。豪利特依据国家干预能力和政策的具体情况和复杂条件，构建出政策工具的综合模型。[1] 侯小菲认为环境政策工具在外部性的作用下不能达到福利经济学的帕累托最优状态，多种政策工具作用于单一的环境问题在现实中只能运行于次优的环境中，在不同环境下做出政策工具的选择需要根据效率原则、成本收益原则、其他经济和非经济标准等原则做出相应的判断。[2] 曾军荣提出社会异质性、社会能力和政府能力三个因素，认为这三个变量直接影响政策工具的选择。[3] 姚莉认为影响政策工具选择和应用的因素是公共服务类型和行动者结成的制度安排，并在此基础上构建了政策工具

---

[1] 〔加〕迈克尔·豪利特、M.拉米什：《公共政策研究：政策循环与政策子系统》，三联书店，2006，第 281 页。

[2] 侯小菲：《福利经济学视角下的环境政策工具应用研究》，《河北地质大学学报》2020 年第 3 期。

[3] 曾军荣：《政策工具选择与我国公共管理社会化》，《理论探讨》2008 年第 3 期。

选择和创新的分析模型。^①而王辉在分析前人政策工具选择的各种因素基础上，认为目前影响政策工具选择的因素包括政策问题的性质和政策环境的性质两方面，其中政策问题的性质包括公共服务类型、问题属性以及政府能力等；政策环境的性质则包括社会异质性程度、行动者、制度安排者等。政策工具的属性不能决定政策工具带来的实际效果，因为政策目标和政策效果还受政策项目类型、与政策工具相关联的利益相关者、实施组织和政策资源等政策环境多种因素的影响。

不同的研究方向导致政策工具的划分原则呈多样性，但总体上说，强制性和非强制性是政府工具分类的基本原则与标准。要使公共政策工具发挥作用，首先，应注意对政策工具的选择需要结合特定环境和特定制度，将政策目标和政策工具所产生的多方面影响纳入考虑范围；其次，必须清醒地认识到政策工具具有局限性，要弄清楚每种新治理工具的应用机制和应用范围，在实践中加以分类和优化。

第三节 雾霾治理政策工具的分类

在上述文献整理的过程中，可以清晰看出，目前国内对政策工具的研究主要建立在西方政策理论的基础上，而在实际的治理实践中，特别是在对环境问题的治理过程中，尚缺乏对不同环境问题中政策工具选择的针对性研究。近年来，随着环境治理问题的凸显，尤其是在过去 10 年城市雾霾问题引发社会广泛关注，许多学者开始重视对雾霾治理的研究，并产出了一系列相关的研究成果。各级政府也采取了一系列政策手段来应对雾霾问题，但是对于雾霾治理依然没有找到有效的途径，如何基于我国特色社会主义政治制度，结合经济社会发展的程度和阶段来选择有效的雾霾治理工具是一个重要问题。做好政策工具分类的研究是科学选择政策工具进行治理的前提，也是应对雾霾危机的关键步骤之一。^②

---

① 姚莉：《中心镇公共服务供给的政策工具选择与创新——以浙江省为例》，《长白学刊》2013年第 1 期。

② 刘晓峰、张颢璇：《雾霾治理政策工具的分析与完善》，《河北企业》2020 年第 4 期。

雾霾治理政策工具是应对雾霾问题、实现雾霾治理目标的手段，属于环境政策工具的一种。目前学界对环境政策工具的分类方式有以下几种类型，国外接受度最高的是经合组织提出的三分法，划分原则是根据政策受众受何种因素影响而产生的特定行为，包括命令控制手段、市场机制、劝说式手段；世界银行的划分方式与此有些类似，其将环境政策工具进一步细分为运用市场、环境管制、创建市场和公众参与四种类型。① 国内学者丁文广将我国的环境政策体系划分为政府工具、社会化工具、技术工具、市场化工具和综合化工具等六大类；郑石明认为命令控制型政策工具和市场化手段相结合的混合型政策工具是目前应用范围最广的一种方式；李轩认为传统的环境政策制度存在低效率、成本高的劣势，在此基础上将环境政策工具分为自愿协议式环境政策工具和经济型环境政策工具，其中自愿协议式环境政策工具是在企业家具有环境保护导向并自愿加入改善环境队伍的情况下可选择的一种政策手段，而经济型环境政策工具是政府通过制定相关法律或环境税以达到环境治理目的的手段。② 还有一些研究在环境政策工具的基础上对一些具体领域的工具进行了进一步划分，例如杨怡敏将与能源相关的气候变化政策工具分为三大类，分别是税收类、补贴类与规制类。③ 总的来说，国内学者从政府视角将气候变化政策工具分为经济工具、政治工具和法律工具，但是在一定程度上轻视了企业、个人在环境治理中的协同作用。④

我国雾霾治理政策工具的分类选择需要根据中国环境政策发展历程来进一步分析研究。20 世纪 50 年代，全世界的环境问题日益严峻，蕾切尔·卡逊于此时出版的《寂静的春天》一书引发了国际社会对环境保护的反思，各国开始采取各种环境政策工具来改善环境质量。我国在这样的背景下自然也不会忽视环境保护工作，1974 年，国务院成立环境保护领导小组，

---

① 李晟旭：《我国环境政策工具的分类与发展趋势》，《环境保护与循环经济》2010 年第 1 期。

② 李轩：《我国环境政策工具分析》，《合作经济与科技》2020 年第 1 期。

③ Hughes L, Urpelainen J,Interests, institutions, and climate policy: Explaining the choice of policy instruments for the energy sector,*Environmental Science & Policy*, 2015, pp.52-63.

④ 杨怡敏：《应对气候变化之政策与政策工具选择》，《阅江学刊》2012 年第 6 期。

还设立了负责环境保护相关事宜的机构，5 年后，《中华人民共和国环境保护法（试行）》颁布，这标示着中国环境法体系初步建立。但是在特殊的政治环境下，中国的环境保护事业发展止步于相关法律法规的颁布和政府的纲领性文件。在起步阶段，命令控制型政策工具占据主导地位。20 世纪 90 年代后，在改革开放不断深化和市场经济蓬勃发展的背景之下，行政色彩浓厚的命令控制型政策工具逐渐显现出成本高、效率低的弊端，与此同时，发达国家采用经济激励型环境政策工具在环境治理中取得显著成效。由此，我国的环境治理焦点开始转向市场，利用经济和金融手段发挥市场的示范效应来弥补行政命令手段的弊端，这一转型阶段的环境政策工具表现出越来越明显的市场激励型特征。进入 21 世纪，公共管理研究朝多中心、多主体的方向发展，我国环境治理研究也从固有的单一思维转向综合防治的多维分析，向复合型方向发展，随着公民环保意识不断增强，环保公益组织规模不断壮大，非官方主体在环境保护中发挥着越来越重要的作用，非正式环境政策工具开始逐步发展。

结合我国雾霾治理政策现实，在加拿大学者豪利特和拉米什提出的政策工具的分类基础上，本节进一步根据政府介入程度的不同，将雾霾治理政策工具划分为命令控制型政策工具、市场激励型政策工具和非正式型政策工具三类。

一　命令控制型政策工具

命令控制型政策工具是指政府颁布相关法律、法规和规范性文件，对企业或个人在生产消费中的不良行为进行直接管制的一种手段。对雾霾治理采用命令控制型政策工具意味着政府通过法律文件对不规范的排气污染行为直接禁止以达到治理环境、净化空气目的。命令控制型政策工具在雾霾治理过程中具有以下优势。第一，雾霾作为一种环境问题，具有公共物品属性，企业或组织在参与雾霾治理的过程中往往会存在对治理行动"搭便车"的倾向。雾霾对社会发展和个人身体健康造成的负外部性，给政府介入和干预提供了合法性空间，政府通过执政权威强力推动命令控制型政策工具的运用，能够有效地达成雾霾治理的政策目标。第二，命令控制型政策工具以政府作为强大后盾，能够充分调动资源为雾霾治理提供行动支持，中央政府可以通过指挥和协调各个层级的行政系统，集中专家学者的意见，最终形成综合决策机制。另外，命令控制型政策工具通过各级地方政府自上而下对政策任务层层加码，能够形成有效的监控体系，在明确的目标导向下，命令控制型政策工具取得政策成效的速度和效果可能远远高于市场激励型和非正式型。第三，运用命令控制型政策工具意味着从宏观层面采取措施，对于一些久拖不决、尚未显现的雾霾治理问题，政府能够站在前瞻视角防患于未然。总的来说，对于已经成形的雾霾治理问题，命令控制型政策工具具有更强的执行效果，针对性强、行动迅速，政策结果具有可持续性。正是由于具备这些优势，命令控制型政策工具在相当长一段时间内在我国占据主导地位。

命令控制型政策工具最具代表性的手段是出台和完善相关法律法规，以这种方式来防治大气污染的首个国家是英国。首先，1956 年英国出台了《清洁空气法》（Clean Air Act），其中一系列严格的规定措施，让伦敦大气质量在 30 年内得到了明显改善。法律中具体包括对企业、个人、产业等各方面的规定，例如规定将伦敦城内的发电厂迁移至城外郊区，为减少煤炭的使用采取集中供暖而大规模改造居民传统锅炉等。除此以外，伦敦政府还发起了"去工业化"活动，譬如调整产业结构、大力发展金融业和服务业、推动绿地建设等，这些手段使得环境治理取得很好的效果。其次，一系列配套的法律法规陆续出台，1968 年第二版《清洁空气法》在英国颁布，将工厂排放污染废弃的标准再次提高；1974 年《污染控制法》（Control of Pollution Act）出台，进一步扩大了管理范围，将旧有的大气污染管理扩充到空气、水、固体废弃物、噪声污染等环境治理领域，在各地政府的严格执行下，以命令控制型政策工具为基础治理环境污染的方式成为使伦敦空气永久性改善的主要方式。除此之外，美国 1969 年出台的《国家环境政策法》、1980 年出台的《固体废物处置法》等都是以法律规定为主的强制性手段。在积极借鉴国外治理污染措施的基础上，在雾霾治理初期，命令控制型政策工具在我国同样获得广泛使用，具体包括环境影响评价制度、"三同时"制度、排污许可证制度、污染物申报制度、污染物限期治理制度以及城市环境综合整治定量考核制度等。

我国政府在雾霾治理早期阶段出台了一些相关政策文件，例如 1982 年首次发布并根据国家经济社会发展状况和环境保护要求适时修订的，由中国环境科学研究院、中国环境监测总站制定的《环境空气质量标准》，规定了环境空气功能区分类、标准分级、污染物项目、平均时间及浓度限值、监测方法、数据统计的有效性及实施与监督等内容。2012 年 9 月，国务院批复了我国第一部综合性大气污染防治规划——《重点区域大气污染防治"十二五"规划》，该规划综合考虑了区域内大气污染物传输特征与环境空气质量状况，结合行政区划和城市空间分布等因素，最终划定了 13 个大气污染防治的重点区域。该规划从宏观的角度分析大气污染出现的原因，综合考虑全国经济发展状况的不平衡因素，从我国污染现状出发，针对性地制定相关政策标准和指导性意见，为雾霾治理提供明确的方向，在短期内使得大气污染防治取得积极进展。该规划标志着我国大气污染防治工作逐步从以污染物总量控制为目标导向朝以改善环境质量为目标导向转变，由主要防治一次污染向既防治一次污染又注重避免二次污染转变。

法律法规作为命令控制型政策工具的主要途径得到广泛运用，在治理前期（2013~2015 年）相关法律高密度出台，例如 2013 年 2 月出台的《关于执行大气污染物特别排放限值的公告》对火电、钢铁、石化、水泥、有色、化工等六大行业以及燃煤锅炉项目执行大气污染物特别排放限制。2013 年 9 月，国务院在新形势下专门针对大气污染治理制订了总体计划，即《大气污染防治行动计划》。该计划明确提出以防治大气污染、保护和改善生态环境和生活环境、促进社会经济可持续发展为目的，就全面整治燃煤小锅炉、企业工业排放污染、强化移动源防治等问题进行总体规划。与之前的计划不同，2013 年出台的《大气污染防治行动计划》对产业结构升级、提高技术创新能力、严格节能环保准入、优化产业空间布局等提出了具体行动计划，是国家战略层面的整体"蓝图"，更兼具了可持续性和强制执行等多重属性。2014 年 9 月颁布的《煤电节能减排升级与改造行动计划（2014~2020）》规定了东部地区新建煤电机组大气污染物的排放限值等。除出台总体性的相关法律法规，国家还运用命令控制型政策工具对重点省份定期制定污染物排放总量上限，检查预期治理成果，制定相关排污许可制度。在中央的统筹引导下，地方政府陆续出台相关地方性规定，结合当地实际特点开展了一系列立法工作，如《北京市大气污染防治条例》《兰州市实施大气污染防治法办法》《南京市大气污染防治条例》《山西省落实大气污染防治行动计划实施方案》等，这些细化的立法工作为雾霾治理提供了法理支撑与行动依据。然而值得注意的是，使用命令控制型政策工具虽然短期内能够起到一定的成效，但是在压力型指标体系下仍然存在监管漏洞，比如当雾霾指标尚未完成时，多数地方政府还是会默认企业晚上偷偷排放污染物的行为。

二 市场激励型政策工具

在雾霾治理初期，命令控制型政策工具成效确实相当显著。但是随着雾霾治理问题日趋复杂和公众利益诉求多样化，命令控制型政策工具的弊端逐渐凸显。例如法律法规出台缓慢造成政策工具效用的滞后性，高成本治理带来的低效率结果，"一刀切"的政策引致企业经济增长乏力和技术创新动力不足。另一个值得注意的问题是命令控制型政策工具难以避免信息不对称的弊端，因此在加大了政府财政支出的同时又难以获得公众的理解和支持。在非正式型政策工具发展尚不成熟的情况下，市场激励型政策工具利用价格激励作为手段，对政策目标的达成能够起到良好的作用。

市场激励型政策工具是指政府部门通过市场传递信号，引导消费者和生产者在消费或生产行为中对各自的行为进行效益权衡，借助利益驱使来影响企业行为从而达到政策目标的一种途径。在雾霾治理中，通过提高消费者和生产者的污染行为成本，可以有效控制消费者和生产者的排污行为，即通过利益调节以达到市场约束目的。与命令控制型政策工具相比，市场激励型政策工具降低了政府的介入程度，在放松规制的过程中赋予企业和个人更多的行动空间，而且治理成本更低，具有更强的灵活性，特别是在企业成本转嫁能力减弱的情况下，市场激励型政策工具更加有利于企业实现绿色升级。另外，针对雾霾治理中市场失灵的现象，市场激励型政策工具能够有效地给出相应的补偿方案。国外将市场激励型政策工具称作经济性工具，例如日本对垃圾处理的价格分段和美国的绿色城市计划、温室气体自愿减排交易体系等，都是通过市场激励的方式以期达到环境治理的目的。

运用市场激励型政策工具进行雾霾治理的主要手段有收费、补贴和鼓励技术创新三大类。首先，收费。该手段是依据"污染者付费""谁污染谁治理"的理念，对不同的排污类型进行不同阶段的收费，对排污制定价格尺度使雾霾治理成为与公众利益切实相关的行为。以碳交易市场为例，2010年10月国务院下发的《国务院关于加快培育和发展战略性新兴产业的决定》中首次出现碳交易的提法，随后在"十二五"规划、《"十二五"控制温室气体排放工作方案》等文件中逐步明确中国将建立自己的碳市场。2013~2014年我国根据各地实际情况和经济发展状况，在七个省市（北京市、上海市、天津市、重庆市、深圳市、广东省和湖北省）实施碳交易试点，通过"碳定价"来将企业排放污染物的外部性内部化。以国外碳交易市场经验为依据，我国在上述七省市试点时将碳交易市场分为两部分，分别是强制性的配额交易以及自愿性的中国核证自愿减排量交易，试点省市在履约时以强制性的配额交易为主（配额交易主要通过行政划拨或拍卖竞价的方式赋予各省市碳配额），辅之允许排控企业使用一定比例的核证自愿减排量，于2017年在试点的基础上颁布《全国碳排放权交易市场建设方案（发电行业）》，将试点经验推广至全国，最终形成了成效明显、各具特色的区域碳排放权交易市场。

其次，补贴。补贴政策主要是对开发和采用高效能源技术的企业或个人进行补贴。[①]市场激励型政策工具的衍生措施包括环境补贴、技术创新支持、生态补偿机制等在内的环境经济手段。由于高效能源新上市时市场接受度偏低，在政府补贴的情况下可具有一定的价格优势，这对其进入市场大有裨益。这种手段既能够鼓励企业技术创新，又能加强对新兴环保产品的市场渗透，效果往往比收税更加有效。我国《环境保护税法》（2016年）提出："纳税人排放应税大气污染物或者水污染物的浓度值低于国家

---

① 孙鳌：《治理环境外部性的政策工具》，《云南社会科学》2009年第5期。

和地方规定的污染物排放标准30%的，按减税75%征收环境保护税；纳税人排放应税大气污染物或者水污染物的浓度值低于国家和地方规定的污染物排放标准50%的，按减税50%征收环境保护税。"而对于企业购买和使用环保设施等行为，只要设施在目录规定中，《环境保护法》规定其设备投资额的10%可以从企业当年的应纳企业所得税额中抵免。此外，为了鼓励企业的环保行为，国家针对公共污水和垃圾处理提出了"三免三减半"的优惠政策，具体政策有以下几点：对购买城市污水和造纸废水部分处理设备等实行进口商品暂定税率，享受关税优惠；对利用废水、废气、废渣等废弃物作为原料进行生产的，在5年内减征或免征所得税；对生产、销售达到低污染排放限值标准的小轿车、越野车和小客车减征30%的消费税。除此之外，为贯彻落实国务院关于培育战略性新兴产业和加强节能减排工作的部署和要求，制定了《新能源汽车补贴标准》，并自2013年起不断更新和细化新能源汽车的购置补贴，体现了市场激励型政策工具的实用性和有效性。

最后，鼓励技术创新。在鼓励市场和个人环保行为的同时，政府对环保技术创新行为也持续加大激励措施。例如《湖南省加快环保产业发展实施细则》（2015年）提出对于研制或使用首台环保技术装备的单位或个人给予最高200万元的奖励；对于那些符合条件的发明专利并能够在省内实际转化应用的或者发明专利获得国家专利奖的，其主要负责人可获50万~100万元的奖励。

市场激励型政策工具从收费、补贴以及鼓励企业进行环保创新三方面入手，通过市场传递信号机制治理雾霾问题，能够避免命令控制型政策工具的短期正效应现象，实现治理正效应的可持续性。这一工具有助于实现企业经济增长，还可以提高技术创新的动力，可以助力实现经济发展和环境保护的双赢。

三 非正式型政策工具

除政府主导的命令控制型和市场激励型政策工具，能够有效推动环境治理的第三种力量是非正式型政策工具。政府只有充分认识公共管理主体的多元性和社会异质性，在充分利用各社会主体的能力基础上选择恰当的政策工具，才能更好地提升公共服务能力，进而有效达成政策目标。① 非正式型政策工具是指政府通过宣传教育、舆论引导的方式，促使企业或个人树立起保护环境的观念，从而自发为保护环境做出积极行动。其实质是改变当事人在环境行为决策框架中的观念，将环境保护的观念内化到当事人的行动中②，核心是要公众参与环境治理过程。我国的非正式型政策工具包括以政府主导下的听证会、专家论证会以及以公众为主体的信访、民间环保组织、社交网络等。③

雾霾污染是大气污染的典型表现，具有公共产品属性，容易出现"公地悲剧"现象。④ 为进一步提高雾霾治理的成效，起初政府通过制定宣传标语、宣传片以及举办环保讲座等形式激励民众参与污染治理活动，或者以表彰等象征性荣誉激励行为促使非官方公益组织与官方组织进行合作治理。非正式型政策工具可以扩大对雾霾治理的责任主体和监督主体，而当政府宣传达到一定效果时，保护环境的理念将成为公众共同的价值认同。在价值认同的助力下，国外公众可能会通过集会、游行等方式表达对环境治理的诉求，我国公民则主要通过信访和投诉等方式表达对环境治理的意见。伴随着互联网技术的发展，网络舆论监督逐渐成为雾霾治理的新途径，公众和互联网力量对雾霾治理的重要性越来越强。现阶段非正式型政策工具中诸如"绿家园""自然之友"等民间环保组织已具备丰富的社会资源，这些组织在成熟的社会精英带领下，能够经由民间非正式渠道从社会视角去发现和解决环境问题。

虽然大部分非正式组织仍处于与政府合作或者探索合作阶段，但是在政府的扶持之下，非正式环保组织与政府之间的关系实质上是相互构建和补充的，在"小政府大社会"的职能转变过程中，公共部门与非营利部门

---

① 黄红华:《政策工具理论的兴起及其在中国的发展》,《社会科学》2010 年第 4 期。
② 李晟旭:《我国环境政策工具的分类与发展趋势》,《环境保护与循环经济》2010 年第 1 期。
③ 罗敏、伍小乐:《环境政策工具的有效性选择——来自 H 省 M 市环境治理的地方性经验》,《城市观察》2020 年第 3 期。
④ 李苛、王静:《"公地悲剧"视角下的中国雾霾现象分析》,《洛阳理工学院学报》(社会科学版)2017 年第 3 期。

建立合作伙伴关系可被视为集聚公共部门与非营利部门两者的资源和力量以推动复杂环境问题的解决，这一关系可以提高解决问题的效力和创新性。一方面，在雾霾治理过程中，政府把相应的目标和方案向公众公布，以此广泛收集民意，达到了解公众诉求和建议的目的。但是政府的官方属性使之难以与公众直接、频繁的对话，环保组织在其中就发挥了重要的沟通桥梁作用，通过非营利环保组织的宣传，公众能够有效感知政府的政策目标。另一方面，通过非营利环保组织的反馈，政府也能够制定出更加贴近群众的方针政策。总的来说，非正式型政策工具的推广可以归纳为以下两方面原因：一方面，在多中心治理理论的推动下，政府、企业和个人逐渐形成多元治理主体的局面，对公共利益的共同追求打破了政府单一治理主体的格局；另一方面，日益严峻的环境问题让公众意识到保护环境的重要性，雾霾治理的非正式型政策工具在此背景下收获了良好成效。

与命令控制型政策工具和市场激励型政策工具相比，非正式型政策工具具有以下优势：第一，由于其"非正式"特点，政府需要承担的人力、物力相比之下要少许多，政策阻力也相对较小，能够进一步有效降低治理雾霾问题的成本；第二，非正式型政策工具通过价值观认同达到政策目的，政策效果具有长效优势空间，伴随着越来越多非政府组织规模的壮大，多元参与的环境保护共同体逐步形成，政策推行效果能在较长时间内有所保证。我国雾霾治理的非正式型政策工具的具体表现为政府舆论引导、环境保护宣传教育、环保先进集体和个人行为表彰等。虽然相比较命令控制型政策工具和市场激励型政策工具而言，非正式型政策工具的影响力最弱、成效显现最慢，但是随着公民对生活质量要求的提高和环保意识的增强，非正式型政策工具的应用范围会越来越广。表2—2对不同类型雾霾治理政策工具进行了简单的比较。

表2—2　不同类型雾霾治理政策工具的简单比较

	治理成本	政府介入程度	参与主体	具体措施
命令控制型	高	高	政府、企业	法律法规、市场准入制度
市场激励型	较高	较高	政府、企业	税收与收费、补贴

	治理成本	政府介入程度	参与主体	具体措施
非正式型	低	低	政府、企业、公众	政府舆论引导、环境宣传保护

资料来源：笔者自制。

　　党的十九大报告明确指出，绿水青山就是金山银山，要努力建设"美丽中国"，为人民创造良好的生产生活环境。要达到绿水青山的政策目标，无论是命令控制型政策工具、市场激励型政策工具还是非正式型政策工具，都需要结合地方实际予以选择。例如某些地方政府为尽快达成政策目标，更加偏向于选择命令控制型政策工具，甚至对实际情况不加甄别。这种"简单粗暴"选择命令控制型政策工具的决定往往会提高行政成本，影响政策目标的落实。相比简单粗暴地追求快速见效，在环境治理过程中更需要提高政府决策的科学性和民主性，注重提高公民的环保意识和参与意识。随着环保理念的渗入，环境信访与听证会、环保宣传与行动等众多非正式型政策工具层出不穷，非政府组织数量也有一定增加。倘若非正式型政策工具与命令控制型、市场激励型政策工具缺乏有力整合，势必会导致政策工具运用的动力和可持续性不足。因此，雾霾治理的政策工具选择应该是一个动态的组合过程，雾霾治理的有效性需要选择最优的环境治理组合方案，以发挥环境政策工具的组合效应。

第三章 环境规制对雾霾污染的影响分析

在党的十八大首次提出建设"美丽中国"新理念的基础上，党的十九大明确指出，"建设生态文明是中华民族永续发展的千年大计"。为了实现上述目标，必须进一步降低污染排放强度，改善环境质量。因此，中国需要设立更健全的环境监管体系，以确保在经济发展的同时人民能够享受青山绿水。然而，环境规制的效果仍有待检验。本章基于中国 2007~2017 年的省级数据，探讨环境规制能否降低雾霾污染。

第一节 研究假设

在过去的 40 年中，中国取得了举世瞩目的经济成就，但同时也面临着越来越严重的环境问题。[1] 2015 年，在被监测的 338 个地级市中，只有 11% 的城市 PM2.5 浓度达到了 WHO 的合格标准。[2] 2019 年，超过 180 个城市的空气质量指数超过 100，只有不到一半的城市达到了预期目标。[3] 诸多研究皆表明，严重的雾霾污染已经对中国的公众健康和经济可持续发展

---

[1] Jiang J J, Ye B, Zhou N, et al.,Decoupling analysis and environmental Kuznets curve modelling of provincial-level CO$_2$ emissions and economic growth in China: A case study, *Journal of Cleaner Production*, 2019, pp.1242-1255.

[2] Hao Y, Deng Y, Lu Z N, et al.,Is environmental regulation effective in China? Evidence from city-level panel data,*Journal of Cleaner Production*, 2018, pp. 966-976.

[3] 数据来自中华人民共和国生态环境部发布的《2019 中国生态环境状况公报》。

构成巨大威胁。①②③ 研究亦表明，PM2.5 造成的过早死亡人数占到了 2016 年全国死亡人数的近 10%；而在经济方面，PM2.5 造成的经济损失则占到了 2016 年中国 GDP 的 1%。④

中国的空气污染状况日益严峻，其造成的严重后果引起了社会的广泛关注，社会各界广泛呼吁减少空气污染物的排放并改善空气质量，以保障公众健康。⑤ 为了回应公众环境关切并加强环境治理，2013 年，国务院印发了《大气污染防治行动计划》，开始执行严格的环境规制以改善空气质量。经过 3 年的努力，截至 2017 年，主要空气质量目标已经大部分实现。全国地级及以上城市 PM10 平均浓度比 2013 年下降 22.7%。⑥ 然而，大气污染治理形势依旧不容乐观，个别地区污染仍然较重。为此，2018 年，国务院发布了《打赢蓝天保卫战三年行动计划》，提出经过 3 年努力，要达成以下目标：（1）进一步降低 PM2.5 浓度；（2）明显减少重污染天数；（3）明显改善环境空气质量；（4）明显增强人民的蓝天幸福感。经过近些年的不断投入，中国用于环境治理的资金数额已有大幅增长，据中国环境年鉴统计，中国环境污染治理的总投入从 2007 年的 3387.6 亿元增加到了 2017 年的 9508.7 亿元，年均增长 16.42%。

在这些雄心勃勃的政策作用下，中国空气质量自 2013 年以来呈逐渐改善趋势。⑦ 然而，减少空气污染的预期目标并没有完全实现，中国的环境质

---

① Lelieveld J, Evans J S, Fnais M, et al.,The contribution of outdoor air pollution sources to premature mortality on a global scale, *Nature*, 2015,pp.367-371.

② Sui X, Zhang J, Zhang Q, et al.,The short-term effect of PM2.5/O$_3$ on daily mortality from 2013 to 2018 in Hefei, China, *Environmental Geochemistry and Health*,pp.1-17.

③ Hao Y, Peng H, Temulun T, et al.,How harmful is air pollution to economic development? New evidence from PM2.5 concentrations of Chinese cities, *Journal of Cleaner Production*, 2018, pp.743-757.

④ Maji K J, Ye W F, Arora M, et al.,PM2.5-related health and economic loss assessment for 338 Chinese cities,*Environment International*, 2018, pp.392-403.

⑤ Zhang Q, Zheng Y, Tong D, et al.,Drivers of improved PM2.5 air quality in China from 2013 to 2017,*Proceedings of the National Academy of Sciences*, 2019, pp.24463-24469.

⑥ 生态环境部办公厅：《关于〈大气污染防治行动计划〉实施情况终期考核结果的通报》，http://www.mee.gov.cn/gkml/sthjbgw/stbgth/201806/t20180601_442262.htm。

⑦ Zhang Q, Zheng Y, Tong D, et al.,Drivers of improved PM2.5 air quality in China from 2013 to 2017,*Proceedings of the National Academy of Sciences*, 2019, pp.24463-24469.

量似乎仍呈恶化趋势，主要污染物的排放量也只增不减。[①] 这一现状引起了有关环境规制有效性的激烈辩论。[②] 主流看法认为，环境规制是应对环境污染问题和减少污染排放的有效工具。[③] 其机制在于，不断强化的环境规制使得企业的环境成本增加，迫使企业采用新技术来减少污染排放，进而让环境得到改善。但是，有关环境规制竞争的现有经验证据主要来自欧美国家，中国的相关研究则相对较少。[④⑤] 同时要注意的地方在于，中国的空气质量虽然有所提高，雾霾污染亦已得到一定的抑制，但近年来中国城市雾霾频发仍是事实。[⑥] 因此，探讨环境规制的有效性到目前为止一直都是环境治理领域的重要议题。[⑦] 有鉴于此，本章将基于中国 2007~2017 年的省级数据，实证检验环境规制能否降低雾霾污染？如果可以，那么其能在多大程度上发挥作用？为此，本课题将地域按照经济地理区域、南北分类、行政级别分类和到海的距离分类，分别探讨环境规制对异质性区域雾霾污染的影响，以提高评估的准确性。

第二节　模型设定和数据来源

本章内容旨在检验环境规制抑制雾霾污染的有效性。基于理论分析和

---

① Hao Y, Deng Y, Lu Z N, et al.,Is environmental regulation effective in China? Evidence from city-level panel data, *Journal of Cleaner Production*, 2018,pp.966-976.

② Wu X, Gao M, Guo S, et al.,Effects of environmental regulation on air pollution control in China: a spatial Durbin econometric analysis,*Journal of Regulatory Economics*, 2019, pp.307-333.

③ Yu W, Ramanathan R, Nath P,Environmental pressures and performance: An analysis of the roles of environmental innovation strategy and marketing capability,*Technological Forecasting and Social Change*, 2017, pp.160-169.

④ Fredriksson P G, Millimet D L,Strategic Interaction and the Determination of Environmental Policy across US States,*Journal of Urban Economics*, 2002,pp. 101-122.

⑤ Galinato G I, Chouinard H H,Strategic interaction and institutional quality determinants of environmental regulations,*Resource and Energy Economics*, 2018,pp.114-132.

⑥ Chen L, Caro F, Corbett C J, et al.,Estimating the environmental and economic impacts of widespread adoption of potential technology solutions to reduce water use and pollution: Application to China's textile industry,*Environmental Impact Assessment Review*, 2019.

⑦ Dasgupta S, Laplante B, Mamingi N, et al.,Inspections, pollution prices, and environmental performance: evidence from China, *Ecological Economics*, 2001, pp.487-498.

研究述评的经验，本章采用面板数据，以分年度的省级样本为分析单元。同时，参考 Grossman & Krueger[1] 和 Copeland & Taylor[2] 的建模方法，主要考虑环境规制、经济水平、人口密度、城市化率、道路交通、外商直接投资、森林覆盖率和降雨量等因素对环境污染的影响。在此基础之上，参考 Jiang 等人于 2018 年提出的实证步骤，构建了计量模型（1）：

$$PM2.5_{it} = \beta 1\, ER_{it} + \beta_2\, Control_{it} + \mu_i + \varepsilon_{it} \quad (1)$$

本方程的被解释变量是雾霾污染水平，核心解释变量则是环境规制（ER）。考虑到 PM2.5 的作用，故选用 PM2.5 的数值作为雾霾污染水平的替代变量。本章控制了一系列既可能影响环境规制，又可能影响雾霾污染水平的变量，具体用 $Control_{it}$ 来衡量。此外，（$\mu_i + \varepsilon_{it}$）是符合扰动项。具体相关解释如下文所示。

一　被解释变量的界定

如前所述，本研究的被解释变量是雾霾污染水平，本章选用 PM2.5 的数值作为雾霾污染水平的替代变量。具体而言，本章选用 2007~2017 年 30 个省、直辖市、自治区（以下简称省份）PM2.5 的平均值。基于数据的可得性，本研究在选取样本时，不考虑西藏自治区、香港、澳门和台湾。PM2.5 的数据来自 van Donkelaar 等人的数据分解[3]，该数据得到了广泛使用[4]，具有

[1]　Grossman G M, Krueger A B,Economic Growth and the Environment, *The Quarterly Journal of Economics*, 1995, pp.353-377.

[2]　Copeland B R, Taylor M S,Trade, growth, and the environment,*Journal of Economic Literature*, 2004,pp. 7-71.

[3]　该数据集由 Dalhousie University 的 Atmospheric Composition Analysis Group，以包含的信息源的最精细分辨率（0.01°×0.01°）进行网格化分解估算得出。诸多文献使用上述数据，如 Hammer M S, van Donkelaar A, Li C, et al.,Global estimates and long-term trends of fine particulate matter concentrations（1998–2018），*Environmental Science & Technology*, 2020, pp.7879-7890.；Van Donkelaar A, Martin R V, Li C, et al.,Regional estimates of chemical composition of fine particulate matter using a combined geoscience-statistical method with information from satellites, models, and monitors,*Environmental Science & Technology*, 2019, pp.2595-2611。

[4]　Van Donkelaar A, Martin R V, Li C, et al.,Regional estimates of chemical composition of fine particulate matter using a combined geoscience-statistical method with information from satellites, models, and monitors,*Environmental Science & Technology*, 2019, pp.2595-2611.

很强的权威性和很好的适用性，本章对其取对数进行标准化处理。

为了更好地验证模型的准确性和结果的有效性，本章还选用了环境污染指数（EPI）、二氧化碳浓度（CO_2_1）和二氧化碳浓度（CO_2_2）作为 PM2.5 的替代变量，以此进行稳健性检验。其中，环境污染指数（EPI）来自熵值法的测算。本研究参照沈坤荣等人的做法[①]，基于熵值法，构造一个环境污染指数（Environmental Pollution Index，EPI），以此表征环境污染的整体状况，EPI 越大，环境污染越严重。综合性的污染指数则通过对三种主要的工业污染物排放量进行统计、赋权与计算得到。CO_2_1 是根据《IPCC 国家温室气体清单指南》[②]计算而得，CO_2_2 来自 Shan 等人发表在 Scientific Data 杂志上的一篇文章[③]，对其取对数进行标准化处理。

二　核心解释变量的说明

本研究的核心解释变量是环境规制（ER）。目前尚没有明确、统一的衡量环境规制的指标。当前主要操作包括以下几种类型的指标：（1）利用环境法律法规的数量来衡量环境规制[④]；（2）使用污染处理支出与产出的比例来衡量环境规制[⑤][⑥]；（3）使用排污费及其相关指标来衡量环境规制[⑦]；（4）一

---

① 沈坤荣、金刚、方娴：《环境规制引起了污染就近转移吗？》，《经济研究》2017 年第 5 期。

② 其计算公式，见 IPCC（2006）。具体估算过程，可参见卞元超、吴利华、白俊红《减排窘境与官员晋升——来自中国省级地方政府的经验证据》，《产业经济研究》2017 年第 5 期。

③ Shan Y, Guan D, Zheng H, et al.,China CO_2 emission accounts 1997–2015, *Scientific Data*, 2018,pp.1-14.

④ 范子英、赵仁杰：《法治强化能够促进污染治理吗？——来自环保法庭设立的证据》，《经济研究》2019 年第 3 期。

⑤ Lanoie P, Patry M, Lajeunesse R, Environmental regulation and productivity: testing the porter hypothesis,*Journal of Productivity Analysis*, 2008, pp.121-128.

⑥ Wenbo G, Yan C,Assessing the efficiency of China's environmental regulation on carbon emissions based on Tapio decoupling models and GMM models, *Energy Reports*, 2018, pp.713-723.

⑦ Wang X, Zhang C, Zhang Z,Pollution haven or porter? The impact of environmental regulation on location choices of pollution-intensive firms in China, *Journal of Environmental Management*, 2019.

些学者选择工业污染物的去除率作为环境规制的指标 [1][2]，例如，Wang 等人选择工业二氧化硫去除率作为证实环境规制的测量指标，并将此数据用于分析环境规制对空气污染的影响；（5）省政府工作报告中环保相关的词语占比 [3]；（6）采用综合指标。一些文献计算了综合的环境指数以衡量环境规制强度，其主要思路是通过标准化和加权多种污染物的单位产值排放量来构建区域的污染排放程度衡量指标。例如，Li 等人和 Song 等人均采用工业废水排放、工业 SO_2 排放和工业烟尘排放三个指标来构建环境规制指标。[4][5]

考虑到数据的可获得性，本章参考一些文献常用的做法 [6][7]，选用环保支出占财政支出的比重作为环境规制（ER1）的替代变量。具体的计算公式为：ER1= 环保支出 / 财政支出 ×100%。其中的数据来自财政部网站、《中国财政年鉴》和《中国统计年鉴》。本章结合以上数据进行了测算，取对数进行了标准化处理。

为了进行稳健性分析，本章还选用环保支出占 GDP 的比重作为环境规制（ER2）的替代变量。具体的计算公式为：ER2 = 环保支出 /GDP×100%。其中的数据同样来自财政部网站、《中国财政年鉴》和《中国统计年鉴》。

① Li K, Lin B,Impact of energy conservation policies on the green productivity in China's manufacturing sector: Evidence from a three-stage DEA model, *Applied Energy*, 2016,pp.351-363.

② Qian X, Wang D, Wang J, et al.,Resource curse, environmental regulation and transformation of coal-mining cities in China, *Resources Policy*, 2019.

③ Pei Y, Zhu Y, Liu S, et al.,Environmental regulation and carbon emission: The mediation effect of technical efficiency, *Journal of Cleaner Production*, 2019.

④ Song Y, Yang T, Li Z, et al.,Research on the direct and indirect effects of environmental regulation on environmental pollution: Empirical evidence from 253 prefecture-level cities in China, *Journal of Cleaner Production*, 2020.

⑤ Li L, Liu X, Ge J, et al.,Regional differences in spatial spillover and hysteresis effects: A theoretical and empirical study of environmental regulations on haze pollution in China, *Journal of Cleaner Production*, 2019, pp.1096-1110.

⑥ Guo D, Bose S, Alnes K,Employment implications of stricter pollution regulation in China: theories and lessons from the USA,*Environment, Development and Sustainability*, 2017, pp.549-569.

⑦ Zhao Y, Liang C, Zhang X,Positive or negative externalities? Exploring the spatial spillover and industrial agglomeration threshold effects of environmental regulation on haze pollution in China,*Environment, Development and Sustainability*, 2020,pp.1-22.

本章结合以上数据进行了测算，取对数进行了标准化处理。

三　控制变量的厘清

为了更好地验证模型的准确性和结果的有效性，本章控制了一系列既可能影响环境规制，又可能影响雾霾污染水平的变量（见表3—1）。

经济发展水平（ln pGDP）。环境库兹涅兹曲线表明，经济发展水平对雾霾污染可能具有重大影响。[1]尤其是对于中国这样的发展中国家，高速经济增长通常是以快速消耗能源为代价的，这必然会造成严重的环境污染。[2]为了避免因遗漏变量而导致的内生性，本章将各省份的人均GDP的对数用于衡量经济发展，GDP数据平减至2007年的不变价格。该数据来自历年的《中国统计年鉴》。

人口密度（pop）。人口因素是对环境影响最大的因素之一，因为地区人口的增长将导致消费增加、交通拥挤，从而加剧污染。[3]此外，人口众多的地区也可能面临巨大的公众压力，迫使地方政府加大环境治理力度。有鉴于此，一些文献基于STIRPAT模型，研究了人口对环境的影响。[4]参考Liu和Dong的经验[5],本章加入了人口密度指标（即区域总人口除以区域面积）。该数据来自历年的《中国人口和就业统计年鉴》和行政区划网。

城市化率（urban）。各省份的城市化程度可能会影响地区的雾霾污染水平和环境规制水平，该数据来自历年的《中国统计年鉴》。

---

① Grossman G M, Krueger A B,Economic Growth and the Environment, *The Quarterly Journal of Economics*, 1995, pp.353-377.

② Ouyang X, Shao Q, Zhu X, et al.,Environmental regulation, economic growth and air pollution: Panel threshold analysis for OECD countries, *Science of the Total Environment*, 2019,pp.234-241.

③ Lang J, Zhou Y, Cheng S, et al.,Unregulated pollutant emissions from on-road vehicles in China, 1999–2014,*Science of the Total Environment*, 2016, pp. 974-984.

④ Hashmi R, Alam K,Dynamic relationship among environmental regulation, innovation, CO_2 emissions, population, and economic growth in OECD countries: A panel investigation,*Journal of Cleaner Production*, 2019, pp. 1100-1109.

⑤ Liu Y, Dong F,How industrial transfer processes impact on haze pollution in China: An analysis from the perspective of spatial effects,*International Journal of Environmental Research and Public Health*, 2019, p. 423.

交通基础设施（road）。各省份交通基础设施水平也可能会影响地区的雾霾污染水平和环境规制水平。本章使用万人公路里程来估计交通基础设施水平。该数据来自历年的《中国交通年鉴》。

外商直接投资（FDI）。"污染天堂"假说表明，发达国家（地区）会把污染密集型产业转移到环境控制较宽松的发展中国家，并将这些发展中国家视为"污染天堂"。[1]但是，"污染晕轮"假说却指出，外国直接投资的技术外溢将改善东道国的环境。[2]还需要注意的是，地方政府可能会为了吸引外资而在一定程度上放宽对环境的监管。[3]因此，有必要控制fdi对雾霾污染的影响。参考Feng等人[4]和Song等人[5]的过往研究成果，本章选用外国投资占GDP的百分比来衡量经济开放度。此数据来自历年的《中国统计年鉴》。

森林覆盖率（forest）。森林资源和绿色植物可以净化空气、减少污染，并改变城市中的气象因素。[6]因此，预期ln_forest的系数符号将为负。参考Zhao等人的做法[7]，本章将对各省份的森林覆盖率加以控制。数据来自《中国统计年鉴》和《中国林业统计年鉴》。

降雨量（rain）。除人为排放外，霾污染还会受到天气条件，尤其是降水条件的影响。一般而言，降水越充足，驱散雾霾的可能性越大。为避免

---

[1] Copeland B R, Taylor M S,Trade, growth, and the environment, *Journal of Economic Literature*, 2004, pp. 7-71.

[2] Ahmad M, Jabeen G, Wu Y,Heterogeneity of pollution haven/halo hypothesis and environmental Kuznets curve hypothesis across development levels of Chinese provinces,*Journal of Cleaner Production*, 2021, p.124898.

[3] Lang J, Zhou Y, Cheng S, et al.,Unregulated pollutant emissions from on-road vehicles in China, 1999–2014,*Science of the Total Environment*, 2016, pp.974-984.

[4] Feng Y, Wang X,Effects of urban sprawl on haze pollution in China based on dynamic spatial Durbin model during 2003–2016,*Journal of Cleaner Production*, 2020.

[5] Song Y, Yang T, Li Z, et al.,Research on the direct and indirect effects of environmental regulation on environmental pollution: Empirical evidence from 253 prefecture-level cities in China,*Journal of Cleaner Production*, 2020.

[6] Zhao Y, Zhang X, Wang Y,Evaluating the effects of campaign-style environmental governance: evidence from environmental protection interview in China,*Environmental Science and Pollution Research*,2020, pp.28333-28347.

[7] Zhao Y, Liang C, Zhang X, Positive or negative externalities? Exploring the spatial spillover and industrial agglomeration threshold effects of environmental regulation on haze pollution in China,*Environment, Development and Sustainability*, 2020,pp.1-22.

多重共线性问题，本章采用年均降雨量来测量天气条件。此数据来自历年的《中国气象年鉴》。

四 数据来源与样本选择

综上所述，本研究最终获得了 30 个省份 2007~2017 年共 330 个面板数据。

表 3—1 变量定义与测量

变量	变量缩写	变量类型	变量定义	数据来源
雾霾污染	PM2.5	因变量	雾霾污染水平	van Donkelaar *et al.*（2019）的数据分解
环境规制	ER	自变量	ER1=环保支出 / 财政支出（%）	财政部网站《中国财政年鉴》
			ER2=环保支出 /GDP（%）	
命令控制型环境规制	CCR	自变量	CCR2= 人均环境污染治理投资总额（元）	《中国统计年鉴》《中国环境年鉴》
			CCR1= 工业污染治理投资总额 / 工业增加值（%）	
市场型环境规制	MBR	自变量	MBR2= 人均排污费（元）	《中国统计年鉴》《中国环境年鉴》
			MBR1= 排污费收入 / 工业增加值（%）	
非正式型环境规制	IR	自变量	IR= 环保信访量（人次）	《中国环境年鉴》
财政分权	FD	中介变量	FD1：财政支出分权 = 省人均财政支出 /（省人均财政支出 + 人均中央本级财政支出）	《中国财政年鉴》
			FD2：财政收入分权 = 省人均财政收入 /（省人均财政收入 + 人均本级中央财政收入）	
产业结构	STR	中介变量	第二产业增加值占 GDP 的比例（%）	《中国统计年鉴》
技术进步	R&D	中介变量	R&D/GDP（%）	《中国科技统计年鉴》

续表

变量	变量缩写	变量类型	变量定义	数据来源
财政支出水平	FE	中介变量	FE1=财政支出/GDP（%）	《中国财政年鉴》
			FE2=财政支出/地区总人口（元/人）	
贸易开放	trade	中介变量	出口总额占GDP的比例（%）	《中国统计年鉴》
交通基础设施	road	控制变量	每万人公路线路年末里程（公里/万人）	《中国交通年鉴》
经济发展水平	GDP	控制变量	人均GDP（取对数）	《中国统计年鉴》
外商直接投资额	FDI	控制变量	FDI=实际利用外资额/地区生产总值（%）	《中国统计年鉴》
降雨量	rain	控制变量	省会城市年均降雨量（mm/年）	《中国气象年鉴》
人口密度	pop	控制变量	地区人口总数/地区面积（人/平方公里）	《中国人口和就业统计年鉴》、行政区划网
森林覆盖率	forest	控制变量	森林面积/土地总面积（%）	《中国林业和草原统计年鉴》
城市化水平	urban	控制变量	常住人口/总人口（%）	《中国统计年鉴》

资料来源：笔者根据中国各统计年鉴整理而制。

五　环境规制和雾霾污染的事实描述

为了更好地描述我国环境规制与雾霾污染的事实，本章使用 ARCGIS PRO 对相应的数据进行了可视化研究，具体事实描述如下。

（一）雾霾污染水平

本研究使用 PM2.5 浓度考察雾霾污染水平，图 3—1 为我国 30 个省份在 2007~2017 年的 PM2.5 浓度（最大值、最小值和均值）。由图 3—1 可以看出，我国各省份 PM2.5 浓度在 2007~2011 年均有小幅度的上升，其均值和最大值都有小幅度上升的趋势；2012 年存在一个异常的点，2012 年各省份的 PM2.5 浓度明显下降，但 2013 年又上升至原先水平；2013-2017 年，PM2.5 的浓度均值和最大值明显都在稳步下降。不难发现，在 2013 年后，我国的雾霾污染状况有明显的好转。

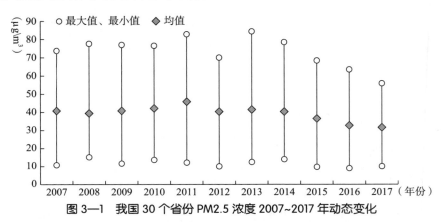

图 3—1　我国 30 个省份 PM2.5 浓度 2007~2017 年动态变化

资料来源：笔者自制。本章其他图均如此，不再标注。

本研究使用 Arcgis Pro 对比了不同年份各省份 PM2.5 的空间分布示意图，选取 2007 年、2010 年、2011 年和 2017 年四个年份进行考察。基于对比研究发现：我国华北地区和华中地区的 PM2.5 浓度一直处于较高的水平，其中天津、河南和山东的污染水平在这几年都处于高位。除此以外，2017 年各省份的 PM2.5 浓度最大值仅为 55μg/m³，这远远低于另外三个年份的最大浓度。

（二）核心解释变量：环境规制

本章分别使用环保支出占财政支出的比重（ER1= 环保支出 / 财政支出〈%〉）和环保支出占当地 GDP 的比重（ER2= 环保支出 /GDP〈%〉）作为环境规制水平的代理变量。

图 3—2 为环保支出占财政支出比重的时间动态，如图所示，2007~2017年，我国各省份环保支出占财政支出的比重总体保持平稳，均值基本保持在3% 左右。基于不同年份各省份的环保支出占财政支出的比重空间分布研究可知，各省份的环保支出占财政支出的比重在不同年份存在显著的差异。在2011 年之前，青海、宁夏、甘肃和内蒙古等西北省份的环保支出占财政支出的比重较大，但到了 2017 年，北京和河北所在的华北各省份的环保支出占财政支出的比重明显增大，这就意味着其环境规制强度在此时达到峰值。

图 3—3 为环保支出占当地 GDP 比重的时间动态。如图 3—3 所示，各省环保支出占 GDP 的比重随时间变化并不明显，且均值和最大值的差异较大，说明有大量的省份环保支出占 GDP 的比重较低，在 1% 以下，仅有极少的省份环保支出占 GDP 的比重较高。

通过对不同年份各省份环保支出占 GDP 比重的空间分布研究发现，青海、宁夏和甘肃等西北部省份的环保支出占 GDP 比重较高。同时发现，北京等华北各省份在 2017 年的环保支出占 GDP 的比重显著上升，说明近些年北京等地的环保支出相较此前有极大幅度的提高。

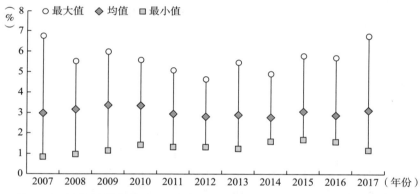

图 3—2　环境规制强度 ER1（环保支出／财政支出）2007~2017 年动态变化

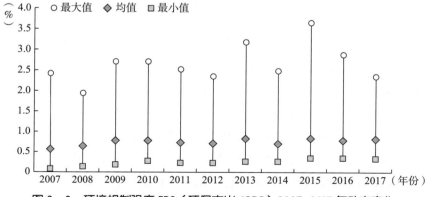

图 3—3　环境规制强度 ER2（环保支出／GDP）2007~2017 年动态变化

（三）其他解释变量

1. 命令控制型环境规制

本研究分别使用人均环境污染治理投资总额（CCR1）和工业污染治理投资总额占工业增加值的比重（CCR2）作为环境规制水平的代理变量。

图3—4为人均环境污染治理投资总额（CCR1）的时间动态，其中各省份的人均环境污染治理投资总额显著上升，这意味着各省份的人均环境污染治理投资都有增加。同时，人均环境污染治理投资总额的最大值在2014~2017年存在更大幅度的跃升，部分省份环境污染治理投入的增幅要3倍于其他省份。

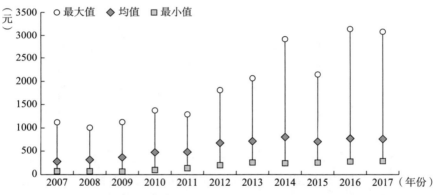

图3—4　命令控制型环境规制CCR1（人均环境污染治理投资总额）
2007~2017年动态变化

基于人均环境污染治理投资总额（CCR1）的空间分布分析发现，北京的人均环境污染治理投资总额始终最大，其他省份的人均环境污染治理投资总额相较北京存在一定差异。2010年，广东的人均环境污染治理投资总额较高；2017年，内蒙古和新疆的人均环境污染治理投资总额较高。

图3—5为工业污染治理投资总额占工业增加值比重（CCR2）的时间动态。如图3—5所示，2007~2011年，工业污染治理投资总额占工业增加值比重的均值呈下降趋势，在2012~2014年有所回升，而后在2015~2017年又呈波浪式下降。这意味着工业污染治理投资总额占工业增加值的比重

存在明显的时变特征。同时，工业污染治理投资总额占工业增加值比重的最大值在2007~2017年也有明显的波动，其变动趋势和均值类似，而波动幅度却远高于均值。

通过对工业污染治理投资总额占工业增加值的比重的空间分布分析可知，在2007年、2010年甘肃、宁夏和山西等省份的工业污染治理投资总额占工业增加值的比重较大。2011年之后，内蒙古、云南和贵州的工业污染治理投资总额占工业增加值的比重也在上升，达到较高水平。这标示着西部地区的工业污染治理投资总额占工业增加值的比重总体处于较高的水平。

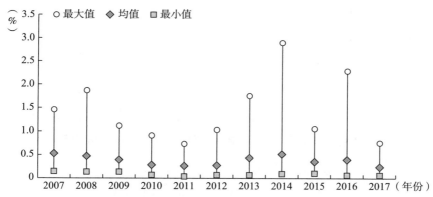

图3—5 命令控制型环境规制CCR2（工业污染治理投资总额／工业增加值）2007~2017年动态变化

2. 市场激励型环境规制

由图3—6可知，人均排污费在2007~2017年存在一定的波动，在近3年则有所上升。最大值在样本期间总体呈现U形的趋势，其中，在2008~2010年显著下降，在2016~2017年显著上升。

同时对不同年份各省份市场激励型环境规制（MBR1＝人均排污费）的空间分布情况进行分析可以发现，2007年，山西人均排污费远远高于其他地区；2010年和2011年，山西的人均排污费用有所降低，内蒙古的人均排污费用较高；2017年，山西的人均排污费用显著降低，天津的人均排污费用跃升为最高。

如图3—7所示，排污费收入占工业增加值比重的均值和最大值在2007~2017年呈现下降趋势。同时通过对不同年份各省份市场激励型环境规制（MBR2=排污费收入／工业增加值）的数据分析可知，2007~2011年，山西的排污费收入占工业增加值的比重远远高于其他省份；到2017年，山西的排污费收入占工业增加值的比重显著降低，但山西和华北地区的河北、辽宁等地排污费收入占工业增加值的比重仍居高不下。

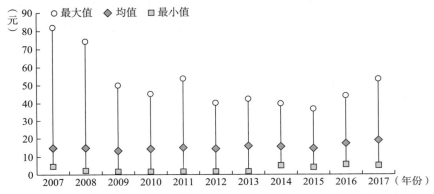

图3—6　市场激励型环境规制MBR1（人均排污费）2007~2017年动态变化

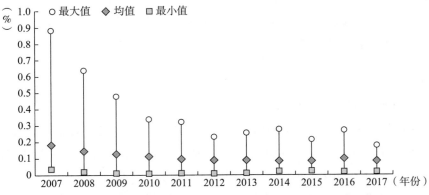

图3—7　市场激励型环境规制MBR2（排污费收入／工业增加值）
2007~2017年动态变化

3.非正式型环境规制

本研究使用环保信访量（人次）作为非正式型环境规制的代理变量。

图 3—8 为环保信访量的时间动态。如图 3—8 所示，环保信访量于 2016 年和 2017 年大量增加，最大值出现在 2017 年，为 255874 人次，这意味着人们的环保意识大幅提高，信访量也因此大幅上升。

基于不同年份各省非正式型环境规制（IR= 环保信访量〈人次〉）的数据对比可知，2007~2011 年，广东、湖南、浙江等省的信访量均较高。而到了 2017 年，广东省的环保信访量大幅上升，达到了远高于其他省份的水平。浙江省的信访量也有大幅上升，居于第二。

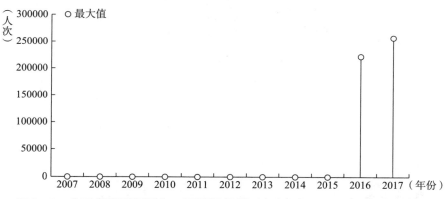

图 3—8　非正式型环境规制 IR〔环保信访量〈人次〉〕2007~2017 年动态变化

第三节　环境规制对雾霾污染的实证检验

一　环境规制与 PM2.5 的散点分布

在正式实证研究之前，本文进一步考察了环境管制与雾霾污染之间的关系。其中，本研究分别使用 ER1（环保支出占财政的比重）和 ER2（环保支出占 GDP 的比重）作为环境规制的替代变量，使用 PM2.5 作为雾霾污染的替代变量。环境规制 ER1 与 PM2.5 数值的散点分布见图 3—9。

如图 3—9 所示，ER1 与 PM2.5 数值呈现负相关关系（环保支出占财政的比重越高，则各省份 PM2.5 的数值越小），这说明环境规制对雾霾污染有显著的抑制作用。

如图 3—10 所示，ER2 与 PM2.5 数值呈现负相关关系（环保支出占 GDP 的比重越高，则各省份 PM2.5 的数值越小），这也说明环境规制对雾霾污染有显著的抑制作用。

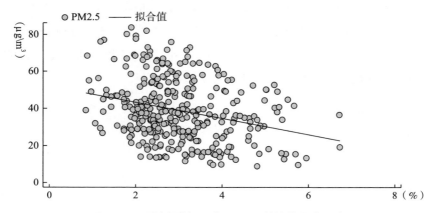

图 3—9　环境规制 ER1 与 PM2.5 数值的散点分布

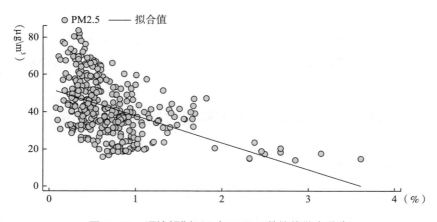

图 3—10　环境规制 ER2 与 PM2.5 数值的散点分布

图 3—9 和图 3—10 皆表明，环境规制与雾霾污染之间呈现负相关关系。那么二者究竟是否为因果关系？本节将对此展开一系列的研究。

二 环境规制对雾霾污染水平影响的描述性统计

由表3—2可知：（1）样本的数量是330个；（2）被解释变量PM2.5的最小值是8.73，最大值是83.67，平均值是38.81，标准差是16.60；（3）核心解释变量ER1的平均值是3.01，最小值是0.85，最大值是6.73，核心解释变量ER2的平均值是0.72，最小值是0.08，最大值是3.61；（4）不同控制变量之间数值的差异较大。但由于单位选取的问题，原始数据的差异较大，因此需要经过一定的标准化处理。

表3—2 各变量描述性统计

变量	样本（个）	平均值	最小值	最大值	标准差
PM2.5	330	38.81	8.73	83.67	16.60
EPI	330	1.030	0.0500	2.530	0.600
CO_2_1	330	287.0	21.70	842.2	186.8
CO_2_2	330	30859	2045	94805	20962
ER1	330	3.01	0.85	6.73	1.070
ER2	330	0.72	0.08	3.61	0.500
FDI	330	0.0600	0	0.820	0.120
ln pGDP	330	10.51	8.970	11.77	0.550
rain	330	1011	57	22111	1321
forest	330	30.44	2.940	65.95	17.59
road	330	35.46	5.150	135.3	21.50
pop	330	453.7	7.670	3827	668.6
urban	330	54.12	28.24	89.60	13.46

资料来源：笔者自制。以下表格均为此，现再标注。

三 基准回归和结果分析

本研究通过构建2007~2017年省级的独特数据库，使用实证分析检验了环境规制对雾霾污染水平的影响。具体而言，本研究将解释变量设定为环保支出占财政支出的比重（ER1），将被解释变量设定为 PM2.5 数值。首要的任务是分别考察 OLS、OLS 混合回归（OLS（2））、面板数据的随机效应模型（RE）、面板数据的固定效应模型（FE）。回归结果如表 3—3 所示。

第一，如表 3—3 第（1）列所示，在没有控制变量但考虑省级固定效应和时间效应的情况下，使用 OLS 回归。核心解释变量的回归系数为负，环保支出占财政支出的比重对 PM2.5 的产出弹性为 -4.383，且在 1% 的水平上显著，即环保支出占财政支出的比重每上升 1%，其 PM2.5 数值减少 4.383%。

第二，如表 3—3 第（2）列所示，在考虑控制变量且考虑省级固定效应和时间效应的情况下，使用 OLS 混合回归。核心解释变量的回归系数为负，环保支出占财政支出的比重对 PM2.5 的产出弹性为 -1.423，且在 5% 的水平上显著。由此可知，环境规制水平越高的地区，其雾霾污染水平越低。

第三，如表 3—3 第（3）列所示，在考虑控制变量且考虑省级固定效应和时间效应的情况下，考虑面板数据的随机效应模型。核心解释变量的回归系数为负，环保支出占财政支出的比重对 PM2.5 的产出弹性为 -1.48，且在 1% 的水平上显著，即环保支出占财政支出的比重每上升 1%，其 PM2.5 数值减少 1.48%。这也可以进一步佐证，环境规制水平越高的地区，其雾霾污染水平越低。

第四，如表 3—3 第（4）列所示，在考虑控制变量且考虑省级固定效应和时间效应的情况下，考虑面板数据的固定效应模型。核心解释变量的回归系数为负，环保支出占财政支出的比重对 PM2.5 的产出弹性为 -1.26，且在 1% 的水平上显著，即环保支出占财政支出的比重每上升 1%，其 PM2.5 数值减少 1.26%。这同样证明，环境规制水平越高的地区，其雾霾污染水平越低。

第五，如表 3—3 第（4）列所示，考察使用固定效应模型时的控制变量。对数为正且在 1% 的水平上显著，这说明人均 GDP 水平越高的地区，其雾霾污染水平可能越严重，这可能与经济发达地区的重工业化程度高相关。人口密度的系数为负且在 5% 的水平上显著，它的结果和随机效应模型的系数相反，这一情况有待进一步研究。城市化率的系数为负且在 1% 的水平上显著，这说明城市化水平越高的地区，雾霾污染水平可能反而越低。外商直接投资的系数为负且在 1% 的水平上显著，这说明外商直接投资越多的地区，其雾霾污染水平可能越低。除此以外，降雨量、交通基础设施、森林覆盖率等控制变量的系数在 10% 的水平上不显著，其具体原因仍有待进一步探究。

表 3—3 环境规制对雾霾污染水平影响的基准回归

	（1）	（2）	（3）	（4）
	PM2.5			
	OLS	OLS（2）	RE	FE
ER1	-4.383***	-1.423**	-1.48***	-1.26***
	（0.821）	（0.563）	（0.443）	（0.472）
ln pGDP		5.582**	5.282**	7.946***
		（2.331）	（2.220）	（2.596）
ln pop		17.74***	10.81***	-26.72*
		（1.099）	（2.388）	（11.26）
ln urban		-29.49***	-36.44***	-39.31***
		（6.057）	（7.645）	（9.102）
ln road		14.25***	-0.955	-9.202
		（2.563）	（4.304）	（6.417）
FDI		-15.02***	-15.81***	-14.94***
		（4.837）	（2.688）	（2.638）
ln forest		-10.34***	-6.461***	-0.747
		（0.821）	（1.563）	（2.267）
ln rain		-2.142**	-1.002	-0.778
		（0.912）	（0.664）	（0.661）
cons	51.99***	4.230	104.7***	300.1***
	（2.618）	（20.74）	（24.11）	（60.81）
省级固定	有	有	有	有
时间固定	有	有	有	有
N	330	330	330	330
R2	0.080	0.689	0..258	0.339

注：*、** 和 *** 分别表示在 10%、5% 和 1% 的水平上显著；括号内数据为稳健标准误。

第四节　环境规制对雾霾污染水平影响的稳健性检验

尽管基准回归结果解释了环境规制对雾霾污染水平的影响，然而当被解释变量被替换时，实证研究结果是否稳健呢？当核心解释变量被替换时，实证研究结果是否也仍然稳健呢？为解决上述问题，本节将从这两个角度验证研究的稳健性。

一　稳健性检验一：替换被解释变量

（一）基于环境污染指数的回归分析

为验证实证结果的稳健性，本研究将被解释变量替换为环境污染指数（EPI），具体结果如表 3—4 所示。

本研究通过构建 2007~2017 年省级的独特数据库，使用实证分析检验了环境规制对雾霾污染水平的影响。具体而言，本研究将解释变量设定为环保支出占财政支出的比重（ER1），将被解释变量设定为环境污染指数（EPI）。本研究分别考察 OLS、OLS 混合回归、面板数据的随机效应模型、面板数据的固定效应模型。回归结果如表 3—4 所示。

第一，如表 3—4 第（1）列所示，在没有控制变量，并且考虑省级固定效应和时间效应的情况下，使用 OLS 回归。核心解释变量的回归系数为负，环保支出占财政支出的比重对环境污染指数（EPI）的产出弹性为 -0.0624，且在 10% 的水平上显著，即环保支出占财政支出的比重每上升 1%，其环境污染指数（EPI）数值减少 0.0624%。

第二，如表 3—4 第（2）列所示，在考虑控制变量，并且考虑省级固定效应和时间效应的情况下，使用 OLS 混合回归。核心解释变量的回归系数为负，环保支出占财政支出的比重对环境污染指数（EPI）的产出弹性为 -0.0187，且在 10% 的水平上不显著。

第三，如表 3—4 第（3）列所示，在考虑控制变量，并且考虑省级固定效应和时间效应的情况下，考虑面板数据的随机效应模型。核心解释变量的回归系数为负，环保支出占财政支出的比重对环境污染指数（EPI）的

产出弹性为 -0.0523，且在 5% 的水平上显著，即环保支出占财政支出的比重每上升 1%，其环境污染指数（EPI）数值减少 0.0523%。由此可知，环境规制水平越高的地区，其雾霾污染水平越低。

第四，如表 3—4 第（4）列所示，在考虑控制变量，并且考虑省级固定效应和时间效应的情况下，考虑面板数据的固定效应模型。核心解释变量的回归系数为负，环保支出占财政支出的比重对环境污染指数（EPI）的产出弹性为 -0.0658，且在 1% 的水平上显著，即环保支出占财政支出的比重每上升 1%，其环境污染指数（EPI）数值减少 0.0658%。由此同样可知，环境规制水平越高的地区，其雾霾污染水平越低。

第五，如表 3—4 第（4）列所示，考察使用固定效应模型时的控制变量。人口密度的系数为正且在 1% 的水平上显著，其余控制变量的系数皆不显著。这一现象的具体原因亦有待进一步探究。

表 3—4　环境规制对雾霾污染水平影响的稳健性检验（一）

	（1）	（2）	（3）	（4）
	EPI			
	OLS	OLS（2）	RE	FE
ER1	-0.0624[*]	-0.0187	-0.0523[**]	-0.0658[***]
	（0.0333）	（0.0398）	（0.0213）	（0.0221）
ln pGDP		0.871[***]	0.0221	-0.188
		（0.157）	（0.111）	（0.126）
ln pop		0.209[***]	0.210[*]	1.511[***]
		（0.0696）	（0.127）	（0.495）
ln urban		-2.444[***]	-0.562	0.158
		（0.417）	（0.404）	（0.482）
ln road		0.172	0.207	0.170
		（0.167）	（0.223）	（0.296）
FDI		0.0496	-1.001	-0.895

	（1）	（2）	（3）	（4）
	EPI			
	OLS	OLS（2）	RE	FE
		（2.686）	（1.826）	（1.817）
ln forest		-0.0201	0.0343	-0.0127
		（0.0507）	（0.0735）	（0.0939）
ln rain		0.0298	-0.0140	-0.00975
		（0.0553）	（0.0268）	（0.0264）
cons	1.221***	-0.223	1.339	-6.093**
	（0.107）	（1.303）	（1.257）	（2.860）
省级固定	有	有	有	有
时间固定	有	有	有	有
N	330	330	330	330
$R2$	0.013	0.229	0.068	0.067

注：*、** 和 *** 分别表示在 10%、5% 和 1% 的水平上显著；括号内数据为稳健标准误。

（二）基于二氧化碳浓度（CO_2_1）的回归分析

为进一步验证实证结果的稳健性，本研究将被解释变量替换为二氧化碳浓度（CO_2_1），具体结果如表 3—5 所示。

第一，如表 3—5 第（1）列所示，在没有控制变量，并且考虑省级固定效应和时间效应的情况下，使用 OLS 回归。核心解释变量的回归系数为负，环保支出占财政支出的比重对二氧化碳浓度（CO_2_1）的产出弹性为 -0.133，且在 1% 的水平上显著，即环保支出占财政支出的比重每上升 1%，二氧化碳浓度（CO_2_1）数值减少 0.133%。

第二，如表 3—5 第（2）列所示，在考虑控制变量，并且考虑省级固定效应和时间效应的情况下，使用 OLS 混合回归。核心解释变量的回归系数为负，环保支出占财政支出的比重对二氧化碳浓度（CO_2_1）的产出弹性

148

为 -0.0572，但是在 10% 的水平上不显著。

第三，如表 3—5 第（3）列所示，在考虑控制变量，并且考虑省级固定效应和时间效应的情况下，考虑面板数据的随机效应模型。核心解释变量的回归系数为负，环保支出占财政支出的比重对二氧化碳浓度（CO_2_1）产出弹性为 -0.0371，且在 1% 的水平上显著，即环保支出占财政支出的比重每上升 1%，其二氧化碳浓度（CO_2_1）数值减少 0.0371%。这一验证结果确证了环境规制水平越高的地区，其空气污染水平越低。

第四，如表 3—5 第（4）列所示，在考虑控制变量，并且考虑省级固定效应和时间效应的情况下，考虑面板数据的固定效应模型。核心解释变量的回归系数为负，环保支出占财政支出的比重对二氧化碳浓度（CO_2_1）的产出弹性为 -0.0361，且在 1% 的水平上显著，即环保支出占财政支出的比重每上升 1%，其二氧化碳浓度（CO_2_1）数值减少 0.0361%。考察这一结果也可进一步确证，环境规制水平越高的地区，其空气污染水平越低。

第五，如表 3—5 第（4）列所示，考察使用固定效应模型时的控制变量。人均 GDP 的系数为正且在 1% 的水平上显著；城市化率的系数为负且在 5% 的水平上显著；交通基础设施的系数为正且在 1% 的水平上显著。其余控制变量的系数不显著。如前所述，这一现象仍有待进一步探究。

表 3—5　环境规制对雾霾污染水平影响的稳健性检验（二）

	（1）	（2）	（3）	（4）
	CO_2_1			
	OLS	OLS（2）	RE	FE
ER1	-0.133***	-0.0572	-0.0371***	-0.0361***
	（0.0410）	（0.0461）	（0.00999）	（0.0103）
ln pGDP		1.255***	0.447***	0.440***
		（0.181）	（0.0542）	（0.0587）
ln pop		0.35***	0.325***	0.296

续表

	（1）	（2）	（3）	（4）
		CO$_2$_1		
	OLS	OLS（2）	RE	FE
		（0.0805）	（0.105）	（0.231）
ln urban		-2.654***	-0.647***	-0.581**
		（0.482）	（0.211）	（0.224）
ln road		0.323*	0.462***	0.434***
		（0.193）	（0.129）	（0.138）
FDI		-3.924	-1.199	-1.160
		（3.107）	（0.848）	（0.846）
ln forest		0.0426	0.00521	0.00557
		（0.0586）	（0.0405）	（0.0437）
ln rain		-0.100	-0.0151	-0.0148
		（0.0640）	（0.0123）	（0.0123）
cons	5.823***	0.563	0.207	0.262
	（0.131）	（1.508）	（0.755）	（1.332）
省级固定	有	有	有	有
时间固定	有	有	有	有
N	330	330	330	330
R2	0.038	0.335	0.751	0.779

注：*、** 和 *** 分别表示在10%、5% 和1% 的水平上显著；括号内数据为稳健标准误。

（三）基于二氧化碳浓度（CO$_2$_2）的回归分析

为了深入验证实证结果的稳健性，接下来将被解释变量替换为二氧化碳浓度（CO$_2$_2），具体结果如表3—6所示。

第一，如表 3—6 第（1）列所示，在没有控制变量，并且考虑省级固定效应和时间效应的情况下，使用 OLS 回归。核心解释变量的回归系数为负，环保支出占财政支出的比重对二氧化碳浓度（CO_2_2）的产出弹性为 -0.125，且在 1% 的水平上显著，即环保支出占财政支出的比重每上升 1%，二氧化碳浓度（CO_2_2）数值减少 0.125%。

第二，如表 3—6 第（2）列所示，在考虑控制变量，并且考虑省级固定效应和时间效应的情况下，使用 OLS 混合回归。核心解释变量的回归系数为负，环保支出占财政支出的比重对二氧化碳浓度（CO_2_2）的产出弹性为 -0.0475，但是在 10% 的水平上不显著。

第三，如表 3—6 第（3）列所示，在考虑控制变量，并且考虑省级固定效应和时间效应的情况下，考虑面板数据的随机效应模型。核心解释变量的回归系数为负，环保支出占财政支出的比重对二氧化碳浓度（CO_2_2）产出弹性为 -0.0280，且在 1% 的水平上显著，即环保支出占财政支出的比重每上升 1%，其二氧化碳浓度（CO_2_2）数值减少 0.028%。这和此前的研究一样佐证了环境规制水平越高，空气污染水平越低。

第四，如表 3—6 第（4）列所示，在考虑控制变量，并且考虑省级固定效应和时间效应的情况下，考虑面板数据的固定效应模型。核心解释变量的回归系数为负，环保支出占财政支出的比重对二氧化碳浓度（CO_2_2）的产出弹性为 -0.0267，且在 5% 的水平上显著，其二氧化碳浓度（CO_2_2）数值减少 0.0267%。这与此前的研究得出了同样的结论。

第五，如表 3—6 第（4）列所示，考察使用固定效应模型时的控制变量。人均 GDP 的系数为正且在 5% 的水平上显著，交通基础设施的系数为正且在 10% 的水平上显著。其余控制变量的系数皆不显著。如前所述，这种不显著性仍然需要我们进一步探究。

表 3—6　环境规制对雾霾污染水平影响的稳健性检验（三）

	（1）	（2）	（3）	（4）
	CO_2_2			
ER1	-0.125***	-0.0475	-0.0280***	-0.0267**

续表

	（1）	（2）	（3）	（4）
	CO₂_2			
	OLS	OLS	RE	FE
	（0.0427）	（0.0485）	（0.0107）	（0.0111）
ln pGDP		1.277***	0.450***	0.444***
		（0.191）	（0.0582）	（0.0632）
ln pop		0.366***	0.303***	0.249
		（0.0846）	（0.112）	（0.248）
ln urban		-2.707***	-0.687***	-0.628***
		（0.507）	（0.226）	（0.241）
ln road		0.318	0.406***	0.379**
		（0.203）	（0.139）	（0.148）
FDI		-3.933	-1.191	-1.154
		（3.268）	（0.912）	（0.911）
l forest		0.0342	0.0364	0.0420
		（0.0617）	（0.0434）	（0.0471）
ln rain		-0.116*	-0.0132	-0.0127
		（0.0673）	（0.0133）	（0.0133）
cons	10.46***	5.267***	5.161***	5.349***
	（0.137）	（1.586）	（0.806）	（1.433）
省级固定	有	有	有	有
时间固定	有	有	有	有
N	330	330	330	330
R2	0.031	0.318	0.721	0.741

注：*、** 和 *** 分别表示在 10%、5% 和 1% 的水平上显著；括号内数据为稳健标准误。

二　替换核心解释变量的稳健性检验

为验证实证结果的稳健性，本研究将核心解释变量替换为环保支出占GDP的比重（ER2），具体结果如表3—7所示。

第一，如表3—7第（1）列所示，在没有控制变量，并且考虑省级固定效应和时间效应的情况下，使用OLS回归。核心解释变量的回归系数为负，环保支出占GDP的比重对PM2.5的产出弹性为-15.61，且在1%的水平上显著，即环保支出占财政支出的比重每上升1%，PM2.5数值减少15.61%。

第二，如表3—7第（2）列所示，在考虑控制变量，并且考虑省级固定效应和时间效应的情况下，使用OLS混合回归。核心解释变量的回归系数为负，环保支出占GDP的比重对PM2.5的产出弹性为-10，且在1%的水平上显著。

第三，如表3—7第（3）列所示，在考虑控制变量，并且考虑省级固定效应和时间效应的情况下，考虑面板数据的随机效应模型。核心解释变量的回归系数为负，环保支出占GDP的比重对PM2.5的产出弹性为-4.278，且在1%的水平上显著，即环保支出占GDP的比重每上升1%，PM2.5数值减少4.278%。由此可证实，环境规制水平越高的地区，其雾霾污染水平越低。

第四，如表3—7第（4）列所示，在考虑控制变量，并且考虑省级固定效应和时间效应的情况下，考虑面板数据的固定效应模型。核心解释变量的回归系数为负，环保支出占人均GDP的比重对PM2.5的产出弹性为-2.32，且在1%的水平上显著，即环保支出占人均GDP的比重每上升1%，PM2.5数值减少2.32%。这也证明了环境规制水平越高的地区，其雾霾污染水平越低。

第五，如表3—7第（4）列所示，考察使用固定效应模型时的控制变量。人口密度的系数为正且在1%的水平上显著，常数项的系数为负且在1%的水平上显著，对外直接投资的系数为负且在1%水平上显著。其余控制变量的系数不显著。如前所述，其原因还有待进一步探究。

表3—7　环境规制对雾霾污染水平影响的稳健性检验（四）

	（1）	（2）	（3）	（4）
	PM2.5			
	OLS	OLS（2）	RE	FE
ER2	-15.61***	-10.00***	-4.278***	-2.320***
	（1.624）	（1.393）	（1.605）	（0.769）
ln pGDP		4.597**	5.315**	7.473***
		（2.181）	（2.270）	（2.644）
ln pop		16.69***	11.30***	-30.26***
		（1.042）	（2.321）	（11.36）
ln urban		-25.81***	-34.08***	-36.34***
		（5.693）	（7.509）	（9.134）
ln road		16.53***	1.746	-6.165
		（2.420）	（4.114）	（6.339）
FDI		-13.84***	-16.11***	-15.24***
		（4.529）	（2.719）	（2.659）
ln forest		-11.65***	-6.932***	-0.380
		（0.791）	（1.528）	（2.282）
ln rain		-2.327***	-1.193*	-0.904
		（0.838）	（0.672）	（0.666）
cons	50.02***	6.150	84.51***	299.8***
	（1.419）	（19.34）	（22.55）	（61.89）
省级固定	有	有	有	有
时间固定	有	有	有	有
N	330	330	330	330
R2	0.220	0.726	0.287	0.327

注：*、** 和 *** 分别表示在 10%、5% 和 1% 的水平上显著；括号内数据为稳健标准误。

第五节　异质性拓展分析

为了从多个角度考察结果的稳健性，本研究通过异质性拓展分析，将全样本划分为不同的分样本，进行了如下回归。

一　基于经济地理区域的回归分析

按照传统的划分方法，东部地区包括河北、北京、天津、山东、江苏、上海、浙江、福建、广东和海南等省份；中部地区包括山西、河南、安徽、湖北、湖南、江西等省份；西部地区包括陕西、宁夏、甘肃、青海、四川、重庆、贵州、广西、云南、西藏、新疆和内蒙古（内蒙古中西部地区）等省份；东北地区包括黑龙江、吉林、辽宁和内蒙古（内蒙古东部地区）等省份。受数据获取的可及性，此处的研究对象不包括台湾、香港和澳门等地区。

为验证实证结果的稳健性，本研究按照中国四大经济地理区域，将全样本划分为东部、中部、西部和东北地区。具体结果如表3—8所示。

第一，如表3—8第（1）列所示，在考虑控制变量，并且考虑省级固定效应和时间效应的情况下，使用面板数据的固定效应模型。核心解释变量的回归系数为负，东部地区省份的环保支出占财政支出的比重对PM2.5的产出弹性为-1.450，且在5%的水平上显著，即环保支出占财政支出的比重每上升1%，PM2.5数值减少1.450%。这同样说明了环境规制水平的提高能够降低雾霾污染水平。

第二，如表3—8第（2）列所示，在考虑控制变量，并且考虑省级固定效应和时间效应的情况下，使用面板数据的固定效应模型。核心解释变量的回归系数为负，中部地区省份的环保支出占财政支出的比重对PM2.5的产出弹性为-2.403，且在10%的水平上不显著。

第三，如表3—8第（3）列所示，在考虑控制变量，并且考虑省级固定效应和时间效应的情况下，使用面板数据的固定效应模型。核心解释变量的回归系数为负，西部地区省份的环保支出占财政支出的比重对PM2.5

的产出弹性为 -1.587，且在 10% 的水平上显著，即环保支出占财政支出的比重每上升 1%，其 PM2.5 数值减少 1.587%。由此亦可得到此前多次印证的结论，即环境规制水平越高的地区，其雾霾污染水平越低。

第四，如表 3—8 第（4）列所示在考虑控制变量，并且考虑省级固定效应和时间效应的情况下，使用面板数据的固定效应模型。核心解释变量的回归系数为正，东北地区省份的环保支出占财政支出的比重对 PM2.5 的产出弹性为 0.826，但是在 10% 的水平上不显著。

表 3—8　环境规制对雾霾污染水平影响的分样本回归（一）

	（1）	（2）	（3）	（4）
	PM2.5			
	东部	中部	西部	东北
ER	-1.450**	-2.403	-1.587*	0.826
	(0.730)	(1.828)	(0.815)	(1.327)
ln pGDP	-3.020	38.59***	4.795	2.290
	(5.046)	(12.67)	(4.500)	(4.208)
ln pop	6.251	52.86	-85.46***	4.979
	(16.32)	(54.38)	(20.87)	(85.22)
ln urban	16.21	-141.0***	-28.43*	-61.81
	(16.94)	(44.12)	(15.17)	(46.34)
ln road	-20.68*	-58.53**	-13.29	25.03
	(12.32)	(24.64)	(8.541)	(26.58)
FDI	-21.19***	-19.08	-8.790**	-14.51**
	(4.269)	(13.31)	(3.907)	(5.239)
ln forest	-2.714	0.133	9.301**	54.25*
	(2.603)	(14.52)	(4.297)	(30.33)
ln rain	-2.493	-1.090	0.355	-3.300***

续表

	（1）	（2）	（3）	（4）
	PM2.5			
	东部	中部	西部	东北
	（2.274）	（1.940）	（0.724）	（1.077）
cons	59.44	109.0	489.4***	-38.67
	（111.3）	（295.4）	（91.78）	（400.0）
省级固定	有	有	有	有
时间固定	有	有	有	有
N	110	66	121	33
R^2	0.429	0.523	0.432	0.612

注：*、** 和 *** 分别表示在 10%、5% 和 1% 的水平上显著；括号内数据为稳健标准误。

二　基于南北方回归的经济分析

按照传统的划分方法，北方地区包括黑龙江、吉林、辽宁、内蒙古、新疆、青海、陕西、山西、宁夏、河北、河南、山东、北京、天津、甘肃等省份。南方地区包括江苏（南部）、安徽（南部）、湖北、湖南、重庆、四川、西藏、贵州、云南、广西、广东、浙江、上海、福建、江西、海南等省份。本部分的研究对象不包括台湾、香港和澳门等地区。

为验证实证结果的稳健性，本研究按照将全样本划分为北方和南方进行分析。具体结果如表 3—9 所示。

第一，如表 3—9 第（1）列所示，在考虑控制变量，并且考虑省级固定效应和时间效应的情况下，使用面板数据的随机效应模型。核心解释变量的回归系数为负，北方省份的环保支出占财政支出的比重对 PM2.5 的产出弹性为 -2.099，且在 1% 的水平上显著，即环保支出占财政支出的比重每上升 1%，PM2.5 数值减少 2.099%。南北方的回归同样印证了，环境规制水平越高的地区，其雾霾污染水平越低。

第二，如表 3—9 第（2）列所示，在考虑控制变量，并且考虑省级固定效应和时间效应的情况下，使用面板数据的随机效应模型。核心解释变量的回归系数为负，南方省份的环保支出占财政支出的比重对PM2.5的产出弹性为 -0.78，且在10%的水平上不显著。一个可能的原因是南方省份的空气质量普遍较好，故PM2.5的数值不是很高。

第三，如表3—9第（3）列所示，在考虑控制变量，并且考虑省级固定效应和时间效应的情况下，使用面板数据的固定效应模型。核心解释变量的回归系数为负，北方省份的环保支出占财政支出的比重对PM2.5的产出弹性为 -1.621，且在5%的水平上显著，即环保支出占财政支出的比重每上升1%，PM2.5数值减少1.621%。此次检验亦证明了环境规制水平越高的地区，其雾霾污染水平越低。

第四，如表3—9第（4）列所示在考虑控制变量，并且考虑省级固定效应和时间效应的情况下，使用面板数据的固定效应模型。核心解释变量的回归系数为正，东北地区省份的环保支出占财政支出的比重对PM2.5的产出弹性为0.0019，但是在10%的水平上不显著。原因可能与上面相同，即南方省份的空气质量普遍较好，所以PM2.5的数值不是很高。

表3—9　环境规制对雾霾污染水平影响的分样本回归（二）

	（1）	（2）	（3）	（4）
	PM2.5			
	RE		FE	
	北方	南方	北方	南方
ER	-2.099***	-0.780	-1.621**	0.0019
	（0.571）	（0.658）	（0.667）	（0.628）
ln pGDP	13.41***	-6.742*	13.05***	3.619
	（2.698）	（3.646）	（3.354）	（3.928）
ln pop	10.17***	11.62**	-19.51	-96.45***
	（2.547）	（5.459）	（14.85）	（18.79）
ln urban	-51.35***	-2.832	-58.31***	-19.71

续表

	（1）	（2）	（3）	（4）
	PM2.5			
	RE		FE	
	北方	南方	北方	南方
	（9.011）	（11.92）	（13.24）	（12.75）
ln road	-8.093	5.180	-9.022	-8.275
	（5.502）	（6.471）	（9.770）	（7.582）
FDI	-11.34***	-21.70***	-10.37***	-19.51***
	（3.604）	（3.814）	（3.646）	（3.514）
ln forest	-9.521***	-2.861	3.147	1.681
	（1.897）	（2.184）	（4.931）	（2.232）
ln rain	-1.713*	0.564	-1.708	0.516
	（1.029）	（0.796）	（1.072）	（0.725）
cons	124.1***	45.29	269.9***	665.8***
	（36.38）	（41.42）	（74.34）	（111.5）
省级固定	有	有	有	有
时间固定	有	有	有	有
N	165	165	165	165
R2	0.231	0.478	0.273	0.580

注：*、** 和 *** 分别表示在 10%、5% 和 1% 的水平上显著；括号内数据为稳健标准误。

三 基于行政级别的回归分析

一些文献认为，直辖市拥有较多的政策支持和行政资源，故而直辖市在环境保护等方面有优势。因此，为验证实证结果的稳健性，这一部分在删除了北京、天津、上海、重庆四个直辖市的基础上进行了回归分析。

第一，如表 3—10 第（1）列所示，在没有控制变量，并且考虑省级固

159

定效应和时间效应的情况下，使用 OLS 回归。核心解释变量的回归系数为负，环保支出占财政支出的比重对 PM2.5 的产出弹性为 -4.117，且在 1% 的水平上显著，即环保支出占财政支出的比重每上升 1%，PM2.5 数值减少4.117%。

第二，如表 3—10 第（2）列所示，在考虑控制变量，并且考虑省级固定效应和时间效应的情况下，使用 OLS 混合回归。核心解释变量的回归系数为负，环保支出占财政支出的比重对 PM2.5 的产出弹性为 -1.946，且在1% 的水平上显著，即环保支出占财政支出的比重每上升 1%，PM2.5 数值减少 1.946%。这说明在不考虑直辖市的情况下结论也没有变化，即环境规制水平越高的地区，其雾霾污染水平越低。

第三，如表 3—10 第（3）列所示，在考虑控制变量，并且考虑省级固定效应和时间效应的情况下，考虑面板数据的随机效应模型。核心解释变量的回归系数为负，环保支出占财政支出的比重对 PM2.5 的产出弹性为-1.308，且在 1% 的水平上显著，即环保支出占财政支出的比重每上升 1%，PM2.5 数值减少 1.308%。由此同样可得，一个地区环境规制水平的提高会降低雾霾污染水平。

第四，如表 3—10 第（4）列所示，在考虑控制变量，并且考虑省级固定效应和时间效应的情况下，考虑面板数据的固定效应模型。核心解释变量的回归系数为负，环保支出占财政支出的比重对 PM2.5 的产出弹性为 -0.945，且在 10% 的水平上显著，即环保支出占财政支出的比重每上升10%，PM2.5 数值减少 0.945%。这也印证了此前的观点，环境规制水平越高的地区，其雾霾污染水平越低。

第五，如表 3—10 第（4）列所示，考察使用固定效应模型时的控制变量。人均 GDP 的系数为正且在 1% 的水平上显著，这说明人均 GDP 水平越高的地区，其雾霾污染水平可能越高，这可能与经济发达地区的重工业化程度高有关；人口密度的系数为负且在 1% 的水平上显著；城市化率的系数为负且在 1% 的水平上显著，这说明城市化水平越高的地区，其雾霾污染水平可能越低；外商直接投资的系数为负且在 1% 的水平上显著，这说明外商直接投资越高的地区，其雾霾污染水平可能越低；森林覆盖率的系数为正且在 5% 的水平上显著。降雨量的系数为负且在 10% 的水平上显著。此外，交通基础设施等控制变量的系数在 10% 的水平上不显著，这一现象的具体原因还有待进一步探究。

表 3—10　环境规制对雾霾污染水平影响的分样本回归（三）

	（1）	（2）	（3）	（4）
	PM2.5			
	OLS	OLS（2）	RE	FE
ER	-4.117***	-1.946***	-1.308***	-0.945*
	（0.927）	（0.589）	（0.489）	（0.480）
ln pGDP		6.366***	8.642***	9.851***
		（2.370）	（2.401）	（2.462）
ln pop		16.06***	9.742***	-50.03***
		（1.122）	（2.470）	（15.76）
ln urban		-29.48***	-46.01***	-51.13***
		（6.365）	（8.352）	（9.107）
ln road		6.844**	-4.348	-7.996
		（2.910）	（5.050）	（6.125）
FDI		-16.87***	-14.03***	-12.89***
		（4.555）	（2.699）	（2.576）
ln forest		-12.84***	-5.021**	7.882**
		（0.881）	（2.098）	（3.259）
ln rain		-0.794	-1.436**	-1.158*
		（0.868）	（0.682）	（0.656）
cons	49.22***	31.67	121.7***	407.7***
	（2.971）	（20.54）	（24.55）	（76.11）
省级固定	有	有	有	有

续表

	（1）	（2）	（3）	（4）
	PM2.5			
	OLS	OLS（2）	RE	FE
时间固定	有	有	有	有
N	286	286	286	286
R2	0.065	0.745	0.298	0.394

注：*、** 和 *** 分别表示在 10%、5% 和 1% 的水平上显著；括号内数据为稳健标准误。

四 基于到沿海距离的回归分析

一些文献认为，沿海省份靠近大海，易受季风等气象因素的影响，故而沿海省份在环境保护等方面有优势。因此，为验证实证结果的稳健性，此处删除了沿海省份以检验结论。具体而言，此处选择的样本不考虑辽宁、河北、天津、山东、江苏、上海、浙江、福建、广东、广西、海南等省份。

第一，如表 3—11 第（1）列所示，在考虑控制变量，并且考虑省级固定效应和时间效应的情况下，使用面板数据的固定效应模型。核心解释变量的回归系数为负，东部地区省份的环保支出占财政支出的比重对 PM2.5 的产出弹性为 -4.965，且在 1% 的水平上显著，即环保支出占财政支出的比重每上升 1%，PM2.5 数值减少 4.965%。这里得出的结论与之前一致，即环境规制水平越高的地区，其雾霾污染水平越低。

第二，如表 3—11 第（2）列所示，在考虑控制变量，并且考虑省级固定效应和时间效应的情况下，使用面板数据的固定效应模型。核心解释变量的回归系数为负，中部地区省份的环保支出占财政支出的比重对 PM2.5 的产出弹性为 -1.912，且在 1% 的水平上显著，即环保支出占财政支出的比重每上升 1%，PM2.5 数值减少 1.912%。由此也可以得到此前的结论，那就是环境规制水平越高的地区，其雾霾污染水平越低。

第三，如表 3—11 第（3）列所示，在考虑控制变量，并且考虑省级固定效应和时间效应的情况下，使用面板数据的固定效应模型。核心解释变量的回归系数为负，西部地区省份的环保支出占财政支出的比重对 PM2.5 的产出弹性为 -1.511，且在 5% 的水平上显著，即环保支出占财政支出的比重每上升 1%，PM2.5 数值减少 1.511%。这依然说明了环境规制水平越高的地区，其雾霾污染水平越低。

第四，如表 3—11 第（4）列所示，考察使用固定效应模型时的控制变量。人均 GDP 的系数为正，且在 1% 的水平上显著，这说明人均 GDP 水平越高的地区，其雾霾污染水平可能越高，这可能与经济发达地区的重工业化程度高有关；人口密度的系数为负，且在 5% 的水平上显著；城市化率的系数为负，且在 1% 的水平上显著，这说明城市化水平越高的地区，其雾霾污染水平可能越低；外商直接投资的系数为负，且在 1% 的水平上显著，这说明外商直接投资越高的地区，其雾霾污染水平可能越低。此外，交通基础设施、降雨量和森林覆盖率等控制变量的系数在 10% 的水平上不显著，具体原因还有待进一步探究。

表 3—11　环境规制对雾霾污染水平影响的分样本回归（四）

	（1）	（2）	（3）	（4）
	PM2.5			
	OLS	OLS（2）	RE	FE
ER	-4.965***	-1.912***	-1.511**	-1.503**
	（1.007）	（0.629）	（0.587）	（0.633）
ln pGDP		4.139	8.702***	12.33***
		（2.752）	（2.823）	（3.258）
ln pop		16.53***	11.26***	-40.98**
		（1.232）	（2.490）	（17.87）
ln urban		-16.27**	-41.49***	-57.04***
		（6.936）	（9.133）	（11.56）
ln road		8.256***	-5.047	-15.92**

续表

	（1）	（2）	（3）	（4）
		PM2.5		
	OLS	OLS（2）	RE	FE
		（3.054）	（5.238）	（8.033）
FDI		-20.70***	-17.63***	-13.49***
		（6.351）	（4.288）	（4.153）
ln forest		-13.90***	-8.309***	6.453
		（1.110）	（2.296）	（4.348）
ln rain		2.539***	-0.246	-0.324
		（0.954）	（0.741）	（0.716）
cons	52.97***	-21.04	103.8***	379.4***
	（3.532）	（23.02）	（29.97）	（87.30）
省级固定	有	有	有	有
时间固定	有	有	有	有
N	209	209	209	209
R2	0.105	0.742	0.254	0.352

注：*、** 和 *** 分别表示在 10%、5% 和 1% 的水平上显著；括号内数据为稳健标准误。

第六节　环境规制对雾霾污染水平影响的内生性检验

尽管以上实证分析解释了环境规制对雾霾污染水平的影响，但是上述结果可能会受到遗漏变量、测量误差和逆向因果等问题所导致内生性估计偏差的影响。为了更好地解决内生性偏差的影响，本研究选择带有工具变量的两阶段最小二乘法（2SLS）进行估计，希望最大限度地获得稳健的研究结果。

大量的文献已经证实，环境规制的环境效应可能并非立竿见影，而是存在一定的时滞性（Horváthová, 2012; Xie et al., 2017）。因此，本研究在模型中加入其滞后一期项，以捕捉可能存在的滞后效应，这种做法有助于避免内生性问题（Zheng & Shi, 2017）。

对于面板数据，通常使用内生解释变量的滞后期变量作为工具变量。这一变量与内生解释变量相关，而与当期扰动项无关。为了充分验证工具变量的有效性，本研究对工具变量的强弱进行相关的检验。结果显示，KP Wald F 的 P 值为 0，小于相关工具变量一阶段 P=0.1 的经验值，因而拒绝弱工具变量的假设。限于篇幅，本研究没有汇报以上的结果。

两阶段回归方程设定如下：

第一阶段 $\hat{ER}_{it} = \beta_1 L.\hat{ER}_{it} + \beta_2 Control_{it} + \varepsilon_{it}$ （1）

第二阶段 $PM_{2.5it} = a_1 \hat{ER}_{it} + a_2 Control_{it} + \varepsilon_{it}$ （2）

其中，方程（1）为第一阶段回归。这里被解释变量 $\hat{ER}_{it}$ 是第 i 个省份在 t 年的环境规制，工具变量为 $L.\hat{ER}_{it}$，是环境规制的滞后一期，这里系数反映了环境规制滞后一期对环境规制的影响。预期估计系数显著大于 0，这说明环境规制滞后一期与环境规制具有相关性。方程（2）是第二阶段回归，此时的解释变量 ER_{it} 是通过第一阶段回归方程得到的估计值，预期估计系数显著小于 0。两阶段回归结果如表 3—12 所示。

表 3—12 给出了环保支出占财政支出的比重对 PM2.5 数值影响的两阶段回归结果。在考虑控制变量、省级固定、时间固定等情况下，本研究分别使用面板数据的固定效应和时间效应。

第一，如表 3—12 第（1）列所示，在随机效应的模型中，做工具变量的环境规制滞后一期与内生变量之间存在显著的正向关系，两者的弹性系数是 0.565，且在 1% 的水平上显著，即环境规制滞后一期每增加 1%，环保支出占财政支出的比重增加 0.565%。

第二，如表 3—12 第（2）列所示，在固定效应的模型中，做工具变量的环境规制滞后一期与内生变量之间存在显著的正向关系，两者的弹性系数是 0.478，且在 5% 的水平上显著，即环境规制滞后一期每增加 1%，环保支出占财政支出的比重增加 0.478%。

第三，在随机效应的模型中，利用工具变量纠正了遗漏变量问题后，环境规制对 PM2.5 影响的系数仍然为负，且在 1% 的水平上显著，进一步证明了环境规制对污染雾霾水平的反向作用。如表 3—12 第（3）列所示，与表基准回归估计结果相比较，其估计系数有所增大，环保支出占财政支出的比重每增加 1%，PM2.5 数值减少 3.048%。

第四，在固定效应的模型中，利用工具变量纠正了遗漏变量问题后，环保支出占财政支出的比重对 PM2.5 影响的系数仍然为负，且在 1% 的水平上显著，进一步证明了环境规制对污染雾霾水平的反向作用。如表 3—12 第（4）列所示，与表基准回归估计结果相比较，其估计系数有所增大，环保支出占财政支出的比重每增加 1%，PM2.5 数值减少 3.255%。

表 3—12　环境规制对雾霾污染水平影响内生性讨论

	（1）	（2）	（3）	（4）
	ER		PM2.5	
	RE	FE	RE	FE
ER_lag	0.565***	0.478**		
	（0.048）	（0.055）		
			-3.048***	-3.255***
			（0.967）	（1.22）
控制变量	有	有	有	有
cons	12.48***	9.66	155.79***	386.4***
	（2.522）	（7.34）	（34.91）	（77.81）
省级固定	有	有	有	有
时间固定	有	有	有	有
N	300	300	300	300
$R2$	0.231	0.45	0..23	0.236

注：*、** 和 *** 分别表示在 10%、5% 和 1% 的水平上显著；括号内数据为稳健标准误。其中，控制变量包括 GDP、人口密度、城市化率、交通基础设施、降雨量、森林覆盖率、对外直接投资等。

第七节　结论与讨论

由于对环境规制抑制雾霾污染的有效性仍未形成共识，因此，本章旨在为解决这一问题提供经验证据。在文献梳理的基础上，本研究基于中国2007~2017 年的省级数据，探讨了环境规制能否降低雾霾污染水平。本研究采用 PM2.5 浓度作为雾霾污染的代理变量，选取环保支出占财政支出的比重作为环境规制（ER）的替代变量，并对经济水平、人口密度、城市化率、道路交通、外商直接投资、森林覆盖率和降雨量等因素进行了必要的控制，分别考察了 OLS、OLS 混合回归、面板数据的随机效应模型、面板数据的固定效应模型，得到的一些有意义的发现如下。

第一，环境规制与雾霾污染之间存在显著的负相关关系。大量的回归结果都证明了环境规制水平越高的地区，其雾霾污染水平往往也越低。总体而言，环境规制水平每上升 1%，PM2.5 浓度也会相应减少 1% 以上，并且至少在 5% 的水平上显著。并且，这种显著性在替换被解释变量、替换核心解释变量以及稳健性检验的情况下仍然基本成立。由此可见，在中国，环境规制对于抑制雾霾污染是有较强效果的，这一发现也与之前的一些文献能够相互印证。[①] 这意味着如果要进一步遏制雾霾污染，就必须进一步提高环境规制强度。就本研究而言，就是要进一步提高环保支出占财政支出的比重。

第二，区域异质性检验表明，环境规制抑制雾霾污染有效性存在强烈的区域异质性。首先，本研究按照中国四大经济地理区域，将全样本划分为东部、中部、西部和东北地区进行检验。结果表明，在东部地区和西部地区，环境规制与雾霾污染存在显著的负相关，在中部地区和东北地区则不存在显著性。其次，本研究按照将全样本划分为北方和南方进行检验。结果表明，在北方地区，环境规制水平越高的地区，其雾霾污染水平越低。

---

① Zhang M, Liu X, Ding Y, et al.,How does environmental regulation affect haze pollution governance?—an empirical test based on Chinese provincial panel data,*Science of The Total Environment*, 2019.

而在南方地区，没有发现环境规制水平和污染程度的显著关联性。该现象可合理解释为，南方省份的空气质量普遍较好，PM2.5 的数值不高，因此对结果的显著性造成了影响。再次，将直辖市剔除，重新组成样本，其结果基本同全样本类似。最后，剔除沿海省份后进行的研究也发现其结果基本也同全样本一致。上述四种区域异质性检验表明，环境规制抑制雾霾污染的效果在东部、西部、北方和内陆地区效果更加明显，而在中部、东北和南方地区不明显。

第三，控制变量的结果分析。根据文献经验，本研究对经济水平、人口密度、城市化率、道路交通、外商直接投资、森林覆盖率和降雨量等因素进行了必要的控制，得到了一些有意思的结果。其中，人均 GDP 水平与雾霾污染存在显著的正相关。这一结果与多数文献的发现类似。[1] 外商直接投资与雾霾污染存在显著的负相关。这可能是因为外国直接投资通常会带来先进的技术和管理经验，故有助于减少污染。[2][3] 此外，城市化率也与雾霾污染存在显著的负相关。这可能是因为城市化率越高，资源利用率也将越高，随之而来的绿色技术水平自然也越高，使得污染排放减少。其他变量则并未发现显著性。

总结来看，本章节的实证检验证实了一个基本结论，即环境规制有助于抑制雾霾污染。这种抑制效用会随着区域的变化而有所变化。就学术意义而言，本章节为环境规制之于雾霾控制的问题提供了必要的经验证据。就政策意义而言，本章的研究为进一步治理雾霾污染提供了可行思路，即进一步强化环境规制水平，具体来说就是进一步增加环保支出占 GDP 的比重。略显遗憾的是，2007~2017 年，全国环保支出占 GDP 的比重仅为

---

① Wang T, Peng J, Wu L,Heterogeneous effects of environmental regulation on air pollution: evidence from China's prefecture-level cities, *Environmental Science and Pollution Research*, 2021,pp.1-16.

② Kirkpatrick C, Shimamoto K,The effect of environmental regulation on the locational choice of Japanese foreign direct investment,*Applied Economics*, 2008, pp.1399-1409.

③ Huang J, Chen X, Huang B, et al.,Economic and environmental impacts of foreign direct investment in China: A spatial spillover analysis, *China Economic Review*, 2017, pp. 289-309.

0.5%，30 个省份的平均环保支出仅占 GDP 的 0.687%，远不及国际经验[①] 的 1%~1.5%[②]。因此，必须大幅度地增加环保支出以达到强化环境治理效果的美好愿景。

---

① 主要发达国家的环保支出在 20 世纪 70 年代已占 GDP 的 1%~2%，其中，"美国为 2%，日本为 2%~3%，德国为 2.1%。"具体可参见徐倪生《促进环境保护的公共财政政策研究》，《化工管理》2020 年第 3 期。

② 何瑞文:《中国环境规制抑制污染的有效性研究》，复旦大学博士学位论文，2020，第 146 页。

第四章　命令控制型环境规制对
雾霾污染的影响

第三章从总体上检验了环境规制对雾霾污染的影响。综合运用多种检验方式后不难发现，总体而言，环境规制的确有益于降低雾霾污染，其具体表现为环境规制水平越高的地区，雾霾污染水平也就越低。但是要注意的是，还有一些文献指出，虽然环境规制的强度的确重要，但是环境规制的类型同样也很重要。换句话说，环境规制在控制污染的效果上可能受到环境规制工具类型的异质性影响。[1][2][3] 目前而言，关于环境规制的分类这一问题，学界主要存在两分法和三分法两种观点。两分法主要将环境规制分为命令控制型环境规制和市场激励型环境规制[4][5]，三分法主要将环境规制

---

① Li R, Ramanathan R,Exploring the relationships between different types of environmental regulations and environmental performance: Evidence from China,Journal of Cleaner Production, 2018, pp.1329-1340.

② Xie R, Yuan Y, Huang J,Different types of environmental regulations and heterogeneous influence on "green" productivity: evidence from China,Ecological Economics, 2017,pp. 104-112.

③ Ren S, Li X, Yuan B, et al.,The effects of three types of environmental regulation on eco-efficiency: A cross-region analysis in China, Journal of Cleaner Production, 2018,pp.245-255.

④ Tang M, Li X, Zhang Y, et al.,From command-and-control to market-based environmental policies: Optimal transition timing and China's heterogeneous environmental effectiveness,*Economic Modelling*, 2020, pp.1-10.

⑤ Shen N, Liao H, Deng R, et al.,Different types of environmental regulations and the heterogeneous influence on the environmental total factor productivity: Empirical analysis of China's industry, *Journal of Cleaner Production*, 2019, pp.171-184.

分为命令与控制法规、基于市场的法规和非正式法规 [1]，或者是命令与控制环境规制、基于市场的环境规制和自愿环境规制 [2]。结合目前文献的主流经验，本课题根据第二章的区分方法，将环境规制工具按照强制性程度，分为命令控制型环境规制（command-control regulations，CCR）、市场激励型环境规制（market-based regulations，MBR）和非正式型环境规制（informal regulations，IR）三种。[3] 由此，从本章开始，我们将对三种环境规制工具在雾霾污染上的异质性效果分别进行实证检验。

第一节　研究假设

近年来，虽然中国的市场经济和社会均已经取得了长足的发展，但党和政府仍继续在环境治理中起着主导作用。[4] 为了治理广泛存在的环境污染问题，中国政府频频使用各种命令控制型环境规制（CCR）。例如我国早在 1998 年就开始实行"两控区"政策试点，意在有效控制酸雨和 SO_2，又比如中央政府近年来建立了强制性的基于目标的绩效评估系统，不断加强中央环境监管，实施环境保护约谈政策，等等，这些均是 CCR 被运用的体现。当然了，在中国被使用最多的 CCR 还是环境法律法规，近年来中国政府出台了大量的环境法律和法规，以自上而下的命令控制式的方式进行环境规制。自 1979 年颁行了第一部《环境保护法（试行）》以来，政府就开始加快环境立法的进程，如今已经依此建立了较为完善的环境治理体系。据统计，从 1979 年至 2015 年 5 月，中央政府合计公布了 150 部行政环境

[1] Xie R, Yuan Y, Huang J, Different types of environmental regulations and heterogeneous influence on "green" productivity: evidence from China, *Ecological Economics*, 2017, pp.104-112.

[2] Ren S, Li X, Yuan B, et al., The effects of three types of environmental regulation on eco-efficiency: A cross-region analysis in China, *Journal of Cleaner Production*, 2018, pp.245-255.

[3] 为了行文的简洁性，下文统一用 CCR 表示命令控制型环境规制，用 MBR 表示市场激励型环境规制，以及用 IR 表示非正式型环境规制。

[4] Van Rooij B, Stern R E, Fürst K, The authoritarian logic of regulatory pluralism: Understanding China's new environmental actors, *Regulation & Governance*, 2016, pp. 3-13.

规制，1300 项国家环境标准和 200 个部门规章。[1][2]"大气十条"（2013 年）、"水十条"（2015 年）、"土十条"（2016 年）等环保法规近年来相继颁行，2013 年还颁布了《大气污染防治行动计划（2013~2017）》，这都是环境法规日益完善的体现。

近些年，中央政府开始采用环保约谈和环保督察的手段矫正地方政府的执行偏差。笔者综合文献与新闻报道发现，从 2014 年 5 月到 2018 年 5 月的 5 年间，前后共有 65 个地方政府因环境问题被约谈。2017 年首轮环保督察过后，为了防止地方环境污染问题出现反复，2018 年再度采取了"回头看"的环保督察形式，这一举措在全国上下再次刮起环保风暴。据报道，第一批"回头看"的 10 个省份合计约谈 3695 人，问责 6219 人，罚款 7.1 亿元。截至 2018 年 12 月 6 日，第二批"回头看"的省份 1804 人被约谈，2177 人被问责，罚款 2.1 亿元。[3]

然而关于 CCR 的有效性这一问题，在当前的学界中仍然存在较大争议。大多数研究的确证实了 CCR 的有效性，即 CCR 能够使得环境质量显著改善[4][5]；但是还有一些学者认为，CCR 仅对特定污染物有用，并不能实现总体的减排目标[6]。例如一些研究证实，作为 CCR 代表举措之一的环保约谈的效果确实是立竿见影，一些严重的环境问题也在短期内得以快速纠正，地方政府环境治理绩效也因此有所提升。然而必须考虑到的是，运动式的

---

① He G, Lu Y, Mol A P J, et al.,Changes and challenges: China's environmental management in transition, *Environmental Development*, 2012, pp.25-38.

② Yin J, Zheng M, Chen J,The effects of environmental regulation and technical progress on CO_2 Kuznets curve: An evidence from China, *Energy Policy,* 2015,pp. 97-108.

③ 张樵苏:《中央环保督察组今年共对 20 个省份实施"回头看"》，新华网，http://www. xinhuanet. com/fortune/2018-12/26/c_1123908733.htm。

④ Zhang P, Wu J,Impact of mandatory targets on PM2.5 concentration control in Chinese cities, *Journal of Cleaner Production*, 2018, pp.323-331.

⑤ Peng X,Strategic interaction of environmental regulation and green productivity growth in China: Green innovation or pollution refuge?, *Science of the Total Environment*, 2020.

⑥ Wu J, Xu M, Zhang P, The impacts of governmental performance assessment policy and citizen participation on improving environmental performance across Chinese provinces, *Journal of Cleaner Production*, 2018, pp.227-238.

环保约谈必然会受到持续性的制约。[①②] 因此，探讨 CCR 的有效性一直是环境治理领域的重要议题。

正如笔者文献梳理所示，关于 CCR 效果的评估，多数文献着眼点在绿色全要素生产率[③④]、生态效率[⑤]、环境效率[⑥]、水污染[⑦]、空气污染[⑧]等，而直接针对雾霾污染的研究还较少[⑨⑩]。综合考虑以上因素，本研究将基于中国 2007~2017 年的省级数据，探讨 CCR 能否有效降低雾霾污染。

第二节 模型设定和数据来源

本章内容旨在检验 CCR 抑制雾霾污染的有效性。基于理论分析和研究述评的经验，本研究采用面板数据，以分年度的省级样本为分析单元。参

① 沈洪涛、周艳坤：《环境执法监督与企业环境绩效：来自环保约谈的准自然实验证据》，《南开管理评论》2017 年第 6 期。

② 吴建祖、王蓉娟：《环保约谈提高地方政府环境治理效率了吗？——基于双重差分方法的实证分析》，《公共管理学报》2019 年第 1 期。

③ Xie R, Yuan Y, Huang J,Different types of environmental regulations and heterogeneous influence on "green" productivity: evidence from China,*Ecological Economics*, 2017, pp.104-112.

④ Tang H, Liu J, Wu J,The impact of command-and-control environmental regulation on enterprise total factor productivity: a quasi-natural experiment based on China's "Two Control Zone" policy, *Journal of Cleaner Production*, 2020.

⑤ Ren S, Li X, Yuan B, et al.,The effects of three types of environmental regulation on eco-efficiency: A cross-region analysis in China,*Journal of Cleaner Production*, 2018,pp. 245-255.

⑥ Li R, Ramanathan R,Exploring the relationships between different types of environmental regulations and environmental performance: Evidence from China, *Journal of Cleaner Production*, 2018, pp.1329-1340.

⑦ She Y, Liu Y, Deng Y, et al.,Can China's Government-Oriented Environmental Regulation Reduce Water Pollution? Evidence from Water Pollution Intensive Firms, *Sustainability*, 2020, p.7841.

⑧ Wang T, Peng J, Wu L,Heterogeneous effects of environmental regulation on air pollution: evidence from China's prefecture-level cities,*Environmental Science and Pollution Research*, 2021,pp.1-16.

⑨ Zhang M, Liu X, Sun X, et al.,The influence of multiple environmental regulations on haze pollution: Evidence from China, *Atmospheric Pollution Research*, 2020, pp.170-179.

⑩ Li C, Li G,Does environmental regulation reduce China's haze pollution? An empirical analysis based on panel quantile regression,*Plos One*, 2020.

考 Grossman & Krueger[①] 和 Copeland & Taylor[②] 的建模方法，考虑到环境污染主要受环境规制、经济水平、人口密度、城市化率、道路交通、外商直接投资、森林覆盖率和降雨量等因素的影响，参考 Jiang 人（2018）的实证步骤，构建了计量模型（1）：

$$PM2.5_{it} = \beta_1 CCR_{it} + \beta_2 control_{it} + \mu_i + \varepsilon_i \qquad (1)$$

其中，本方程的被解释变量是雾霾污染水平，选用 PM2.5 的数值作为雾霾污染水平的替代变量。本方程的核心解释变量是命令控制型环境规制（CCR）。本研究控制了一系列既可能影响环境规制，又可能影响雾霾污染水平的变量，具体用 $Control_{it}$ 来衡量。此外，（$\mu_i + \varepsilon_{it}$）是符合扰动项。具体相关解释如下文所示。

一　被解释变量的梳理

本研究的被解释变量是雾霾污染水平，选用 PM2.5 的数值作为雾霾污染水平的替代变量，具体同第三章一致，于此不多加赘述。

二　核心解释变量的界定

本研究的核心解释变量是命令控制型环境规制工具，即 CCR。目前，尚没有明确、统一的衡量环境规制的指标。当前主要研究中运用了以下几种类型的指标。第一类常见方法是使用环保法律法规的数量或者环保机构的人员数量作为衡量指标[③]，其数量越大，说明政府命令控制型环境规制的力度越大。Zhang 等人以使用环境行政处罚案件的数量来表征 CCR[④]，可以被视为运用此类衡量标准的例证。第二类常见方法是利用各种污染物的合

① Grossman G M, Krueger A B,Economic Growth and the Environment,*The Quarterly Journal of Economics*, 1995, pp.353-377.

② Copeland B R, Taylor M S,Trade, growth, and the environment, *Journal of Economic Literature*, 2004,pp.7-71.

③ Zheng D, Shi M,Multiple environmental policies and pollution haven hypothesis: evidence from China's polluting industries,*Journal of Cleaner Production*, 2017, pp. 295-304.

④ Zhang M, Liu X, Sun X, et al.,The influence of multiple environmental regulations on haze pollution: Evidence from China,*Atmospheric Pollution Research*, 2020, pp. 170-179.

格率或达标率来衡量环境规制。[1][2] 例如，Xiong& Wang 即以工业固体废物的综合利用率来衡量 CCR，并认为污染物的去除率不仅可以克服单一指标的缺点，而且可以准确反映环境规制的状况。[3] 然而，前两种衡量方式存在一些统计或测量的困境。[4] 还有一种常见的方式是采用政府或企业环保投入来作为 CCR 的代理变量[5][6]，这种方法的优点是，环保支出是描述政府环保意愿的最佳方式，也是影响环境治理效果的重要变量[7]。基于上述经验，本研究采用环境治理投资来衡量 CCR。

具体来说，首先，本研究选用了工业污染治理投资总额占工业增加的比重作为 CCR 的替代变量。具体的计算公式是：CCR1= 工业污染治理投资总额占工业增加的比重（%）。公示中的数据来自《中国环境年鉴》和《中国统计年鉴》，本研究结合以上数据进行了测算，用省级总人口数量进行平均，再取对数进行标准化处理。

其次，为了更好地验证模型的准确性和结果的有效性，本研究还选用了人均环境污染治理投资总额（CCR2）作为 CCR 的替代变量。这一数据同样来自历年的《中国环境年鉴》和《中国统计年鉴》，本研究也结合以上数据进行了测算，再取对数进行标准化处理。

---

① Ren S, Li X, Yuan B, et al.,The effects of three types of environmental regulation on eco-efficiency: A cross-region analysis in China, *Journal of Cleaner Production*, 2018, pp. 245-255.

② Yang J, Guo H, Liu B, et al.,Environmental regulation and the Pollution Haven Hypothesis: do environmental regulation measures matter?, *Journal of Cleaner Production*, 2018, pp. 993-1000.

③ Xiong B, Wang R,Effect of Environmental Regulation on Industrial Solid Waste Pollution in China: From the Perspective of Formal Environmental Regulation and Informal Environmental Regulation,*International Journal of Environmental Research and Public Health*, 2020,p.7798.

④ 关于这点，可参见何瑞文《中国环境规制抑制污染的有效性研究》，复旦大学博士学位论文，2020。其中各种测量方法的利弊有详细的阐释。

⑤ Lanoie P, Patry M, Lajeunesse R,Environmental regulation and productivity: testing the porter hypothesis, *Journal of Productivity Analysis*, 2008, pp.121-128.

⑥ Kneller R, Manderson E,Environmental regulations and innovation activity in UK manufacturing industries,*Resource and Energy Economics*, 2012, pp. 211-235.

⑦ López R, Galinato G I, Islam A, Fiscal spending and the environment: theory and empirics, *Journal of Environmental Economics and Management*, 2011, pp.180-198.

三　控制变量的确定

为了更好地验证模型的准确性和结果的有效性，本研究控制了一系列既可能影响环境规制，又可能影响雾霾污染水平的变量。此处的控制变量同第三章，于此不再赘述。

第三节　命令控制型环境规制对雾霾污染的实证检验

一　命令控制型环境规制对雾霾污染的散点分布

在正式实证研究之前，本研究首先考察了 CCR 与雾霾污染之间的关系。首先明确以下概念，本研究分别使用 CCR1（工业污染治理投资总额占工业增加的比重）和 CCR2（人均环境污染治理投资总额）作为 CCR 的替代变量，使用 PM2.5 作为雾霾污染的替代变量。CCR 与雾霾污染水平的散点分布见图 4—1 所示。

如图 4—1 所示，CCR1 与 PM2.5 数值呈现负相关关系，即工业污染治理投资总额占工业增加的比重越高，则各省份 PM2.5 的数值越小，这说明命令控制型环境规制对雾霾污染有显著的抑制作用。

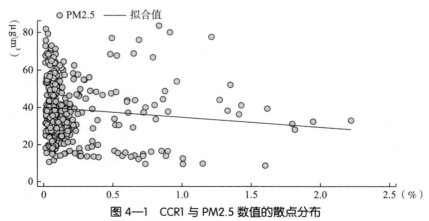

图 4—1　CCR1 与 PM2.5 数值的散点分布

资料来源：笔者自制。其他图均如此，不再标注。

如图 4—2 所示，CCR2 与 PM2.5 数值呈现负相关关系，即人均环境污染治理投资总额越高，则各省份 PM2.5 的数值越小，这说明命令控制型环境规制对雾霾污染有显著的抑制作用。

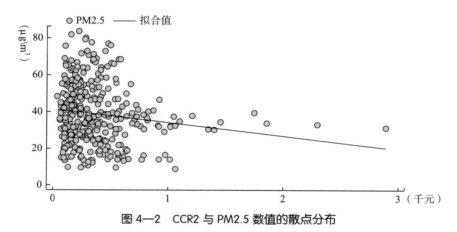

图 4—2 CCR2 与 PM2.5 数值的散点分布

二 命令控制型环境规制对雾霾污染的描述性统计

如表 4—1 所示，第一，样本的数量是 330 个；第二，被解释变量 PM2.5 的最小值是 8.73，最大值是 83.67，平均值是 38.81，标准差是 16.60；第三，核心解释变量 CCR1 的平均值是 0.37，最小值是 0.04，最大值是 2.89，核心解释变量 CCR2 的平均值是 575.2，最小值是 59.94，最大值是 3103；第四，不同控制变量之间数值的差异较大。由于单位选取的问题，原始数据的差异较大，因此，需要经过一定的标准化处理。

表 4—1 各变量描述性统计

变量	样本（个）	平均值	最小值	最大值	标准差
PM2.5	330	38.81	8.73	83.67	16.60
CCR1	330	0.370	0.04	2.89	0.330
CCR2	330	575.2	59.94	3103	458.0
EPI	330	1.030	0.0500	2.530	0.600
CO_2_1	330	287.0	21.70	842.2	186.8

变量	样本（个）	平均值	最小值	最大值	标准差
CO_2_2	330	30859	2045	94805	20962
FDI	330	0.0600	0	0.820	0.120
ln pGDP	330	10.51	8.970	11.77	0.550
rain	330	1011	57	22111	1321
forest	330	30.44	2.940	65.95	17.59
road	330	35.46	5.150	135.3	21.50
pop	330	453.7	7.670	3827	668.6
urban	330	54.12	28.24	89.60	13.46

资料来源：笔者自制。以下表格未标注来源的均为此。

三 基准回归和结果分析

本研究通过构建 2007~2017 年省级的独特数据库，通过实证分析检验了命令控制型环境规制对雾霾污染水平的影响。具体而言，本研究将解释变量设定为工业污染治理投资总额占工业增加的比重（CCR1），将被解释变量设定为 PM2.5 数值。本研究分别考察了 OLS、OLS 混合回归 [OLS$_{(2)}$]、面板数据的随机效应（RE）、面板数据的固定效应（FE）等方面，回归结果可见表 4—2。

第一，如表 4—2 第（1）列所示，在没有控制变量，并且考虑省级固定效应和时间效应的情况下，使用 OLS 回归，核心解释变量的回归系数为负，工业污染治理投资总额占工业增加的比重对 PM2.5 的产出弹性为 -7.434，且在 1% 的水平上显著，即工业污染治理投资总额占工业增加的比重每上升 1%，PM2.5 数值减少 7.434%。

第二，如表 4—2 第（2）列所示，在考虑控制变量，并且考虑省级固定效应和时间效应的情况下，使用 OLS 混合回归，核心解释变量的回归系数为负，工业污染治理投资总额占工业增加的比重对 PM2.5 的产出弹性为 -7.087，且在 1% 的水平上显著，即工业污染治理投资总额占工业增加的比重每上升 1%，PM2.5 数值减少 7.087%。由此可知，命令控制型环境规制水平越高的地区，其雾霾污染水平越低。

第三，如表4—2第（3）列所示，在考虑控制变量，并且考虑省级固定效应和时间效应的情况下，考虑面板数据的随机效应模型，核心解释变量的回归系数为负，工业污染治理投资总额占工业增加的比重对PM2.5的产出弹性为-3.08，且在5%的水平上显著，即工业污染治理投资总额占工业增加的比重每上升1%，PM2.5数值减少3.08%。由此可知，命令控制型环境规制水平越高的地区，其雾霾污染水平越低。

第四，如表4—2第（4）列所示，在考虑控制变量，并且考虑省级固定效应和时间效应的情况下，考虑面板数据的固定效应模型，核心解释变量的回归系数为负，工业污染治理投资总额占工业增加的比重对PM2.5的产出弹性为-2.906，且在5%的水平上显著，即工业污染治理投资总额占工业增加的比重每上升1%，PM2.5数值减少2.906%。由此可知，命令控制型环境规制水平越高的地区，其雾霾污染水平越低。

第五，如表4—2第（4）列所示，考察使用固定效应模型时的控制变量。人均GDP的系数是正，且在5%的水平上显著，这说明人均GDP水平越高的地区，其雾霾污染水平可能越严重，这可能与经济发达地区的工业或者重工业化程度高有关。人口密度的系数为负，且在1%的水平上显著，它的结果和随机效应模型的系数相反，有待进一步研究。城市化率的系数为负，且在1%的水平上显著，这说明城市化水平越高的地区，其雾霾污染水平可能越低。外商直接投资的系数为负，且在1%的水平上显著，这说明外商直接投资越高的地区，其雾霾污染水平可能越低。除此以外，降雨量、交通基础设施、森林覆盖率等控制变量的系数在10%的水平上不显著，这其中的具体原因仍然有待进一步探究。

表4—2　命令控制型环境规制对雾霾污染影响的基准回归

	（1）	（2）	（3）	（4）
	PM2.5			
	OLS	OLS（2）	RE	FE
CCR	-7.434***	-7.087***	-3.08**	-2.906**

续表

	（1）	（2）	（3）	（4）
	PM2.5			
	OLS	OLS（2）	RE	FE
	（2.769）	（1.797）	（1.243）	（1.241）
ln pGDP		5.560**	3.305	6.619**
		（2.289）	（2.152）	（2.561）
ln pop		17.79***	12.80***	-32.26***
		（1.084）	（2.367）	（11.01）
ln urban		-31.31***	-30.78***	-38.42***
		（5.939）	（7.380）	（9.103）
ln road		13.71***	3.644	-2.006
		（2.506）	（4.222）	（6.417）
FDI		-15.12***	-16.42***	-15.15***
		（4.768）	（2.701）	（2.642）
ln forest		-10.94***	-6.898***	-0.362
		（0.824）	（1.582）	（2.267）
ln rain		-2.407***	-1.115*	-0.846
		（0.898）	（0.669）	（0.662）
cons	41.59***	15.23	75.40***	312.7***
	（1.375）	（20.78）	（22.10）	（60.82）
省级固定	有	有	有	有
时间固定	有	有	有	有
N	330	330	330	330
R2	0.021	0.697	0.321	0.336

注：*、** 和 *** 分别表示在 10%、5% 和 1% 的水平上显著；括号内数据为稳健标准误。

第四节 命令控制型环境规制对雾霾污染水平影响的稳健性检验

尽管基准回归结果解释了 CCR 对雾霾污染水平的影响，然而，当替换被解释变量时，实证研究结果是否稳健呢？当替换核心解释变量时，实证研究结果是否仍然稳健呢？为解决上述问题，本研究从这两个角度验证研究的稳健性。

一 替换被解释变量的稳健性检验

（一）基于环境污染指数的回归分析

为验证实证结果的稳健性，本研究将被解释变量替换为环境污染指数（EPI），具体结果如表 4—3 所示。

本研究通过构建 2007~2017 年省级的独特数据库，使用实证分析检验了命令控制型环境管制对雾霾污染水平的影响。本研究分别考察了 OLS、OLS 混合回归、面板数据的随机效应、面板数据的固定效应等，回归结果可见表 4—3。

第一，如表 4—3 第（1）列所示，在没有控制变量，并且考虑省级固定效应和时间效应的情况下，使用 OLS 回归，核心解释变量的回归系数为负，工业污染治理投资总额占工业增加的比重对环境污染指数（EPI）的产出弹性为 -0.215，且在 1% 的水平上显著，即工业污染治理投资总额占工业增加的比重每上升 1%，环境污染指数数值减少 0.215%。由此可知，命令控制型环境规制水平越高的地区，其环境污染水平越低。

第二，如表 4—3 第（2）列所示，在考虑控制变量，并且考虑省级固定效应和时间效应的情况下，使用 OLS 混合回归，核心解释变量的回归系数为负，工业污染治理投资总额占工业增加的比重对环境污染指数的产出弹性为 -0.197，且在 1% 的水平上显著。由此可知，命令控制型环境规制水平越高的地区，其环境污染水平越低。

第三，如表 4—3 第（3）列所示，在考虑控制变量，并且考虑省级固定效应和时间效应的情况下，考虑面板数据的随机效应模型，核心解释变量的回归系数为负，工业污染治理投资总额占工业增加的比重对环境污染指数的产出弹性为 -0.0354，且在 5% 的水平上显著，即工业污染治理投资总额占工业增加的比重每上升 1%，环境污染指数数值减少 0.0354%。由此可知，命令控制型环境规制水平越高的地区，其环境污染水平越低。

第四，如表 4—3 第（4）列所示，在考虑控制变量，并且考虑省级固定效应和时间效应的情况下，考虑面板数据的固定效应模型，核心解释变量的回归系数为负，工业污染治理投资总额占工业增加的比重对环境污染指数（EPI）的产出弹性为 -0.0478，且在 10% 的水平上显著，即工业污染治理投资总额占工业增加的比重每上升 1%，环境污染指数数值减少 -0.0478%。由此可知，命令控制型环境规制水平越高的地区，其环境污染水平越低。

第五，如表 4—3 第（4）列所示，考察使用固定效应模型时的控制变量。人均 GDP 的系数为负，且在 10% 的水平上显著。其余控制变量的系数不显著，其中具体原因仍然有待进一步探究。

表 4—3　命令控制型环境规制对雾霾污染水平影响的稳健性检验（一）

	（1）	（2）	（3）	（4）
	EPI			
	OLS	OLS（2）	RE	FE
CCR	-0.215***	-0.197***	-0.0354**	-0.0478*
	（0.112）	（0.117）	（0.0554）	（0.0552）
ln pGDP		0.860***	-0.0177	-0.213*
		（0.150）	（0.111）	（0.128）
ln pop		0.210***	0.244*	1.171*
		（0.0692）	（0.126）	（0.496）
ln urban		-2.471***	-0.320	0.459
		（0.398）	（0.395）	（0.483）

续表

	（1）	（2）	（3）	（4）
	EPI			
	OLS	OLS（2）	RE	FE
ln road		0.165	0.309	0.249
		（0.163）	（0.221）	（0.306）
FDI		-0.219	0.213	0.495
		（2.546）	（1.799）	（1.805）
ln forest		-0.0348	0.0385	0.0105
		（0.0512）	（0.0744）	（0.0956）
ln rain		0.0154	-0.0178	-0.0157
		（0.0553）	（0.0271）	（0.0268）
cons	1.116***	0.185	0.0851	-5.719*
	（0.0566）	（1.321）	（1.151）	（2.915）
省级固定	有	有	有	有
时间固定	有	有	有	有
N	330	330	330	330
$R2$	0.013	0.229	0.068	0.067

注：*、** 和 *** 分别表示在 10%、5% 和 1% 的水平上显著；括号内数据为稳健标准误。

（二）基于二氧化碳浓度（CO_2_1）的回归分析

为验证实证结果的稳健性，本研究将被解释变量替换为二氧化碳浓度（CO_2_1），具体结果如表4—4所示。

第一，如表4—4第（1）列所示，在没有控制变量，并且考虑省级固定效应和时间效应的情况下，使用 OLS 回归，核心解释变量的回归系数为负，工业污染治理投资总额占工业增加的比重对二氧化碳浓度（CO_2_1）的产出弹性为 -0.392，且在 1% 的水平上显著，即工业污染治理投资总额占工业增加的比重每上升 1%，二氧化碳浓度（CO_2_1）数值减少 0.392%。由此可知，命令控制型环境规制水平越高的地区，其空气污染水平越低。

第二，如表 4—4 第（2）列所示，在考虑控制变量，并且考虑省级固定效应和时间效应的情况下，使用 OLS 混合回归，核心解释变量的回归系数为负，工业污染治理投资总额占工业增加的比重对二氧化碳浓度（CO_2_1）的产出弹性为 -0.257，且在 1% 的水平上显著。由此可知，命令控制型环境规制水平越高的地区，其空气污染水平越低。

第三，如表 4—4 第（3）列所示，在考虑控制变量，并且考虑省级固定效应和时间效应的情况下，考虑面板数据的随机效应模型，核心解释变量的回归系数为负，工业污染治理投资总额占工业增加的比重对二氧化碳浓度（CO_2_1）产出弹性为 -0.0387，且在 1% 的水平上显著，即工业污染治理投资总额占工业增加的比重每上升 1%，二氧化碳浓度（CO_2_1）数值减少 0.0387%。由此可知，命令控制型环境规制水平越高的地区，其空气污染水平越低。

第四，如表 4—4 第（4）列所示，在考虑控制变量，并且考虑省级固定效应和时间效应的情况下，考虑面板数据的固定效应模型，核心解释变量的回归系数为负，工业污染治理投资总额占工业增加的比重对二氧化碳浓度（CO_2_1）的产出弹性为 -0.0719，且在 5% 的水平上显著，即工业污染治理投资总额占工业增加的比重每上升 1%，二氧化碳浓度（CO_2_1）数值减少 0.0719%。由此可知，命令控制型环境规制水平越高的地区，其空气污染水平越低。

第五，如表 4—4 第（4）列所示，考察使用固定效应模型时的控制变量。人均 GDP 的系数为正，且在 1% 的水平上显著，降雨量的系数为负，且在 10% 的水平上显著，交通基础设施的系数为正，且在 1% 的水平上显著。其余控制变量的系数不显著，这其中的具体原因依然有待进一步探究。

表 4—4 命令控制型环境规制对雾霾污染水平影响的稳健性检验（二）

	（1）	（2）	（3）	（4）
	CO_2_1			
	OLS	OLS（2）	RE	FE
CCR	-0.392***	-0.257***	-0.0387***	-0.0719**
	（0.139）	（0.136）	（0.0260）	（0.0259）
ln pGDP		1.278***	0.406***	0.420***
		（0.174）	（0.0548）	（0.0603）
ln pop		0.355***	0.334***	0.133
		（0.0801）	（0.108）	（0.233）
ln urban		-2.788***	-0.445**	-0.434*
		（0.461）	（0.209）	（0.227）
ln road		0.288	0.560***	0.513***
		（0.189）	（0.134）	（0.144）
FDI		-3.517	-0.440	-0.472
		（2.948）	（0.848）	（0.848）
ln forest		0.0269	0.00405	0.0149
		（0.0593）	（0.0417）	（0.0449）
ln rain		-0.111*	-0.0178	-0.0177
		（0.0640）	（0.0127）	（0.0126）
cons	5.575***	1.005	-0.657	0.376
	（0.0699）	（1.529）	（0.736）	（1.369）
省级固定	有	有	有	有
时间固定	有	有	有	有
N	330	330	330	330
R2	0.026	0.325	0.711	0.739

注：*、** 和 *** 分别表示在 10%、5% 和 1% 的水平上显著；括号内数据为稳健标准误。

185

（三）基于二氧化碳浓度（CO_2_2）的回归分析

为验证实证结果的稳健性，本研究再次将被解释变量替换为二氧化碳浓度（CO_2_2），具体结果如表4—5所示。

第一，如表4—5第（1）列所示，在没有控制变量，并且考虑省级固定效应和时间效应的情况下，使用OLS回归，核心解释变量的回归系数为负，工业污染治理投资总额占工业增加的比重对二氧化碳浓度（CO_2_2）的产出弹性为-0.392，且在1%的水平上显著，即工业污染治理投资总额占工业增加的比重每上升1%，二氧化碳浓度（CO_2_2）数值减少0.392%。由此可知，命令控制型环境规制水平越高的地区，其空气污染水平越低。

第二，如表4—5第（2）列所示，在考虑控制变量，并且考虑省级固定效应和时间效应的情况下，使用OLS混合回归，核心解释变量的回归系数为负，工业污染治理投资总额占工业增加的比重对二氧化碳浓度（CO_2_2）的产出弹性为-0.257，但是在1%的水平上显著。由此可知，命令控制型环境规制水平越高的地区，其空气污染水平越低。

第三，如表4—5第（3）列所示，在考虑控制变量，并且考虑省级固定效应和时间效应的情况下，考虑面板数据的随机效应模型，核心解释变量的回归系数为负，工业污染治理投资总额占工业增加的比重对二氧化碳浓度（CO_2_2）产出弹性为-0.0387，且在1%的水平上显著，即工业污染治理投资总额占工业增加的比重每上升1%，二氧化碳浓度（CO_2_2）数值减少0.0387%。由此可知，命令控制型环境规制水平越高的地区，其空气污染水平越低。

第四，如表4—5第（4）列所示，在考虑控制变量，并且考虑省级固定效应和时间效应的情况下，考虑面板数据的固定效应模型，核心解释变量的回归系数为负，工业污染治理投资总额占工业增加的比重对二氧化碳浓度（CO_2_2）的产出弹性为-0.0719，且在10%的水平上显著，即工业污染治理投资总额占工业增加的比重每上升1%，二氧化碳浓度（CO_2_2）数值减少0.0719%。由此可知，命令控制型环境规制水平越高的地区，其空气污染水平越低。

第五，如表4—5第（4）列所示，考察使用固定效应模型时的控制变量。人均 GDP 的系数为正，且在 1% 的水平上显著，城市化率的系数是为负，且在 10% 的水平上显著，交通基础设施的系数为正，且在 1% 的水平上显著。其余控制变量的系数不显著，这一现象的具体原因仍然有待进一步探究。

表 4—5 命令控制型环境规制对雾霾污染水平影响的稳健性检验（三）

	（1）	（2）	（3）	（4）
	CO_2_2			
	OLS	OLS（2）	RE	FE
CCR	-0.392***	-0.257***	-0.0387***	-0.0719*
	（0.139）	（0.136）	（0.0260）	（0.0459）
ln pGDP		1.278***	0.406***	0.420***
		（0.174）	（0.0548）	（0.0603）
ln pop		0.355***	0.334***	0.133
		（0.0801）	（0.108）	（0.233）
ln urban		-2.788***	-0.445**	-0.434*
		（0.461）	（0.209）	（0.227）
ln road		0.288	0.560***	0.513***
		（0.189）	（0.134）	（0.144）
FDI		-3.517	-0.440	-0.472
		（2.948）	（0.848）	（0.848）
ln forest		0.0269	0.00405	0.0149
		（0.0593）	（0.0417）	（0.0449）
ln rain		-0.111*	-0.0178	-0.0177
		（0.0640）	（0.0127）	（0.0126）
cons	5.575***	1.005	-0.657	0.376
	（0.0699）	（1.529）	（0.736）	（1.369）

187

	（1）	（2）	（3）	（4）
	CO_2_2			
	OLS	OLS（2）	RE	FE
省级固定	有	有	有	有
时间固定	有	有	有	有
N	330	330	330	330
$R2$	0.026	0.325	0.711	0.739

注：*、** 和 *** 分别表示在 10%、5% 和 1% 的水平上显著；括号内数据为稳健标准误。

二 替换核心解释变量的稳健性检验

为验证实证结果的稳健性，本研究将核心解释变量替换为人均环境污染治理投资总额（CCR2），具体结果如表4—6所示。

第一，如表4—6第（1）列所示，在没有控制变量，并且考虑省级固定效应和时间效应的情况下，使用 OLS 回归，核心解释变量的回归系数为负，人均环境污染治理投资总额对 PM2.5 的产出弹性为 -5.386，且在 5% 的水平上显著，即人均环境污染治理投资总额每上升 1%，PM2.5 数值减少 5.386%。由此可知，命令控制型环境规制水平越高的地区，其雾霾污染水平越低。

第二，如表4—6第（2）列所示，在考虑控制变量，并且考虑省级固定效应和时间效应的情况下，使用 OLS 混合回归，核心解释变量的回归系数为负，人均环境污染治理投资总额对 PM2.5 的产出弹性为 -0.982，且在 5% 的水平上显著。由此可知，命令控制型环境规制水平越高的地区，其雾霾污染水平越低。

第三，如表4—6第（3）列所示，在考虑控制变量，并且考虑省级固定效应和时间效应的情况下，考虑面板数据的随机效应模型，核心解释变量的回归系数为正，人均环境污染治理投资总额对 PM2.5 的产出弹性为 1.991，且在 5% 的水平上显著。由此可知，命令控制型环境规制水平越高的地区，其雾霾污染水平越低。

第四，如表4—6第（4）列所示，在考虑控制变量，并且考虑省级固定效应和时间效应的情况下，考虑面板数据的固定效应模型，核心解释变量的回归系数为正，人均环境污染治理投资总额对PM2.5的产出弹性为4.82，且在10%的水平上显著。由此可知，命令控制型环境规制水平越高的地区，其雾霾污染水平越低。

第五，如表4—6第（4）列所示，考察使用固定效应模型时的控制变量。人口密度和城市化率的系数为负且在1%的水平上显著，对外直接投资的系数为负，且在1%的水平上显著。其余控制变量的系数不显著，这里面的具体原因还有待进一步探究。

表4—6　命令控制型环境规制对雾霾污染水平影响的稳健性检验（四）

	（1）	（2）	（3）	（4）
	PM2.5			
	OLS	OLS（2）	RE	FE
CCR	-5.386**	-0.982**	1.991**	4.820*
	（2.617）	（1.942）	（1.859）	（2.035）
ln pGDP		6.369***	2.800	6.826***
		（2.338）	（2.206）	（2.561）
ln pop		17.71***	12.20***	-42.30***
		（1.123）	（2.417）	（11.59）
ln urban		-30.49***	-28.26***	-32.4***
		（6.211）	（7.408）	（8.936）
ln road		13.37***	2.114	-9.792
		（2.563）	（4.287）	（6.545）
FDI		-14.56***	-16.40***	-14.86***
		（4.882）	（2.718）	（2.648）
ln forest		-10.42***	-6.348***	-0.643

续表

	（1）	（2）	（3）	（4）
	PM2.5			
	OLS	OLS（2）	RE	FE
		（0.845）	（1.604）	（2.271）
ln rain		-1.716*	-1.058	-0.892
		（0.919）	（0.673）	（0.662）
cons	40.14***	-3.584	75.51***	366.8***
	（1.114）	（21.00）	（22.62）	（65.08）
省级固定	有	有	有	有
时间固定	有	有	有	有
N	330	330	330	330
R2	0.220	0.726	0.287	0.327

注：*、** 和 *** 分别表示在 10%、5% 和 1% 的水平上显著；括号内数据为稳健标准误。

第五节　异质性拓展分析：分样本回归

为了进一步确保结果的稳健性，本研究通过异质性拓展分析，将全样本划分为不同的分样本，进行了如下回归。

一　基于经济地理区域的回归分析

为验证实证结果的稳健性，本研究按照中国四大经济地理区域，将全样本划分为东部、中部、西部和东北四个地区。具体结果如表4—7所示。

第一，如表4—7第（1）列所示，在考虑控制变量，并且考虑省级固定效应和时间效应的情况下，使用面板数据的固定效应模型，核心解释变量的回归系数为负，东部省份的工业污染治理投资总额占工业增加的比重对 PM2.5 的产出弹性为 -0.12，且在 5% 的水平上显著，即工业污染治理投资总额占工业增加的比重每上升 1%，PM2.5 数值减少 0.12%。由此可知，命令控制型环境规制水平越高的地区，其雾霾污染水平越低。

第二，如表4—7第（2）列所示，在考虑控制变量，并且考虑省级固定效应和时间效应的情况下，使用面板数据的固定效应模型，核心解释变量的回归系数为负，中部省份的工业污染治理投资总额占工业增加的比重对PM2.5的产出弹性为-18.14，且在1%的水平上显著。由此可知，命令控制型环境规制水平越高的地区，其雾霾污染水平越低。

第三，如表4—7第（3）列所示，在考虑控制变量，并且考虑省级固定效应和时间效应的情况下，使用面板数据的固定效应模型，核心解释变量的回归系数为负，西部省份的工业污染治理投资总额占工业增加的比重对PM2.5的产出弹性为-0.141，但是在10%的水平上不显著。一个可能的解释是，西部省份地广人稀，制造业较少，故环境质量相对较高，也就是说西部的PM2.5数值本身就较小，因而敏感性较差。

第四，如表4—7第（4）列所示在考虑控制变量，并且考虑省级固定效应和时间效应的情况下，使用面板数据的固定效应模型，核心解释变量的回归系数为正，东北省份工业污染治理投资总额占工业增加的比重对PM2.5的产出弹性为4.235，但是在10%的水平上不显著。

表4—7　命令控制型环境规制对雾霾污染水平影响的稳健性检验（五）

	（1）	（2）	（3）	（4）
	PM2.5			
	东部	中部	西部	东北
CCR	-0.120**	-18.14***	-0.141	4.235
	（3.325）	（5.551）	（1.316）	（5.412）
ln pGDP	-4.791	22.70*	6.128	4.352
	（5.256）	（12.87）	（4.544）	（4.364）
ln pop	-1.002	-36.45	-75.61***	8.151
	（16.77）	（57.86）	（21.17）	（83.84）
ln urban	15.00	-88.01*	-31.67*	-73.05

续表

	（1）	（2）	（3）	（4）
	PM2.5			
	东部	中部	西部	东北
	（18.66）	（44.27）	（16.01）	（42.94）
ln road	-14.07	-36.76	-8.211	18.76
	（12.67）	（23.96）	（8.695）	（26.82）
FDI	-19.73***	-20.51*	-9.858**	-13.75**
	（4.296）	（12.18）	（3.939）	（5.315）
ln forest	-2.368	-6.139	8.886**	60.22**
	（2.662）	（13.20）	（4.410）	（28.36）
ln rain	-2.731	-1.251	0.417	-2.955**
	（2.343）	（1.766）	（0.739）	（1.151）
cons	109.3	534.3*	420.9***	-31.38
	（115.7）	（306.7）	（87.76）	（398.2）
省级固定	有	有	有	有
时间固定	有	有	有	有
N	110	66	121	33
R2	0.429	0.523	0.432	0.612

注：*、** 和 *** 分别表示在 10%、5% 和 1% 的水平上显著；括号内数据为稳健标准误。

二 基于南北方的回归分析

按照传统的划分方法，北方地区包括黑龙江、吉林、辽宁、内蒙古、新疆、青海、陕西、山西、宁夏、河北、河南、山东、北京、天津、甘肃等省份；南方地区包括江苏（南部）、安徽（南部）、湖北、湖南、重庆、四川、西藏、贵州、云南、广西、广东、浙江、上海、福建、江西、海南等省份。本章的研究对象不包括台湾、香港和澳门等地区。

为验证实证结果的稳健性，本研究按照上述分类方法将全样本划分为北方和南方。具体结果如表4—8所示。

第一，如表4—8第（1）列所示，在考虑控制变量，并且考虑省级固定效应和时间效应的情况下，使用面板数据的随机效应模型，核心解释变量的回归系数为负，北方省份的工业污染治理投资总额占工业增加的比重对PM2.5的产出弹性为 -2.784，且在10%的水平上显著，即工业污染治理投资总额占工业增加的比重每上升1%，PM2.5数值减少2.784%。由此可知，命令控制型环境规制水平越高的地区，其雾霾污染水平越低。

第二，如表4—8第（2）列所示，在考虑控制变量，并且考虑省级固定效应和时间效应的情况下，使用面板数据的随机效应模型，核心解释变量的回归系数为负，南方省份的工业污染治理投资总额占工业增加的比重对PM2.5的产出弹性为 -4.863，且在5%的水平上显著。由此可知，命令控制型环境规制水平越高的地区，其雾霾污染水平越低。

第三，如表4—8第（3）列所示，在考虑控制变量，并且考虑省级固定效应和时间效应的情况下，使用面板数据的固定效应模型，核心解释变量的回归系数为负，北方省份的工业污染治理投资总额占工业增加的比重对PM2.5的产出弹性为 -2.721，且在5%的水平上显著，即工业污染治理投资总额占工业增加的比重每上升1%，PM2.5数值减少2.721%。由此可知，命令控制型环境规制水平越高的地区，其雾霾污染水平越低。

第四，如表4—8第（4）列所示在考虑控制变量，并且考虑省级固定效应和时间效应的情况下，使用面板数据的固定效应模型，核心解释变量的回归系数为负，南方省份的工业污染治理投资总额占工业增加的比重对PM2.5的产出弹性为 -3.526，但是在10%的水平上不显著。一个可能的原因是，南方省份的空气质量普遍较好，因此PM2.5绝对数值不是很高，检验的灵敏度也就显得较差。

表4—8 命令控制型环境规制对雾霾污染水平影响的稳健性检验（六）

	（1）	（2）	（3）	（4）
	PM2.5			
	RE		FE	
	北方	南方	北方	南方
CCR	-2.784*	-4.863**	-2.721**	-3.526
	（1.485）	（2.351）	（1.533）	（2.138）
ln pGDP	10.28***	-6.533*	11.29***	4.773
	（2.701）	（3.548）	（3.352）	（3.920）
ln pop	14.28***	14.74***	-26.28*	-95.10***
	（2.491）	（4.952）	（14.59）	（18.12）
ln urban	-38.99***	-8.416	-53.96***	-27.24**
	（8.683）	（11.75）	（13.10）	（13.23）
ln road	1.402	8.539	2.881	-7.295
	（5.348）	（6.011）	（9.855）	（7.454）
FDI	-13.00***	-21.97***	-11.49***	-19.68***
	（3.685）	（3.843）	（3.647）	（3.482）
ln forest	-11.48***	-3.463	2.599	1.252
	（1.955）	（2.157）	（4.975）	（2.208）
ln rain	-1.708	0.550	-1.677	0.592
	（1.063）	（0.798）	（1.082）	（0.716）
cons	53.63*	37.50	260.1***	674.3***
	（32.22）	（38.74）	（75.06）	（109.4）
省级固定	有	有	有	有
时间固定	有	有	有	有
N	165	165	165	165
R2	0.231	0.478	0.273	0.580

注：*、** 和 *** 分别表示在10%、5% 和1% 的水平上显著；括号内数据为稳健标准误。

194

三　基于行政级别的回归分析

一些文献认为，直辖市拥有较高的政策支持和行政资源，这使得直辖市在环境保护等方面有优势。因此，为验证实证结果的稳健性，该部分删除了北京、天津、上海、重庆四个直辖市再进行检验。

第一，如表4—9第（1）列所示，在没有控制变量，并且考虑省级固定效应和时间效应的情况下，使用OLS回归，核心解释变量的回归系数为负，工业污染治理投资总额占工业增加的比重对PM2.5的产出弹性为-5.909，且在5%的水平上显著，即环保支出占财政支出的比重每上升1%，PM2.5数值减少5.909%。由此可知，命令控制型环境规制水平越高的地区，其雾霾污染水平越低。

第二，如表4—9第（2）列所示，在考虑控制变量，并且考虑省级固定效应和时间效应的情况下，使用OLS混合回归，核心解释变量的回归系数为负，工业污染治理投资总额占工业增加的比重对PM2.5的产出弹性为-6.757，且在1%的水平上显著，即工业污染治理投资总额占工业增加的比重每上升1%，PM2.5数值减少6.757%。由此可知，命令控制型环境规制水平越高的地区，其雾霾污染水平越低。

第三，如表4—9第（3）列所示，在考虑控制变量，并且考虑省级固定效应和时间效应的情况下，考虑面板数据的随机效应模型，核心解释变量的回归系数为负，工业污染治理投资总额占工业增加的比重对PM2.5的产出弹性为-2.997，且在5%的水平上显著，即工业污染治理投资总额占工业增加的比重每上升1%，PM2.5数值减少2.997%。由此可知，命令控制型环境规制水平越高的地区，其雾霾污染水平越低。

第四，如表4—9第（4）列所示，在考虑控制变量，并且考虑省级固定效应和时间效应的情况下，考虑面板数据的固定效应模型，核心解释变量的回归系数为负，工业污染治理投资总额占工业增加的比重对PM2.5的产出弹性为-2.464，且在5%的水平上显著，即工业污染治理投资总额占工业增加的比重每上升1%，PM2.5数值减少2.464%。由此可知，命令控制型环境规制水平越高的地区，其雾霾污染水平越低。

第五，考察使用固定效应模型时的控制变量，人均 GDP 的系数是正，且在 1% 的水平上显著，这说明人均 GDP 水平越高的地区，其雾霾污染水平可能越严重，这可能与经济发达地区的工业或者重工业化程度高有关。人口密度的系数是为负，且在 1% 的水平上显著。城市化率的系数为负，且在 1% 的水平上显著，这说明城市化水平越高的地区，其雾霾污染水平可能越低。外商直接投资的系数为负，且在 1% 的水平上显著，这说明外商直接投资越高的地区，其雾霾污染水平可能越低。森林覆盖率的系数为正，且在 1% 的水平上显著。降雨量的系数为负，且在 10% 的水平上显著。此外，交通基础设施等控制变量的系数在 10% 的水平上不显著，这其中的具体原因尚须进一步探究。

表 4—9　命令控制型环境规制对雾霾污染水平影响的稳健性检验（七）

	（1）	（2）	（3）	（4）
	PM2.5			
	OLS	OLS（2）	RE	FE
CCR	-5.909**	-6.757***	-2.997**	-2.464**
	（2.769）	（1.633）	（1.201）	（1.161）
ln pGDP		6.588***	7.892***	9.106***
		（2.323）	（2.390）	（2.439）
ln pop		16.55***	11.43***	-48.80***
		（1.112）	（2.441）	（15.79）
ln urban		-30.90***	-45.58***	-52.58***
		（6.244）	（8.348）	（9.190）
ln road		7.224**	-0.107	-2.892
		（2.883）	（5.013）	（6.134）
FDI		-17.43***	-14.45***	-13.12***
		（4.511）	（2.697）	（2.566）
ln forest		-13.04***	-4.780**	8.505***
		（0.875）	（2.077）	（3.229）

续表

	（1）	（2）	（3）	（4）
	PM2.5			
	OLS	OLS（2）	RE	FE
ln rain		-1.080	-1.586**	-1.250*
		（0.867）	（0.682）	（0.654）
cons	39.00***	30.34	101.5***	393.3***
	（1.441）	（20.14）	（23.04）	（76.32）
省级固定	有	有	有	有
时间固定	有	有	有	有
N	286	286	286	286
R2	0.065	0.745	0.298	0.394

注：*、** 和 *** 分别表示在 10%、5% 和 1% 的水平上显著；括号内数据为稳健标准误。

四 基于到沿海距离的回归分析

一些文献认为，沿海省份靠近大海，易受季风等气象因素的影响，故沿海省份在环境保护尤其是空气污染防治方面具有优势。因此，为验证实证结果的稳健性，该部分删除了沿海省份，具体而言就是在研究中不考虑辽宁、河北、天津、山东、江苏、上海、浙江、福建、广东、广西、海南等省份。

第一，如表 4—10 第（1）列所示，在考虑控制变量，并且考虑省级固定效应和时间效应的情况下，使用面板数据的固定效应模型，核心解释变量的回归系数为负，工业污染治理投资总额占工业增加的比重对 PM2.5 的产出弹性为 -6.494，且在 5% 的水平上显著，即工业污染治理投资总额占工业增加的比重每上升 1%，PM2.5 数值减少 6.494%。由此可知，命令控制型环境规制水平越高的地区，其雾霾污染水平越低。

第二，如表 4—10 第（2）列所示，在考虑控制变量，并且考虑省级固定效应和时间效应的情况下，使用面板数据的固定效应模型，核心解释变量的回归系数为负，工业污染治理投资总额占工业增加的比重对 PM2.5 的产出弹性为 -5.942，且在 1% 的水平上显著，即工业污染治理投资总额占工业增加的比重每上升 1%，PM2.5 数值减少 5.942%。由此可知，命令控制型环境规制水平越高的地区，其雾霾污染水平越低。

第三，如表 4—10 第（3）列所示，在考虑控制变量，并且考虑省级固定效应和时间效应的情况下，使用面板数据的固定效应模型，核心解释变量的回归系数为负，工业污染治理投资总额占工业增加的比重对 PM2.5 的产出弹性为 -3.095，且在 5% 的水平上显著，即工业污染治理投资总额占工业增加的比重每上升 1%，PM2.5 数值减少 3.095%。由此可知，命令控制型环境规制水平越高的地区，其雾霾污染水平越低。

第四，如表 4—10 第（4）列所示，考察使用固定效应模型时的控制变量。人均 GDP 的系数是正，且在 1% 的水平上显著，这说明人均 GDP 水平越高的地区，其雾霾污染水平可能越严重，这可能与经济发达地区的居民生活习惯或者重工业化程度高有关。人口密度的系数是为负，且在 1% 的水平上显著。城市化率的系数为负，且在 1% 的水平上显著，这说明城市化水平越高的地区，其雾霾污染水平可能越低。外商直接投资的系数为负，且在 1% 的水平上显著，这说明外商直接投资越高的地区，其雾霾污染水平可能越低。此外，交通基础设施、降雨量和森林覆盖率等控制变量的系数在 10% 的水平上不显著，这里面的具体原因仍然有待进一步探究。

表 4—10　命令控制型环境规制对雾霾污染水平影响的稳健性检验（八）

	（1）	（2）	（3）	（4）
	PM2.5			
	OLS	OLS（2）	RE	FE
CCR	-6.494**	-5.942***	-3.095**	-2.691*
	（2.870）	（1.756）	（1.431）	（1.420）
ln pGDP		5.465**	7.441***	10.57***
		（2.644）	（2.809）	（3.209）
ln pop		17.37***	12.84***	-46.60***

续表

	（1）	（2）	（3）	（4）
		PM2.5		
	OLS	OLS（2）	RE	FE
		（1.221）	（2.623）	（17.66）
ln urban		-21.68***	-38.65***	-52.76***
		（6.619）	（9.159）	（11.29）
ln road		9.209***	0.126	-7.852
		（3.047）	（5.184）	（7.954）
FDI		-21.02***	-18.41***	-14.37***
		（6.318）	（4.218）	（4.147）
ln forest		-14.74***	-8.072***	6.681
		（1.138）	（2.526）	（4.369）
ln rain		2.232**	-0.369	-0.343
		（0.966）	（0.736）	（0.720）
cons	39.10***	-20.71	75.26***	374.6***
	（1.636）	（22.82）	（26.20）	（87.87）
省级固定	有	有	有	有
时间固定	有	有	有	有
N	209	209	209	209
R2	0.105	0.742	0.254	0.352

注：*、** 和 *** 分别表示在 10%、5% 和 1% 的水平上显著；括号内数据为稳健标准误。

第六节　内生性讨论

尽管以上实证分析解释了环境规制对雾霾污染水平的影响，但是上述结果可能会受到遗漏变量、测量误差和逆向因果等问题所导致内生性估计偏差的影响。为更好地解决内生性偏差的影响，本研究选择带有工具变量的两阶段最小二乘法（2SLS）进行估计，希望获得稳健的研究结果。

大量的文献已经证实，环境规制的环境效应可能并不会立竿见影，而是存在一定的时滞性（Horváthová，2012；Xie et al.，2017）。因此，本研究在模型中加入其滞后一期项，以捕捉可能存在的滞后效应，这种做法有助于避免内生性问题（Zheng & Shi，2017）。

对于面板数据，通常使用内生解释变量的滞后期变量作为工具变量。这一变量与内生解释变量相关，与当期扰动项无关。为了充分验证工具变量的有效性，本研究对工具变量的强弱进行相关的检验。结果显示，KP Wald F 的 P 值为 0，小于相关工具变量一阶段 P=0.1 的经验值，因而拒绝弱工具变量的假设。限于篇幅，本研究没有汇报如上的结果。

两阶段回归方程设定如下：

$$第一阶段 \ \widehat{CCR}_{it} = \beta_1 L.\widehat{CCR}_{it} + \beta_2 Control_{it} + \varepsilon_{it} \tag{1}$$

$$第二阶段 \ PM_{2.5it} = a_1 \widehat{CCR}_{it} + Control_{it} + \varepsilon_{it} \tag{2}$$

其中，方程（1）为第一阶段回归。这里被解释变量 $\widehat{CCR}_{it}$ 是第 i 个省份在 t 年的环境管制，工具变量为 $L.\widehat{CCR}_{it}$，是命令控制型环境管制的滞后一期，这里的系数反映了命令控制型环境规制对环境管制的影响。预期估计系数显著大于 0，这说明命令控制型环境规制滞后一期与环境管制具有相关性。方程（2）是第二阶段回归，此时的解释变量是 $\widehat{CCR}_{it}$ 通过第一阶段回归方程的得到的估计值，预期估计系数显著小于 0。两阶段回归结果如表4—11所示。

表4—11给出了工业污染治理投资总额占工业增加的比重对PM2.5数值影响的两阶段回归结果。在考虑控制变量、省级固定、时间固定等情况下，本研究分别考察了面板数据的固定效应和随机效应。

第一，如表4—11第（1）列所示，在随机效应的模型中，作为工具变量的命令控制型环境规制滞后一期与内生变量之间存在显著的正向关系，两者的弹性系数是 0.351，且在 1% 的水平上显著，即命令控制型环境规制滞后一期每增加 1%，工业污染治理投资总额占工业增加的比重将增加

0.351%。

第二，如表4—11第（2）列所示，在固定效应的模型中，作为工具变量的命令控制型环境规制滞后一期与内生变量之间存在显著的正向关系，两者的弹性系数是0.462，且在5%的水平上显著，即命令控制型环境规制滞后一期每增加1%，工业污染治理投资总额占工业增加的比重增加0.462%。

第三，如表4—11第（3）列所示，在随机效应的模型中，利用工具变量纠正了遗漏变量问题后，命令控制型环境规制对PM2.5影响的系数仍然为负，且在1%的水平上显著，进一步证明了命令控制型环境规制对污染雾霾水平的反向作用，工业污染治理投资总额占工业增加的比重每增加1%，PM2.5数值减少1.503%。

第四，如表4—11第（4）列所示，在固定效应的模型中，利用工具变量纠正了遗漏变量问题后，工业污染治理投资总额占工业增加的比重对PM2.5影响的系数仍然为负，且在1%的水平上显著，进一步证明了命令控制型环境规制对污染雾霾水平的反向作用，工业污染治理投资总额占工业增加的比重每增加1%，PM2.5数值减少2.451%。

表4—11　命令控制型环境规制对雾霾污染水平影响内生性讨论

	（1）	（2）	（3）	（4）
	CCR		PM2.5	
	RE	FE	RE	FE
CCR_lag	0.351***	0.462**		
	（0.048）	（0.055）		
			-1.503***	-2.451***
			（0.967）	（1.22）
控制变量	有	有	有	有
常数项	有	有	有	有
省级固定	有	有	有	有

	（1）	（2）	（3）	（4）
	CCR		PM2.5	
	RE	FE	RE	FE
时间固定	有	有	有	有
N	300	300	300	300
$R2$	0.253	0.481	0.32	0.362

注：*、** 和 *** 分别表示在 10%、5% 和 1% 的水平上显著；括号内数据为稳健标准误。其中，控制变量包括 GDP、人口密度、城市化率、交通基础设施、降雨量、森林覆盖率、对外直接投资等。

第七节　结论与讨论

由于命令控制型环境规制（CCR）抑制雾霾污染的有效性在目前的学界仍未形成共识，因此，本章主要旨在为此提供经验证据。在文献梳理的基础上，本研究基于中国 2007~2017 年的省级数据，试图探讨环境规制能否降低雾霾污染。本研究采用 PM2.5 浓度作为雾霾污染的代理变量，选取了人均工业污染治理投资总额占工业增加的比重作为 CCR 的替代变量，并对经济水平、人口密度、城市化率、道路交通、外商直接投资、森林覆盖率和降雨量等因素进行了必要的控制。通过分别考察 OLS、OLS 混合回归、面板数据的随机效应模型、面板数据的固定效应模型等手段，本研究得到了一些有意义的发现。

第一，命令控制型环境规制与雾霾污染之间存在显著的负相关关系。由此可得到最终结论，即命令控制型环境规制水平越高的地区，其雾霾污染水平越低。总体而言，环境规制水平每上升 1%，PM2.5 浓度至少相应减少 2.9% 以上，并且至少在 5% 的水平上显著。而且，这种显著性在替换被解释变量、替换核心解释变量以及稳健性检验的情况下仍然在大体上成立。当然，当采用工业污染治理投资总额占工业增加的比重作为 CCR 的替代变量时，结论的稳定性受到挑战。一个可能的解释是，不同省份人口差异较大，如果忽略这一重要因素，很可能对结果造成冲击。但至少可以在大体上说，命令控制型环境规制在中国对于抑制雾霾污染是有较强效果的，即命令控制型环境规制有助于帮助实现经济增长与环境保护的双赢，这一发现与之前的一些文献相互印证。[1][2] 如果想要进一步遏制雾霾污染，必须进一步提高环境规制强度。就本研究而言，也就是要进一步提高人均工业污染治理投资总额占工业增加的比重。

第二，区域异质性检验表明，命令控制型环境规制抑制雾霾污染有效性存在强烈的区域异质性。首先，本研究按照中国四大经济地理区域，将全样本划分为东部、中部、西部和东北四个地区进行检验。结果表明，在东部地区和中部地区，命令控制型环境规制与雾霾污染存在显著的负相关。而在西部地区和东北地区，其显著性就消失了。其次，本研究按照将全样本划分为北方和南方进行检验。结果表明，在北方地区，命令控制型环境规制水平越高的地区，其雾霾污染水平越低，且结果稳定。而在南方地区，虽然发现了命令控制型环境规制与雾霾污染的负相关关系，但要么不显著，要么不稳定。一个可能的解释是，南方省份的空气质量本身就较好，PM2.5的数值不是很高，这对结果的显著性或者稳定性均构成了挑战。由于雾霾污染本身就不严重，因此命令控制型环境规制的作用也就不甚明显。再次，将直辖市剔除重新组成样本后，结果依然稳健，这说明直辖市的政策优势并不是决定性的原因。最后，剔除沿海省份后，结果基本同全样本类似，这同样说明沿海的气候条件优势也不是一个决定因素。上述四种区域异质性检验均表明，总体而言，命令控制型环境规制的确能够有效抑制雾霾污染。同时也应指出，这种抑制效果存在强烈的区域异质性，在东部、西部、北方和内陆地区效果更加明显，而在中部、东北和南方地区则不甚明显。

第三，控制变量的结果分析。根据文献经验，本研究对经济水平、人

---

[1] Zhang M, Liu X, Sun X, et al.,The influence of multiple environmental regulations on haze pollution: Evidence from China, *Atmospheric Pollution Research*, 2020, pp.170-179.

[2] Chen H, Hao Y, Li J, et al.,The impact of environmental regulation, shadow economy, and corruption on environmental quality: Theory and empirical evidence from China,*Journal of Cleaner Production*, 2018,pp.200-214.

口密度、城市化率、道路交通、外商直接投资、森林覆盖率和降雨量等因素进行了必要的控制。得到了一些有意思的结果。其中，城市化率也与雾霾污染存在显著的负相关。这可能是因为城市化率越高，资源利用率也越高，绿色技术水平也越高，污染排放也就越少。外商直接投资与雾霾污染存在显著的负相关。这可能是因为，外国直接投资通常会带来先进的技术和管理经验，这些因素显然都可能有助于减少大气污染。[1][2] 人均 GDP 水平与雾霾污染虽然存在正相关，但在某些情况下并不显著；人口密度和交通基础设施与雾霾污染的关系在不同的估算模式下结果有所差异；森林覆盖率和降雨量与雾霾污染虽然也存在负相关，但并不经常具有显著性。

总结来看，本研究的实证检验发现，命令控制型环境规制有助于抑制雾霾污染，这种抑制效用会随着区域的变化而有所变化。就学术意义而言，本研究为命令控制型环境规制对雾霾控制的作用提供了必要的经验证据，与 Zhang 等学者和 Li & Li 等学者研究进行了学术对话。[3][4] 就政策意义而言，本研究为进一步治理雾霾污染提供了可行思路，即进一步强化命令控制型规制的水平，也就是进一步提高人均工业污染治理投资总额占工业增加的比重。只有人均工业污染治理投资总额占工业增加的比重（CCR1）得到显著提高，CCR 抑制雾霾污染的政策效用才能够得到发挥。如果只针对工业污染治理投资总额占工业增加的比重（CCR2）进行提高，是起不到预期作用的。

命令控制型环境规制具有较强的稳定性，并且结果具有可控性。但是，命令控制型环境规制的实施成本较高，需要设立较多的管理机构，配备相关的行政人员，极易受到人为因素的影响，寻租空间大。同时，难以准确

① Kirkpatrick C, Shimamoto K,The effect of environmental regulation on the locational choice of Japanese foreign direct investment, *Applied Economics*, 2008, pp.1399-1409.

② Huang J, Chen X, Huang B, et al.,Economic and environmental impacts of foreign direct investment in China: A spatial spillover analysis,*China Economic Review*, 2017, pp.289-309.

③ Zhang M, Liu X, Sun X, et al.,The influence of multiple environmental regulations on haze pollution: Evidence from China,*Atmospheric Pollution Research*, 2020, pp.170-179.

④ Li C, Li G,Does environmental regulation reduce China's haze pollution? An empirical analysis based on panel quantile regression,*Plos One*, 2020.

和灵活地应对市场环境和各个市场主体之间复杂的关系，不利于调动社会参与的积极性。具体表现在以下几个方面。

第一，缺乏良好的激励机制。以京津冀地区为例，地方政府制定了一定的行政管制标准，但这些强制性政策难以发挥良好的激励作用。企业由于缺乏技术创新和改革的动力，通常无法达到政府制定的相关标准。同时，各企业的规模、类型、治污成本等存在较大差异，而强制手段又缺乏灵活性，针对不同主体的特性难以进行灵活的变动，设定不同的环保标准，对环境规制平等性的界定也存在困难。尤其是在行政管制设计不当的情况下，惩罚会导致不公平、不正义的问题出现，更容易激化政企矛盾。随着经济的发展和环境污染程度的加剧，公民环保意识不断加强，政府的功能定位也随之改变。在更高的生态环境保护要求面前，管制措施的弊端逐渐显现，容易导致政府失灵。因此，将更多的市场手段引入生态环境政策领域成为必要条件。

第二，法律手段的局限性。在环境管制过程中，法律手段往往具有局限性。一方面，法律具有滞后性，与经济社会和生态环境的发展速度相比，法律更新的速度相对较慢。主要表现在：其一，立法滞后导致法律空缺或存在漏洞，部分地区的环境政策法规仅仅只是以政府文件的形式传达给大众，没有明确的法律依据，从而缺乏强有力的法律保障；其二，内容滞后，在环境治理过程中出现合法但不合理的现象，现有的环境相关法律法规和快速发展变化的环境问题之间存在失格。另一方面，过度的法律限制在一定程度上也不利于地方企业公平公正地参与市场竞争，可能会影响企业的经济效率，降低企业的环保积极性。因此，如何适度运用强制手段，协调经济发展与环境保护之间的关系，应当进一步加强研究和探索。

第三，管制成本的约束。面对日趋复杂的环境污染问题，京津冀地区的环境管制成本也在不断增加，而这将会直接影响命令控制型环境规制的实施效果。从政策的制定到执行和监管，整个过程往往需要花费大量人力、物力以及时间。政府需要在政策制定前期做一系列的调查研究工作，通过调查评估，知晓不同产业和产品的更新状况，以此来保证政策能够被精准实施。同时，京津冀政府之间的相互协调配合也需要一定的成本，在面对污染冲突时，污染物种类繁多、污染源分散，并且污染者和受害者之间也不是相互对应的关系，在这种情况下，政府如果想要获得不同污染源的信息、责任承担情况以及赔偿金额等，需要高昂的监督和核算成本作为基础。此外，强制性手段容易导致企业寻租，从而出现"管制俘虏"① 现象，滋生企业内部的腐败，增加产品和服务的交易成本。

---

① 美国经济学家乔治·斯蒂格勒最早提出"政府管制俘虏理论"。该理论认为：政府管制是为满足产业对管制的需要而产生的，而管理机制最终会被产业所控制。

第五章　市场激励型环境规制对雾霾污染的影响

上一章检验了命令控制型环境规制（CCR）对雾霾污染的影响。其结果表明，当以人均工业污染治理投资总额占工业增加值的比重（CCR1）为CCR的代理变量时，CCR与雾霾污染显著负相关。这说明从总体上来看，命令控制型环境规制的确有益于减少雾霾污染，而命令控制型环境规制水平越高的地区，其雾霾污染水平也会越低。同时我们还注意到，这种雾霾抑制效果存在强烈的异质性，因此需要区别对待。如上章所述，我们将环境规制区分为命令控制型环境规制（CCR）、市场激励型环境规制（MBR）和非正式型环境规制（IR）三种。事实上，不光CCR抑制雾霾污染的效果存在广泛争议，对于市场激励型环境规制（MBR）抑制雾霾污染的效果，学术界也同样不乏争议。也就是说，MBR能否有助于控制雾霾污染仍需要更多的经验证据。综上所述，本章的研究目的在于基于中国2007~2017年的省级数据，探讨MBR能否减少雾霾污染。如果答案是肯定的，则继续进一步探究其能在多大程度上发挥作用。

第一节　研究假设

1932年，庇古提出了"庇古税"[①]，为政府干预提供了依据。时隔多年，

[①]　Pigou A C, The Economics of Welfare, *London: Macmillan*, 1932.

科斯在《社会成本问题》（*The Problem of Social Cost*）[1]一文中对此提出挑战，理由是"庇古税"限制了经济选择，也忽略了政府失灵的可能。科斯认为，只要明晰产权，无须政府干预，市场能够自发解决外部性问题。科斯定理的贡献在于，它强调了产权和产权交易在环境监管中的重要作用，开创了采用市场手段解决环境问题的先例。从此，利用市场手段解决环境问题就成为弥补政府手段不足的重要环节。

市场激励型环境规制（MBR）是指政府部门以市场信号为手段，引导消费者和生产者在消费或生产行为中对各自的行为进行效益衡量，借助利益驱使来影响执行政策的行为，从而达到控制污染水平的政策目标。在MBR 政策工具包中，包括可交易的许可证、污染税或政府补贴等，这些通常被称为"利用市场力量"（harnessing market forces）。如果设计和实施得当，这些措施都会鼓励企业或个人自觉地进行污染控制工作，从而在自身受益的同时协助政府共同实现政策目标。[2]

然而，在中国实际的政策实施过程中，CCR 被使用的频次还是远高于MBR，IR 则显著低于前两者。根据杨志军等学者基于环境政策文本的统计，发现三者的使用频次大致为 61.438%、33.987% 和 4.575%。[3] 在其他环境治理领域，也大致如此。根据傅广宛的统计，2014~2017 年，三种政策工具在海洋生态环境治理中的运用频次分别占 59.8%、25.77% 和 14.43%[4]。究其原因，首先是在中国当下的政治体制下，强制性手段已经被广泛应用于经济建设和环境保护等诸多领域。然而，暂且不论 CCR 的效果是否优于MBR，仅仅是 CCR 所产生的经济成本就非常高昂。[5] 例如，Wu 等学者的研究表明，采取关闭或限制大型污染企业这种直接手段确实能够减少污染排

① Coase R H,The Problem of Social Cost, *Journal of Law and Economics*, 1960, pp.1-44.

② Stavins R,Experience with Market-Based Environmental Policy Instruments,*Resources for the Future*, 2001.

③ 杨志军、耿旭、王若雪：《环境治理政策的工具偏好与路径优化——基于 43 个政策文本的内容分析》，《东北大学学报》（社会科学版）2017 年第 3 期。

④ 傅广宛：《中国海洋生态环境政策导向（2014—2017）》，《中国社会科学》2020 年第 9 期。

⑤ Ouyang X, Shao Q, Zhu X, et al.,Environmental regulation, economic growth and air pollution: Panel threshold analysis for OECD countries, *Science of the Total Environment*, 2019,pp.234-241.

放，但这也必然会在同时导致经济效率降低。[①]

虽然在中国的环境治理实践中 MBR 仍处于起步阶段[②]，但这一机制在运用中不断创新[③]，并被赋予更大的施展空间。因此，许多地方已经对 MBR 进行政策试点，在 2012 年初对数个省市启动的碳排放权交易试点可以被视为典例。[④] 在 2021 年，生态环境部颁布了《碳排放权交易管理办法（试行）》[⑤]，对全国层面的碳排放权交易管理办法做出了新的规定。总的来说，MBR 在雾霾治理中的作用是通过提高消费者和生产者污染行为所要付出的代价，从而控制消费者和生产者的排污行为，即通过利益调节以达到市场约束目的。运用 MBR 进行雾霾治理具体体现为排污税收与收费、补贴以及鼓励技术创新三大类。

从理论上说，相比其他政策工具，市场激励型环境政策工具更有可能刺激企业采用污染预防技术来减少污染物排放。[⑥] 同时，这一手段也能避免传统命令控制手段的潜在效率损失[⑦]，这是其相比 CCR 的一个显著优点。在实证证据方面，虽然有文献表明 MBR 在提供环境保护方面可能比 CCR 更为有效[⑧]，

①　Wu H, Hao Y, Ren S,How do environmental regulation and environmental decentralization affect green total factor energy efficiency: Evidence from China,*Energy Economics*, 2020.

②　Lo A Y,Carbon trading in a socialist market economy: Can China make a difference?,*Ecological Economics*, 2013,pp.72-74.

③　各种规制工具，尤其是经济激励型规制工具的运用，可参见 Khan M I, Chang Y C, Environmental challenges and current practices in China—a thorough analysis, *Sustainability*, 2018, p. 2547。

④　首批试点省市为：上海、北京、天津、重庆、湖北、广东和深圳 7 省市。

⑤　生态环境部:《碳排放权交易管理办法（试行）》, http://www.gov.cn/zhengce/zhengceku/2021-01/06/content_5577360.htm。

⑥　Zhao X, Zhao Y, Zeng S, et al., Corporate behavior and competitiveness: impact of environmental regulation on Chinese firms, *Journal of Cleaner Production*, 2015, pp.311-322.

⑦　Kumar S, Managi S, Jain R K,CO_2 mitigation policy for Indian thermal power sector: Potential gains from emission trading, *Energy Economics*, 2020.

⑧　Wang X, Shao Q,Non-linear effects of heterogeneous environmental regulations on green growth in G20 countries: evidence from panel threshold regression, *Science of The Total Environment*, 2019,pp.1346-1354.

但也不乏相反的结论 ①②。由于当前文献并未形成共识，有必要提供更多的实证证据。

鉴于此，为了进一步凝聚共识，并为此提供更多的经验证据。本章将基于中国 2007~2017 年的省级数据，实证检验 MBR 能否减少雾霾污染。如果可以，则进一步考究其能在多大程度上起到作用？

第二节　模型设定和数据来源

本章内容旨在检验 MBR 抑制雾霾污染的有效性。基于理论分析和研究述评的经验，本研究采用面板数据，以分年度的省级样本为分析单元。参考 Grossman & Krueger③ 和 Copeland & Taylor④ 的建模方法，考虑到环境污染主要受环境规制、经济水平、人口密度、城市化率、道路交通、外商直接投资、森林覆盖率和降雨量等因素的影响，参考 Jiang 等人（2018）的实证步骤，构建了计量模型（1）：

$$\text{PM2.5}_{it} = \beta_1 MBR_{it} + \beta_2 control_{it} + \mu_i + \varepsilon_i \tag{1}$$

其中，本方程的被解释变量是雾霾污染水平，选用 PM2.5 的数值作为雾霾污染水平的替代变量。本方程的核心解释变量是 MBR。本研究控制了一系列既可能影响环境规制，又可能影响雾霾污染水平的变量，具体用 Control$_{it}$ 来衡量。此外，（$\mu_i + \varepsilon_{it}$）是符合扰动项。具体相关解释如下文所示。

一　被解释变量

本研究的被解释变量是雾霾污染水平，本研究选用 PM2.5 的数值作为

---

① 王红梅：《中国环境规制政策工具的比较与选择——基于贝叶斯模型平均（BMA）方法的实证研究》，《中国人口·资源与环境》2016 年第 9 期。

② 王红梅、王振杰：《环境治理政策工具比较和选择——以北京 PM2.5 治理为例》，《中国行政管理》2016 年第 8 期。

③ Grossman G M, Krueger A B, Economic Growth and the Environment, *The Quarterly Journal of Economics*, 1995, pp.353-377.

④ Copeland B R, Taylor M S, Trade, growth, and the environment, *Journal of Economic Literature*, 2004, pp.7-71.

雾霾污染水平的替代变量。变量的具体解释同第三、四章一样，故不再多加赘述。

二　核心解释变量

本研究的核心解释变量是市场激励型环境规制，即 MBR。目前，尚没有明确、统一的衡量环境规制的指标。由于排污费是 MBR 的重要手段之一，因此多数文献都选择基于排污费收入的参数来替代 MBR，其结果越大，表明 MBR 力度越强。有些文献直接用排污费表示 MBR 的强度[1][2]；另一些文献考虑了排污费收入的变形形式，例如，排污费金额/规模以上工业企业利润总额[3]、污染物排放费/第二产业增加值[4]。因此，本研究参照已有经验，采取以下两种方式来度量 MBR。

首先，本研究选用各省排污费收入占工业增加值的比重作为 MBR 的替代变量。具体的计算公式是：MBR1＝各省排污费收入/工业增加值（％）。MBR1 数值越大，表明环境规制力度越强。其中，数据来自《中国环境年鉴》和《中国统计年鉴》。本研究结合以上数据进行了测算，再取对数进行标准化处理。

其次，为了更好地验证模型的准确性和结果的有效性，本研究还选用了人均排污费用作为市场激励型环境规制的替代变量。具体的计算公式是：MBR2＝排污费用/人口数量。MBR2 数值越大，表明环境规制力度越强。其中，数据来自历年《中国环境年鉴》和《中国统计年鉴》，本研究结合以上数据进行了测算，取对数进行标准化处理。

---

[1]　Ling Guo L, Qu Y, Tseng M L.,The interaction effects of environmental regulation and technological innovation on regional green growth performance,*Journal of Cleaner Production*, 2017,pp.894-902.

[2]　Xie R, Yuan Y, Huang J.,Different types of environmental regulations and heterogeneous influence on "green" productivity: evidence from China,*Ecological Economics*, 2017,pp.104-112.

[3]　Li C, Li G,Does environmental regulation reduce China's haze pollution? An empirical analysis based on panel quantile regression, *Plos One*, 2020.

[4]　Zhang M, Liu X, Sun X, et al.,The influence of multiple environmental regulations on haze pollution: Evidence from China, *Atmospheric Pollution Research*, 2020, pp.170-179.

三 控制变量

为了更好地验证模型的准确性和结果的有效性，本研究控制了一系列既可能影响环境规制，又可能影响雾霾污染水平的变量。本章的控制变量同第三、四章，在这里不再赘述。

第三节 市场激励型环境规制对雾霾污染影响的实证检验

一 市场激励型环境规制对雾霾污染影响的散点分布

在正式实证研究之前，本研究进一步地考察了市场激励型环境规制与雾霾污染之间的关系。其中，本研究分别使用 MBR1（各省排污费收入占工业增加值的比重）作为 MBR 的替代变量，使用 PM2.5 作为雾霾污染的替代变量。市场型环境规制与雾霾污染水平的散点分布见图 5—1。

如图 5—1 所示，MBR1 与 PM2.5 数值呈现高度的负相关关系，即各省排污费收入占工业增加值的比重越高，则各省份 PM2.5 的数值越小，各省排污费收入占工业增加值的比重越低，则各省份 PM2.5 的数值越大。因此，市场激励型环境规制对雾霾污染有显著的抑制作用。

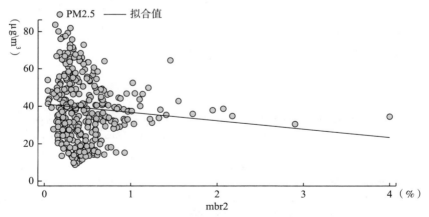

图 5—1 市场激励型环境规制与 PM2.5 数值的散点分布

资料来源：笔者自制。本章以下图均为此，不再标注。

二 市场激励型环境规制对雾霾污染影响的描述性统计

如表5—1所示，第一，样本的数量是330个；第二，被解释变量PM2.5的最小值是8.73，最大值是83.67，平均值是38.81，标准差是16.60；第三，核心解释变量MBR1的平均值是0.11，最小值是0.01，最大值是0.88，核心解释变量MBR2的平均值是14.96，最小值是1.41，最大值是81.60；第四，不同控制变量之间数值的差异较大，由于单位选取的问题，原始数据的差异较大，因此，需要经过一定的标准化处理。

表5—1 各变量描述性统计

变量	样本（个）	平均值	最小值	最大值	标准差
PM2.5	330	38.81	8.73	83.67	16.60
MBR1	330	0.11	0.010	0.88	0.09
MBR2	330	14.96	1.41	81.60	10.63
EPI	330	1.030	0.050	2.530	0.60
CO_2_1	330	287.0	21.70	842.2	186.8
CO_2_2	330	30859	2045	94805	20962
FDI	330	0.0600	0	0.820	0.12
ln pGDP	330	10.51	8.97	11.77	0.55
rain	330	1011	57	22111	1321
forest	330	30.44	2.94	65.95	17.59
road	330	35.46	5.15	135.3	21.50
pop	330	453.7	7.67	3827	668.6
urban	330	54.12	28.24	89.60	13.46

资料来源：笔者自制。以下表格均为此，不再标注。

三 基准回归和结果分析

本研究通过构建2007~2017年省级的独特数据库，以实证分析检验了市场激励型环境规制对雾霾污染水平的影响。具体而言，本研究将解释变量设定为排污费收入占工业增加值的比重（MBR1），将被解释变量设定为

PM2.5 数值。本研究分别考察 OLS、OLS 混合回归［OLS（2）］、面板数据的随机效应（RE）、面板数据的固定效应（FE），回归结果如表 5—2 所示。

第一，如表 5—2 第（1）列所示，在没有控制变量，并且考虑省级固定效应和时间效应的情况下，使用 OLS 回归，核心解释变量的回归系数为负，排污费收入占工业增加值的比重对 PM2.5 的产出弹性为 -19.52，且在 1% 的水平上显著，即排污费收入占工业增加值的比重每上升 1%，PM2.5 数值减少 19.52%。

第二，如表 5—2 第（2）列所示，在考虑控制变量，并且考虑省级固定效应和时间效应的情况下，使用 OLS 混合回归，核心解释变量的回归系数为负，排污费收入在工业增加值的占比对 PM2.5 的产出弹性为 -23.18，且在 1% 的水平上显著，即排污费收入在工业增加值的占比每上升 1%，PM2.5 数值减少 23.18%。由此可知，MBR 水平越高的地区，其雾霾污染水平越低。

第三，如表 5—2 第（3）列所示，在考虑控制变量，并且考虑省级固定效应和时间效应的情况下，考虑面板数据的随机效应模型，核心解释变量的回归系数为负，排污费收入在工业增加值的占比对 PM2.5 的产出弹性为 -26.68，且在 1% 的水平上显著，即排污费收入在工业增加值的占比每上升 1%，PM2.5 数值减少 26.68%。由此可知，MBR 水平越高的地区，其雾霾污染水平越低。

第四，如表 5—2 第（4）列所示，在考虑控制变量，并且考虑省级固定效应和时间效应的情况下，考虑面板数据的固定效应模型，核心解释变量的回归系数为负，排污费收入在工业增加值的占比对 PM2.5 的产出弹性为 -24.93，且在 1% 的水平上显著，即排污费收入在工业增加值的占比每上升 1%，PM2.5 数值减少 24.93%。由此可知，MBR 水平越高的地区，其雾霾污染水平越低。

第五，如表 5—2 第（4）列所示，考察使用固定效应模型时的控制变量。人均 GDP 的系数为正，且在 5% 的水平上显著，这说明人均 GDP 水平越高的地区，其雾霾污染水平可能越严重，这可能与经济发达地区的工业或者重工业化程度高有关。人口密度的系数为负，且在 5% 的水平上显著，其结果与随机效应模型的系数相反，有待进一步研究。城市化率的系数为负，且在 1% 的水平上显著，这说明城市化水平越高的地区，其雾霾污染水平可能越低。外商直接投资的系数为负，且在 1% 的水平上显著，这说明外商直接投资越高的地区，其雾霾污染水平可能越低。除此以外，降雨量、交通基础设施、森林覆盖率等控制变量的系数在 10% 的水平上不显著，具体原因有待进一步探究。

表 5—2　市场激励型环境规制对雾霾污染影响的基准回归

	（1）	（2）	（3）	（4）
	PM2.5			
	OLS	OLS（2）	RE	FE
MBR1	-19.52***	-23.18***	-26.68***	-24.93***
	（10.50）	（7.141）	（5.896）	（5.968）
ln pGDP		3.774	2.602	5.737**
		（2.421）	（2.113）	（2.521）
ln pop		18.26***	12.46***	-27.12**
		（1.100）	（2.358）	（10.89）
ln urban		-28.79***	-34.80***	-41.84***
		（6.022）	（7.339）	（8.933）
ln road		14.52***	2.000	-3.573
		（2.545）	（4.166）	（6.154）
FDI		-13.59***	-14.35***	-13.32***
		（4.804）	（2.679）	（2.634）
ln forest		-10.89***	-7.116***	-1.101
		（0.833）	（1.571）	（2.231）
ln rain		-2.125**	-1.221*	-0.961
		（0.895）	（0.654）	（0.649）
cons	40.92***	16.52	109.2***	317.5***

续表

	（1）	（2）	（3）	（4）
	PM2.5			
	OLS	OLS（2）	RE	FE
	（1.452）	（21.20）	（23.21）	（59.64）
省级固定	有	有	有	有
时间固定	有	有	有	有
N	330	330	330	330
R2	0.011	0.693	0.321	0.361

注：*、** 和 *** 分别表示在 10%、5% 和 1% 的水平上显著；括号内数据为稳健标准误。

第四节 稳健性检验

尽管基准回归结果解释了市场激励型环境规制对雾霾污染水平的影响，然而，当替换被解释变量时，实证研究结果是否稳健呢？当替换核心解释变量时，实证研究结果是否仍然稳健呢？为解决上述问题，下文将从这两个角度验证研究的稳健性。

一 替换被解释变量的稳健性检验

（一）基于环境污染指数的回归分析

为验证实证结果的稳健性，本研究将被解释变量替换为环境污染指数（EPI），具体结果如表5—3所示。

本研究通过构建2007~2017年省级的独特数据库，使用实证分析检验了MBR对雾霾污染水平的影响。具体而言，本研究将解释变量设定为排污费收入在工业增加值的占比（MBR2），将被解释变量设定为环境污染指数（EPI）。本研究分别考察OLS、OLS混合回归、面板数据的随机效应、面板数据的固定效应，回归结果如表5—3所示。

第一，如表5—3第（1）列所示，在没有控制变量，并且考虑省级固定效应和时间效应的情况下，使用 OLS 回归，核心解释变量的回归系数为负，排污费收入在工业增加值的占比对环境污染指数（EPI）的产出弹性为 -0.555，且在 1% 的水平上显著，即排污费收入占工业增加值的比重每上升 1%，环境污染指数数值减少 0.555%。由此可知，MBR 水平越高的地区，其雾霾污染水平越低。

第二，如表 5—3 第（2）列所示，在考虑控制变量，并且考虑省级固定效应和时间效应的情况下，使用 OLS 混合回归，核心解释变量的回归系数为负，排污费收入在工业增加值的占比对环境污染指数的产出弹性为 -1.293，且在 1% 的水平上显著。由此可知，MBR 水平越高的地区，其雾霾污染水平越低。

第三，如表 5—3 第（3）列所示，在考虑控制变量，并且考虑省级固定效应和时间效应的情况下，考虑面板数据的随机效应模型，核心解释变量的回归系数为负，排污费收入在工业增加值的占比对 EPI 的产出弹性为 -0.0557，且在 1% 的水平上显著，即排污费收入在工业增加值的占比每上升 1%，环境污染指数数值减少 0.0557%。由此可知，市场型环境规制水平越高的地区，其雾霾污染水平越低。

第四，如表 5—3 第（4）列所示，在考虑控制变量，并且考虑省级固定效应和时间效应的情况下，考虑面板数据的固定效应模型，核心解释变量的回归系数为负，排污费收入在工业增加值的占比对 EPI 的产出弹性为 -0.0388，且在 5% 的水平上显著，即排污费收入在工业增加值的占比每上升 1%，环境污染指数数值减少 0.0388%。由此可知，MBR 水平越高的地区，其雾霾污染水平越低。

第五，如表 5—3 第（4）列所示，考察使用固定效应模型时的控制变量。人均 GDP 的系数为负，且在 10% 的水平上显著，人口密度的系数为正，且在 5% 的水平上显著。其余控制变量的系数不显著，具体原因有待进一步探究。

表 5—3　市场激励型环境规制对雾霾污染水平影响的稳健性检验（一）

	（1）	（2）	（3）	（4）
	EPI			
	OLS	OLS（2）	RE	FE
MBR2	-0.555***	-1.293***	-0.0557***	-0.0388**
	（0.098）	（0.429）	（0.064）	（0.006）
ln pGDP		1.056***	-0.0144	-0.223*
		（0.157）	（0.111）	（0.128）
ln pop		0.171**	0.254**	1.209**
		（0.0695）	（0.122）	（0.495）
ln urban		-2.676***	-0.340	0.440
		（0.397）	（0.398）	（0.490）
ln road		0.0710	0.335	0.311
		（0.164）	（0.215）	（0.297）
FDI		1.084	0.133	0.368
		（2.491）	（1.801）	（1.802）
ln forest		0.0186	0.0317	0.00510
		（0.0512）	（0.0735）	（0.0956）
ln rain		0.0562	-0.0174	-0.0149
		（0.0540）	（0.0273）	（0.0269）
cons	0.971***	-1.201	0.0150	-5.930**
	（0.0574）	（1.314）	（1.208）	（2.933）
省级固定	有	有	有	有
时间固定	有	有	有	有
N	330	330	330	330
R2	0.013	0.229	0.068	0.067

注：*、** 和 *** 分别表示在 10%、5% 和 1% 的水平上显著；括号内数据为稳健标准误。

（二）基于二氧化碳浓度（CO_2_1）的回归分析

为验证实证结果的稳健性，本研究将被解释变量替换为二氧化碳浓度（CO_2_1），具体结果如表 5—4 所示。

第一，如表 5—4 第（1）列所示，在没有控制变量，并且考虑省级固定效应和时间效应的情况下，使用 OLS 回归，核心解释变量的回归系数为负，排污费收入在工业增加值的占比对二氧化碳浓度（CO_2_1）的产出弹性为 -0.147，且在 1% 的水平上显著，即排污费收入在工业增加值的占比每上升 1%，二氧化碳浓度（CO_2_1）数值减少 0.147%。由此可知，MBR 水平越高的地区，其二氧化碳浓度水平越低。

第二，如表 5—4 第（2）列所示，在考虑控制变量，并且考虑省级固定效应和时间效应的情况下，使用 OLS 混合回归，核心解释变量的回归系数为负，排污费收入在工业增加值的占比对二氧化碳浓度（CO_2_1）的产出弹性为 -1.586，且在 1% 的水平上显著。由此可知，MBR 水平越高的地区，其二氧化碳浓度水平越低。

第三，如表 5—4 第（3）列所示，在考虑控制变量，并且考虑省级固定效应和时间效应的情况下，考虑面板数据的随机效应模型，核心解释变量的回归系数为负，排污费收入在工业增加值的占比对二氧化碳浓度（CO_2_1）产出弹性为 -0.0298，且在 5% 的水平上显著，即排污费收入在工业增加值的占比每上升 1%，二氧化碳浓度（CO_2_1）数值减少 0.0298%。由此可知，MBR 水平越高的地区，其二氧化碳浓度水平越低。

第四，如表 5—4 第（4）列所示，在考虑控制变量，并且考虑省级固定效应和时间效应的情况下，考虑面板数据的固定效应模型，核心解释变量的回归系数为负，排污费收入在工业增加值的占比对二氧化碳浓度（CO_2_1）的产出弹性为 -0.0319，且在 10% 的水平上显著，即排污费收入在工业增加值的占比每上升 1%，二氧化碳浓度（CO_2_1）数值减少 0.0319%。由此可知，MBR 水平越高的地区，其二氧化碳浓度水平越低。

第五，如表 5—4 第（4）列所示，考察使用固定效应模型时的控制变量，人均 GDP 的系数为正且，在 1% 的水平上显著，城市化率的系数为负，且在 10% 的水平上显著，交通基础设施的系数为正，且在 1% 的水平上显著。其余控制变量的系数不显著，具体原因有待进一步探究。

表 5—4　市场激励型环境规制对雾霾污染水平影响的稳健性检验（二）

	（1）	（2）	（3）	（4）
	CO_2_1			
	OLS	OLS（2）	RE	FE
MBR	-0.147***	-1.586***	-0.0298**	-0.0319*
	（0.197）	（0.496）	（0.104）	（0.023）
ln pGDP		1.521***	0.408***	0.421***
		（0.182）	（0.0548）	（0.0601）
ln pop		0.307***	0.333***	0.130
		（0.0804）	（0.106）	（0.232）
ln urban		-3.042***	-0.437**	-0.423*
		（0.460）	（0.212）	（0.230）
ln road		0.171	0.557***	0.511***
		（0.189）	（0.130）	（0.139）
FDI		-1.865	-0.424	-0.464
		（2.882）	（0.848）	（0.845）
ln forest		0.0936	0.00508	0.0155
		（0.0592）	（0.0416）	（0.0449）
ln rain		-0.0591	-0.0177	-0.0175
		（0.0624）	（0.0127）	（0.0126）
cons	5.440***	-0.732	-0.701	0.337
	（0.0717）	（1.520）	（0.750）	（1.376）
省级固定	有	有	有	有
时间固定	有	有	有	有
N	330	330	330	330
$R2$	0.026	0.325	0.711	0.739

注：*、** 和 *** 分别表示在 10%、5% 和 1% 的水平上显著；括号内数据为稳健标准误。

（三）基于二氧化碳浓度（CO_2_2）的回归分析

为验证实证结果的稳健性，本研究将被解释变量替换为二氧化碳浓度（CO_2_2），具体结果如表5—5所示。

第一，如表5—5第（1）列所示，在没有控制变量，并且考虑省级固定效应和时间效应的情况下，使用OLS回归，核心解释变量的回归系数为负，排污费收入在工业增加值的占比对二氧化碳浓度（CO_2_2）的产出弹性为-0.0233，且在1%的水平上显著，即排污费收入在工业增加值的占比每上升1%，二氧化碳浓度（CO_2_2）数值减少0.0233%。由此可知，MBR水平越高的地区，其二氧化碳浓度水平越低。

第二，如表5—5第（2）列所示，在考虑控制变量，并且考虑省级固定效应和时间效应的情况下，使用OLS混合回归，核心解释变量的回归系数为负，排污费收入在工业增加值的占比对二氧化碳浓度（CO_2_2）的产出弹性为-1.772，且在1%的水平上显著。由此可知，MBR水平越高的地区，其二氧化碳浓度水平越低。

第三，如表5—5第（3）列所示，在考虑控制变量，并且考虑省级固定效应和时间效应的情况下，考虑面板数据的随机效应模型，核心解释变量的回归系数为负，排污费收入在工业增加值的占比对二氧化碳浓度（CO_2_2）产出弹性为-0.0776，且在5%的水平上显著，即排污费收入在工业增加值的占比每上升1%，二氧化碳浓度（CO_2_2）数值减少0.0776%。由此可知，MBR水平越高的地区，其二氧化碳浓度水平越低。

第四，如表5—5第（4）列所示，在考虑控制变量，并且考虑省级固定效应和时间效应的情况下，考虑面板数据的固定效应模型，核心解释变量的回归系数为负，排污费收入在工业增加值的占比对二氧化碳浓度（CO_2_2）的产出弹性为-0.0776，且在10%的水平上显著，即排污费收入在工业增加值的占比每上升1%，二氧化碳浓度（CO_2_2）数值减少0.0776%。由此可知，MBR水平越高的地区，其二氧化碳浓度水平越低。

第五，如表5—5第（4）列所示，考察使用固定效应模型时的控制变量。人均GDP的系数为正，且在1%的水平上显著，城市化率的系数为负，且在5%的水平上显著，交通基础设施的系数为正，且在1%的水平上显著。其余控制变量的系数不显著，具体原因有待进一步探究。

表5—5　市场激励型环境规制对雾霾污染水平影响的稳健性检验（三）

	（1）	（2）	（3）	（4）
	CO_2_2			
	OLS	OLS（2）	RE	FE
MBR	-0.0233***	-1.772***	-0.0776**	-0.0776*
	（0.005）	（0.520）	（0.071）	（0.061）
ln pGDP		1.554***	0.423***	0.432***
		（0.190）	（0.0581）	（0.0638）
ln pop		0.314***	0.308***	0.122
		（0.0843）	（0.111）	（0.246）
ln urban		-3.091***	-0.512**	-0.493**
		（0.482）	（0.225）	（0.244）
ln road		0.162	0.476***	0.433***
		（0.198）	（0.138）	（0.148）
FDI		-2.011	-0.596	-0.628
		（3.021）	（0.899）	（0.897）
ln forest		0.0894	0.0372	0.0504
		（0.0620）	（0.0441）	（0.0476）
ln rain		-0.0739	-0.0149	-0.0144
		（0.0654）	（0.0135）	（0.0134）
cons	10.08***	3.865**	4.394***	5.335***
	（0.0745）	（1.593）	（0.792）	（1.460）
省级固定	有	有	有	有
时间固定	有	有	有	有
N	330	330	330	330
$R2$	0.026	0.325	0.711	0.739

注：*、** 和 *** 分别表示在10%、5% 和 1% 的水平上显著；括号内数据为稳健标准误。

二 替换核心解释变量的稳健性检验

为验证实证结果的稳健性，本研究将核心解释变量替换为人均排污费用（MBR2），具体结果如表5—6所示。

第一，如表5—6第（1）列所示，在没有控制变量，并且考虑省级固定效应和时间效应的情况下，使用OLS回归，核心解释变量的回归系数为负，人均排污费用对PM2.5的产出弹性为-0.0528，且在1%的水平上显著，即人均排污费用每上升1%，PM2.5数值减少0.0528%。由此可知，MBR水平越高的地区，其雾霾污染水平越低。

第二，如表5—6第（2）列所示，在考虑控制变量，并且考虑省级固定效应和时间效应的情况下，使用OLS混合回归，核心解释变量的回归系数为负，人均排污费用对PM2.5的产出弹性为-0.0093，且在1%的水平上显著。由此可知，MBR水平越高的地区，其雾霾污染水平越低。

第三，如表5—6第（3）列所示，在考虑控制变量，并且考虑省级固定效应和时间效应的情况下，考虑面板数据的随机效应模型，核心解释变量的回归系数为负，人均排污费用对PM2.5的产出弹性为-0.139，且在1%的水平上显著，即人均排污费用每上升1%，PM2.5数值减少0.139%。由此可知，MBR水平越高的地区，其雾霾污染水平越低。

第四，如表5—6第（4）列所示，在考虑控制变量，并且考虑省级固定效应和时间效应的情况下，考虑面板数据的固定效应模型，核心解释变量的回归系数为负，人均排污费用对PM2.5的产出弹性为-0.138，且在1%的水平上显著，即人均排污费用每上升1%，PM2.5数值减少0.138%。由此可知，MBR水平越高的地区，其雾霾污染水平越低。

第五，如表5—6第（4）列所示，考察使用固定效应模型时的控制变量。人口密度和城市化率的系数为负，且在1%的水平上显著，对外直接投资的系数为负且在1%水平上显著。其余控制变量的系数不显著，具体原因有待进一步探究。

表 5—6　市场激励型环境规制对雾霾污染水平影响的稳健性检验（四）

	（1）	（2）	（3）	（4）
	PM2.5			
	OLS	OLS（2）	RE	FE
MBR2	-0.0528***	-0.0093***	-0.139***	-0.138***
	（0.0162）	（0.0253）	（0.0522）	（0.0532）
ln pGDP		6.283***	4.490**	7.668***
		（2.342）	（2.203）	（2.582）
ln pop		17.77***	12.28***	-29.78***
		（1.115）	（2.397）	（11.07）
ln urban		-31.19***	-31.84***	-38.39***
		（6.090）	（7.453）	（9.046）
ln road		13.31***	2.319	-4.167
		（2.590）	（4.242）	（6.264）
FDI		-14.51***	-15.21***	-14.06***
		（4.894）	（2.734）	（2.680）
ln forest		-10.31***	-6.849***	-0.740
		（0.844）	（1.600）	（2.269）
ln rain		-1.581*	-1.158*	-0.909
		（0.915）	（0.667）	（0.660）
cons	38.02***	-1.697	75.53***	297.9***
	（1.580）	（20.92）	（22.14）	（60.92）
省级固定	有	有	有	有
时间固定	有	有	有	有
N	330	330	330	330
R2	0.220	0.726	0.287	0.327

注：*、** 和 *** 分别表示在 10%、5% 和 1% 的水平上显著；括号内数据为稳健标准误。

第五节 异质性拓展分析：分样本回归

为了进一步考察结果的稳健性，下文通过异质性拓展分析，对全样本划分为不同的分样本，进行了如下回归。

一 基于经济地理区域的回归分析

为验证实证结果的稳健性，本研究按照中国四大经济地理区域，将全样本划分为东部、中部、西部和东北地区。具体结果如表5—7所示。

第一，如表5—7第（1）列所示，在考虑控制变量，并且考虑省级固定效应和时间效应的情况下，使用面板数据的固定效应模型，东部省份核心解释变量的回归系数为负，排污费收入在工业增加值的占比对PM2.5的产出弹性为-52.14，且在1%的水平上显著，即排污费收入在工业增加值的占比每上升1%，PM2.5数值减少52.14%。由此可知，MBR水平越高的地区，其雾霾污染水平越低。

第二，如表5—7第（2）列所示，在考虑控制变量，并且考虑省级固定效应和时间效应的情况下，使用面板数据的固定效应模型，中部省份核心解释变量的回归系数为负，排污费收入在工业增加值的占比对PM2.5的产出弹性为-33.63，且在1%的水平上显著。由此可知，MBR水平越高的地区，其雾霾污染水平越低。

第三，如表5—7第（3）列所示，在考虑控制变量，并且考虑省级固定效应和时间效应的情况下，使用面板数据的固定效应模型，西部省份核心解释变量的回归系数为正，排污费收入在工业增加值的占比对PM2.5的产出弹性为4.37，并在10%的水平上不显著。一个可能的解释是，西部省份地广人稀，制造业较少，环境质量相对较高，PM2.5数值本身就较小，因此显著性较差。

第四，如表5—7第（4）列所示在考虑控制变量，并且考虑省级固定效应和时间效应的情况下，使用面板数据的固定效应模型，东北省份核心解释变量的回归系数为正，排污费收入在工业增加值的占比对PM2.5的产出弹性为 18.89，并在 10% 的水平上不显著，具体原因有待进一步探究。

表 5—7 市场激励型环境规制对雾霾污染水平影响的稳健性检验（五）

	（1）	（2）	（3）	（4）
	PM2.5			
	东部	中部	西部	东北
MBR	-52.14***	-33.63***	4.37	18.89
	（19.61）	（11.13）	（12.20）	（37.15）
ln pGDP	-6.141	35.96***	6.429	4.587
	（4.907）	（11.89）	（4.626）	（5.088）
ln pop	9.054	-59.79	-79.62***	3.056
	（16.11）	（63.95）	（22.89）	（86.98）
ln urban	10.81	-136.4***	-30.47*	-74.64
	（16.75）	（41.38）	（15.50）	（43.51）
ln road	-19.47	-46.10*	-8.962	23.89
	（11.86）	（23.47）	（8.429）	（26.52）
FDI	-16.86***	-15.14	-9.873**	-16.46**
	（4.276）	（12.52）	（3.937）	（6.432）
ln forest	-3.267	1.159	9.454**	60.24**
	（2.578）	（12.89）	（4.592）	（28.59）
ln rain	-3.686	-1.383	0.434	-3.361***
	（2.264）	（1.786）	（0.739）	（1.090）
cons	103.9	727.2**	431.2***	-17.78
	（106.9）	（350.6）	（90.02）	（409.5）
省级固定	有	有	有	有
时间固定	有	有	有	有
N	110	66	121	33
R2	0.429	0.523	0.432	0.612

注：*、** 和 *** 分别表示在 10%、5% 和 1% 的水平上显著；括号内数据为稳健标准误。

二 基于南北方的回归分析

按照传统的划分方法，北方地区包括黑龙江、吉林、辽宁、内蒙古、新疆、青海、陕西、山西、宁夏、河北、河南、山东、北京、天津、甘肃等省份。南方地区包括江苏（南部）、安徽（南部）、湖北、湖南、重庆、四川、西藏、贵州、云南、广西、广东、浙江、上海、福建、江西、海南等省份。本部分的研究对象不包括台湾、香港和澳门等地区。

为验证实证结果的稳健性，本研究将全样本划分为北方和南方，具体结果如表5—8所示。

第一，如表5—8第（1）列所示，在考虑控制变量，并且考虑省级固定效应和时间效应的情况下，使用面板数据的随机效应模型，核心解释变量的回归系数为负，北方省份的排污费收入在工业增加值的占比对PM2.5的产出弹性为-25.83，且在1%的水平上显著，即排污费收入在工业增加值的占比每上升1%，PM2.5数值减少25.83%。由此可知，MBR水平越高的地区，其雾霾污染水平越低。

第二，如表5—8第（2）列所示，在考虑控制变量，并且考虑省级固定效应和时间效应的情况下，使用面板数据的随机效应模型，核心解释变量的回归系数为负，南方省份的排污费收入在工业增加值的占比对PM2.5的产出弹性为-37.18，且在1%的水平上显著。由此可知，MBR水平越高的地区，其雾霾污染水平越低。

第三，如表5—8第（3）列所示，在考虑控制变量，并且考虑省级固定效应和时间效应的情况下，使用面板数据的固定效应模型，核心解释变量的回归系数为负，北方省份的排污费收入在工业增加值的占比对PM2.5的产出弹性为-26.97，且在1%的水平上显著，即排污费收入在工业增加值的占比每上升1%，PM2.5数值减少26.97%。由此可知，MBR水平越高的地区，其雾霾污染水平越低。

第四，如表5—8第（4）列所示在考虑控制变量，并且考虑省级固定效应和时间效应的情况下，使用面板数据的固定效应模型，核心解释变量的回归系数为正，南方省份的排污费收入在工业增加值的占比对PM2.5的产出弹性为 18.68，而且在 10% 的水平上不显著。一个可能原因是，南方省份的空气质量普遍较好，PM2.5 绝对数值不是很高。

表 5—8　市场激励型环境规制对雾霾污染水平影响的稳健性检验（六）

	（1）	（2）	（3）	（4）
	PM2.5			
	RE		FE	
	北方	南方	北方	南方
MBR	-25.83***	-37.18***	-26.97***	18.68
	（6.400）	（13.67）	（6.738）	（13.18）
ln pGDP	9.510***	-8.583**	10.62***	2.920
	（2.615）	（3.470）	（3.214）	（3.898）
ln pop	13.41***	13.99***	-21.84	-90.15***
	（2.499）	（5.100）	（14.03）	（18.68）
ln urban	-43.03***	-9.154	-61.34***	-24.13*
	（8.587）	（11.61）	（12.68）	（12.83）
ln road	-1.237	7.165	0.991	-8.085
	（5.254）	（6.115）	（9.076）	（7.450）
FDI	-10.46***	-20.34***	-8.681**	-18.96***
	（3.584）	（3.809）	（3.567）	（3.511）
ln forest	-11.03***	-3.963*	2.940	0.836
	（1.981）	（2.169）	（4.766）	（2.278）
ln rain	-1.838*	0.400	-1.800*	0.476
	（1.021）	（0.784）	（1.037）	（0.716）
cons	92.78***	75.35*	282.8***	657.7***
	（32.22）	（38.74）	（75.06）	（109.4）
省级固定	有	有	有	有
时间固定	有	有	有	有

续表

	（1）	（2）	（3）	（4）
	PM2.5			
	RE		FE	
N	165	165	165	165
*R*2	0.231	0.478	0.273	0.580

注：*、** 和 *** 分别表示在 10%、5% 和 1% 的水平上显著；括号内数据为稳健标准误。

三　基于行政级别的回归分析

一些文献认为，直辖市拥有较高的政策支持和较多的行政资源，故直辖市在环境保护方面相比其他地区更有优势。因此，为验证实证结果的稳健性，本部分删除了北京、天津、上海、重庆四个直辖市。

第一，如表 5—9 第（1）列所示，在没有控制变量，并且考虑省级固定效应和时间效应的情况下，使用 OLS 回归，核心解释变量的回归系数为负，排污费收入在工业增加值的占比对 PM2.5 的产出弹性为 -7.01，且在 1% 的水平上显著，即环保支出在财政支出的比重每上升 1%，PM2.5 数值减少 7.01%。由此可知，MBR 水平越高的地区，其雾霾污染水平越低。

第二，如表 5—9 第（2）列所示，在考虑控制变量，并且考虑省级固定效应和时间效应的情况下，使用 OLS 混合回归，核心解释变量的回归系数为负，排污费收入在工业增加值的占比对 PM2.5 的产出弹性为 -25.6，且在 1% 的水平上显著，即排污费收入在工业增加值的占比每上升 1%，PM2.5 数值减少 25.6%。由此可知，MBR 水平越高的地区，其雾霾污染水平越低。

第三，如表 5—9 第（3）列所示，在考虑控制变量，并且考虑省级固定效应和时间效应的情况下，考虑面板数据的随机效应模型，核心解释变量的回归系数为负，排污费收入在工业增加值的占比对 PM2.5 的产出弹性为 -22.7，且在 1% 的水平上显著，即排污费收入在工业增加值的占比每上升 1%，PM2.5 数值减少 22.7%。由此可知，MBR 水平越高的地区，其雾霾污染水平越低。

第四，如表5—9第（4）列所示，在考虑控制变量，并且考虑省级固定效应和时间效应的情况下，考虑面板数据的固定效应模型，核心解释变量的回归系数为负，排污费收入在工业增加值的占比对PM2.5的产出弹性为-22.45，且在1%的水平上显著，即排污费收入在工业增加值的占比每上升1%，PM2.5数值减少22.45%。由此可知，MBR水平越高的地区，其雾霾污染水平越低。

第五，如表5—9第（4）列所示，考察使用固定效应模型时的控制变量。人均GDP的系数为正，且在1%的水平上显著，这说明人均GDP水平越高的地区，其雾霾污染水平越严重，这可能与经济发达地区的工业或者重工业化程度高有关。人口密度的系数为负，且在1%的水平上显著，城市化率的系数为负，且在1%的水平上显著，这说明城市化水平越高的地区，其雾霾污染水平可能越低。外商直接投资的系数为负，且在1%的水平上显著，这说明外商直接投资越高的地区，其雾霾污染水平可能越低。森林覆盖率的系数为正，且在5%的水平上显著，降雨量的系数为负，且在5%的水平上显著。此外，交通基础设施等控制变量的系数在10%的水平上不显著，具体原因有待进一步探究。

表5—9　市场激励型环境规制对雾霾污染水平影响的稳健性检验（七）

	（1）	（2）	（3）	（4）
	PM2.5			
	OLS	OLS（2）	RE	FE
MBR	-7.01***	-25.6**	-22.7***	-22.45***
	（3.71）	（6.607）	（5.886）	（5.702）
ln pGDP		4.213*	6.531***	8.073***
		（2.494）	（2.381）	（2.406）
ln pop		16.98***	11.23***	-51.32***
		（1.129）	（2.459）	（15.34）

续表

	（1）	（2）	（3）	（4）
	PM2.5			
	OLS	OLS（2）	RE	FE
ln urban		-27.07***	-46.47***	-54.32***
		（6.411）	（8.242）	（8.944）
ln road		7.633***	-0.921	-3.093
		（2.907）	（4.957）	（5.908）
FDI		-16.17***	-13.01***	-11.54***
		（4.524）	（2.678）	（2.550）
ln forest		-13.34***	-4.906**	7.624**
		（0.897）	（2.107）	（3.172）
ln rain		-0.787	-1.664**	-1.335**
		（0.857）	（0.670）	（0.641）
cons	37.47***	35.66*	125.4***	429.6***
	（1.551）	（20.50）	（23.71）	（74.65）
省级固定	有	有	有	有
时间固定	有	有	有	有
N	286	286	286	286
R2	0.065	0.745	0.298	0.394

注：*、** 和 *** 分别表示在10%、5% 和 1% 的水平上显著；括号内数据为稳健标准误。

四 基于到沿海距离的回归分析

一些文献认为，沿海省份靠近大海，易受季风等气象因素的影响，沿海省份在环境保护方面有优势。因此，为验证实证结果的稳健性，该部分删除了沿海省份。具体而言，该部分的样本不考虑辽宁、河北、天津、山东、江苏、上海、浙江、福建、广东、广西、海南等省份。

第一，如表5—10第（1）列所示，在考虑控制变量，并且考虑省级固定效应和时间效应的情况下，使用面板数据的固定效应模型，核心解释变量的回归系数为负，排污费收入在工业增加值的占比对PM2.5的产出弹性为-9.416，且在1%的水平上显著，即排污费收入在工业增加值的占比每上升1%，PM2.5数值减少9.416%。由此可知，MBR水平越高的地区，其雾霾污染水平越低。

第二，如表5—10第（2）列所示，在考虑控制变量，并且考虑省级固定效应和时间效应的情况下，使用面板数据的固定效应模型，核心解释变量的回归系数为负，排污费收入在工业增加值的占比对PM2.5的产出弹性为-24.52，且在1%的水平上显著，即排污费收入在工业增加值的占比每上升1%，PM2.5数值减少24.52%。由此可知，MBR水平越高的地区，其雾霾污染水平越低。

第三，如表5—10第（3）列所示，在考虑控制变量，并且考虑省级固定效应和时间效应的情况下，使用面板数据的固定效应模型，核心解释变量的回归系数为负，排污费收入在工业增加值的占比对PM2.5的产出弹性为-24.88，且在1%的水平上显著，即排污费收入在工业增加值的占比每上升1%，PM2.5数值减少24.88%。由此可知，MBR水平越高的地区，其雾霾污染水平越低。

第四，如表5—10第（4）列所示，考察使用固定效应模型时的控制变量。人均GDP的系数为正，且在1%的水平上显著，这说明人均GDP水平越高的地区，其雾霾污染水平可能越严重，这可能与经济发达地区的工业或者重工业化程度高有关。人口密度的系数为负，且在5%的水平上显著，城市化率的系数为负，且在1%的水平上显著，这说明城市化水平越高的地区，其雾霾污染水平可能越低。外商直接投资的系数为负，且在1%的水平上显著，这说明外商直接投资越高的地区，其雾霾污染水平可能越低。此外，交通基础设施、降雨量和森林覆盖率等控制变量的系数在10%的水平上不显著，具体原因有待进一步探究。

表 5—10　市场激励型环境规制对雾霾污染水平影响的稳健性检验（八）

	（1）	（2）	（3）	（4）
	PM2.5			
	OLS	OLS（2）	RE	FE
MBR	-9.416***	-24.52***	-24.88***	-23.89***
	（3.95）	（6.523）	（6.253）	（6.352）
ln pGDP		3.506	6.943**	10.10***
		（2.728）	（2.742）	（3.125）
ln pop		17.70***	12.75***	-39.16**
		（1.223）	（2.575）	（17.33）
ln urban		-18.84***	-42.87***	-58.61***
		（6.637）	（9.031）	（11.12）
ln road		9.728***	-1.425	-7.862
		（3.039）	（5.063）	（7.621）
FDI		-21.72***	-17.14***	-13.20***
		（6.283）	（4.118）	（4.050）
ln forest		-14.84***	-8.540***	5.155
		（1.131）	（2.483）	（4.276）
ln rain		2.678***	-0.487	-0.470
		（0.931）	（0.717）	（0.701）
cons	37.51***	-16.98	106.9***	372.8***
	（1.759）	（22.80）	（27.04）	（85.42）
省级固定	有	有	有	有
时间固定	有	有	有	有
N	209	209	209	209
R2	0.105	0.742	0.254	0.352

注：*、** 和 *** 分别表示在 10%、5% 和 1% 的水平上显著；括号内数据为稳健标准误。

233

第六节　内生性讨论

尽管以上实证分析解释了环境管制对雾霾污染水平的影响，但是上述结果可能会受到遗漏变量、测量误差和逆向因果等问题所导致内生性估计偏差的影响。为更好地解决内生性偏差的影响，本研究选择带有工具变量的两阶段最小二乘法（2SLS）进行估计，希望获得稳健的研究结果。

大量的文献已经证实，环境规制的环境效应可能并非立竿见影，而是存在一定的时滞性（Horváthová，2012；Xie et al.，2017）。因此，本研究在模型中加入其滞后一期项，以捕捉可能存在的滞后效应，这种做法有助于避免内生性问题（Zheng & Shi，2017）。

对于面板数据，通常使用内生解释变量的滞后期变量作为工具变量。这一变量与内生解释变量相关，与当期扰动项无关。为了充分验证工具变量的有效性，本研究对工具变量的强弱进行相关的检验。结果显示，KP Wald F 的 P 值为 0，小于相关工具变量一阶段 P=0.1 的经验值，因而拒绝弱工具变量的假设。限于篇幅，于此不汇报如上的结果。

两阶段回归方程设定如下：

第一阶段 $\widehat{CCR}_{it} = \beta_1 L.\widehat{MBR}_{it} + \beta_2 Control_{it} + \varepsilon_{it}$　　　　（1）

第二阶段 $PM_{2.5it} = a_1 \widehat{MBR}_{it} + a_2 Control_{it} + \varepsilon_{it}$　　　　（2）

其中，方程（1）为第一阶段回归。这里被解释变量 $\widehat{MBR}_{it}$ 是第 i 个省份在 t 年的环境管制，工具变量为 $L.\widehat{MBR}_{it}$，是市场型环境规制的滞后一期，这里系数反映了市场激励型环境规制对环境管制的影响。预期估计系数显著大于 0，这说明市场激励型环境规制滞后一期与环境管制具有相关性。方程（2）是第二阶段回归，此时的解释变量 $\widehat{MBR}_{it}$ 是通过第一阶段回归方程得到的估计值，预期估计系数显著小于 0。两阶段回归结果如表 5—11 所示。

表 5—11 给出了排污费收入占工业增加值的占比对 PM2.5 数值影响的

两阶段回归结果。在考虑控制变量、省级固定、时间固定等情况下，本研究分别考察面板数据的固定效应和随机效应。

第一，如表 5—11 第（1）列所示，在随机效应的模型中，作为工具变量的市场型环境规制滞后一期与内生变量之间存在显著的正向关系，两者的弹性系数是 0.621，且在 1% 的水平上显著，即 MBR 滞后一期每增加 1%，排污费收入在工业增加值的占比增加 0.621%。

第二，如表 5—11 第（2）列所示，在固定效应的模型中，作为工具变量的市场型环境规制滞后一期与内生变量之间存在显著的正向关系，两者的弹性系数是 0.519，且在 5% 的水平上显著，即 MBR 滞后一期每增加 1%，排污费收入在工业增加值的占比增加 0.519%。

第三，如表 5—11 第（3）列所示，在随机效应的模型中，利用工具变量纠正了遗漏变量问题后，MBR 对 PM2.5 影响的系数为负，且在 1% 的水平上显著，进一步证明了 MBR 对雾霾污染水平的反向作用，排污费收入在工业增加值的占比每增加 1%，PM2.5 数值减少 3.524%。

第四，如表 5—11 第（4）列所示，在固定效应的模型中，利用工具变量纠正了遗漏变量问题后，排污费收入在工业增加值的占比对 PM2.5 影响的系数仍然为负，且在 1% 的水平上显著，进一步证明了 MBR 对雾霾污染水平的反向作用，排污费收入在工业增加值的占比每增加 1%，PM2.5 数值减少 5.51%。

表 5—11　市场激励型环境规制对雾霾污染水平影响内生性讨论

	（1）	（2）	（3）	（4）
	MBR		PM2.5	
	RE	FE	RE	FE
MBRlag	0.621***	0.519**		
	（0.048）	（0.055）		
			-3.524***	-5.51***
			（0.967）	（1.22）
控制变量	有	有	有	有

续表

	（1）	（2）	（3）	（4）
	MBR		PM2.5	
	RE	FE	RE	FE
常数项	有	有	有	有
省级固定	有	有	有	有
时间固定	有	有	有	有
N	300	300	300	300
R2	0.253	0.481	0.32	0.362

注：*、** 和 *** 分别表示在 10%、5% 和 1% 的水平上显著；括号内数据为稳健标准误。其中，控制变量包括 GDP、人口密度、城市化率、交通基础设施、降雨量、森林覆盖率、对外直接投资等。

第七节　结论与讨论

对市场激励型环境规制（MBR）抑制雾霾污染的有效性仍未形成共识，因此，本章旨在为此提供经验证据。在文献梳理的基础上，本研究基于中国 2007~2017 年的省级数据，探讨 MBR 能否降低雾霾污染。本研究采用 PM2.5 浓度作为雾霾污染的代理变量，首先选取各省排污费收入占工业增加值的比重作为 MBR 的替代变量（MBR1），然后选取人均排污费收入作为 MBR 的替代变量（MBR2），并对经济水平、人口密度、城市化率、道路交通、外商直接投资、森林覆盖率和降雨量等因素进行了必要的控制。在此基础之上，本研究分别考察了 OLS、OLS 混合回归、面板数据的随机效应模型、面板数据的固定效应模型，得到了一些有意义的发现，具体汇报如下。

第一，市场激励型环境规制与雾霾污染之间存在显著的负相关关系。由此可知，MBR 水平越高（MBR1）的地区，其雾霾污染水平越低。总体而言，环境规制水平每上升 1%，PM2.5 浓度相应减少 19.52%，且在 1% 的水平上显著。在进一步的研究中可以发现，这种显著性在替换被解释变量、替换核心解释变量以及稳健性检验的情况下仍然基本成立。不过，当以人均排污费收入作为 MBR 的替代变量（MBR2）时，注意到 MBR2 对雾霾污染的影响虽然在多数模型下仍然显著为负，但其系数相比而言缩小了很多，这一现象的相关原因有待进一步考究。由此我们可以得出大致结论：在中国，市场激励型环境规制对于抑制雾霾污染有较强的效果，即市场激励型环境规制有助于实现经济增长与环境保护的双赢。这一发现与之前的一些文献能够相互印证。[1][2] 这意味着我们如果想要进一步遏制雾霾污染，就必须进一步提高市场激励型环境规制强度。在本章节的语境下，就是要进一步提高各省排污费收入占工业增加值的比重（MBR1）。

第二，与命令控制型环境规制相比，市场激励型环境规制在降低雾霾污染上的效果更强。从本章研究结果可知。市场激励型环境规制每提高 1%，PM2.5 浓度相应减少 19.5%，且在 1% 的水平上显著。从第四章可知，命令控制型环境规制每上升 1%，PM2.5 浓度相应减少 2.9%，且至少在 5% 的水平上显著。两者对比可知，市场激励型环境规制对于降低雾霾污染具有更强的效果。因此，为了加快控制雾霾污染，在加强命令控制型环境规制的同时，更需要注重提高市场激励型环境规制水平。就本章节而言，就是要进一步提高各省排污费收入占工业增加值的比重。

第三，区域异质性检验表明，市场激励型环境规制抑制雾霾污染的有效性存在强烈的区域异质性。首先，本章节按照中国四大经济地理区域，将全样本划分为东部、中部、西部和东北地区进行检验。结果表明，在东部地区和中部地区，市场激励型环境规制与雾霾污染存在显著的负相关。在西部地区和东北地区，其显著性消失。其次，本章节按照南北方区位将全样本划分为北方和南方进行了检验。结果表明，在北方地区，市场激励型环境规制水平越高的地区，其雾霾污染水平越低，且结果稳定；而在南方地区，虽然发现了市场激励型环境规制与雾霾污染的负相关关系，但并

---

[1]　Zhang M, Liu X, Sun X, et al.,The influence of multiple environmental regulations on haze pollution: Evidence from China, *Atmospheric Pollution Research*, 2020, pp.170-179.

[2]　Chen H, Hao Y, Li J, et al.,The impact of environmental regulation, shadow economy, and corruption on environmental quality: Theory and empirical evidence from China, *Journal of Cleaner Production*, 2018, pp.200-214.

不总是显著。一个可能的解释是，南方省份的空气质量普遍较好，PM2.5的数值不是很高。由于雾霾污染本身就不高，市场激励型环境规制的作用自然也就不甚明显。再次，本研究将直辖市剔除重新组成样本，结果依然稳健。最后，通过剔除沿海地区的研究可以发现，其结果基本同全样本类似。上述四种区域异质性检验表明，总体而言，市场激励型环境规制能够有效抑制雾霾污染。同时，这种抑制效果存在强烈的区域异质性，在东部、西部、北方和内陆地区效果更加明显，而在中部、东北和南方区域则不甚明显。

第四，控制变量的结果分析。根据既有文献经验，本章节对经济水平、人口密度、城市化率、道路交通、外商直接投资、森林覆盖率和降雨量等因素进行了必要的控制，得到了一些有意思的结果。其中，城市化率也与雾霾污染存在显著的负相关。这可能是因为城市化率越高，资源利用率和绿色技术水平也会越高，使得在生活和生产中排放的污染相对更少。外商直接投资与雾霾污染存在显著的负相关。这可能是因为外国直接投资通常会给投资产业所在地带来更加先进的技术和高效的管理经验，这些因素可能有助于减少污染。[1][2]人均 GDP 水平与雾霾污染存在正相关，但并不总是显著。人口密度和交通基础设施与雾霾污染的关系在不同的估算模式下结果有所差异。森林覆盖率和降雨量与雾霾污染存在负相关，但并不总是显著，在此不多做赘述。

总结来看，本章节的实证检验发现，市场激励型环境规制确实有助于抑制雾霾污染，这种抑制效用会随着区域的变化而有所变化。就学术意义而言，本研究为市场激励型环境规制在雾霾控制的议题上提供了必要的经验证据，与王书斌、徐盈之（2015）[3]、王红梅、王振杰

---

① Kirkpatrick C, Shimamoto K,The effect of environmental regulation on the locational choice of Japanese foreign direct investment, *Applied Economics*, 2008, pp.1399-1409.

② Huang J, Chen X, Huang B, et al.,Economic and environmental impacts of foreign direct investment in China: A spatial spillover analysis, *China Economic Review*, 2017, pp.289-309.

③ 王书斌、徐盈之：《环境规制与雾霾脱钩效应——基于企业投资偏好的视角》，《中国工业经济》2015 年第 4 期。

（2016）[①]、Han & Li（2021）[②]、Li & Li（2020）[③] 和 Zhang 等人（2020）[④] 的研究进行了学术意义上的对话，并支持了 Han & Li（2021）、Zhang 等人（2020）关于市场激励型环境规制有助于降低雾霾污染的研究结论。同时，本研究也发现了一个很重要的结论，就是相比命令控制型环境规制，市场激励型环境规制更有助于降低雾霾污染，这也印证了 Pan & Tang（2021）[⑤] 在水污染上的结论。

就政策意义而言，本研究为进一步治理雾霾污染提供了可行思路，即进一步强化市场激励型环境规制水平，具体来说就是进一步提高各省排污费收入占工业增加值的比重（MBR1）。只有 MBR1 得到显著提高，才能发挥其对于抑制雾霾污染的政策效用。否则，如果只是提高人均排污费收入（MBR2），则其抑制雾霾污染的效用会大打折扣。

基于实证分析，可以发现市场激励型环境规制虽然具有较为显著的效能，但在其实施过程中，亦会受多重因素影响，进而制约其治理效能的发挥。这些因素主要表现为以下几点。

第一，政府对市场激励型环境规制认识不足。伴随着经济的快速发展，外部环境是不断动态变化的，选择有效的政策工具则具有复杂性，政策工具的选择必须结合环境政策目标、背景因素、选择惯性和非制度因素等多方面加以考虑，因此政策主体对政策工具的认识、选择、决策都起着重要的作用。政府选择市场激励型环境规制能有效助力雾霾治理效能，但是地方政府缺乏对市场激励型环境规制的充分认识，在对市场手段和功能的把握方面存在能力不足的问题。其一，由于市场环境的快速变化，政策主体

[①] 王红梅、王振杰：《环境治理政策工具比较和选择——以北京 PM2.5 治理为例》，《中国行政管理》2016 年第 8 期。

[②] Han F, Li J,Environmental Protection Tax Effect on Reducing PM2.5 Pollution in China and Its Influencing Factors,*Polish Journal of Environmental Studies*, 2021.

[③] Li C, Li G,Does environmental regulation reduce China's haze pollution? An empirical analysis based on panel quantile regression, *Plos One*, 2020.

[④] Zhang M, Liu X, Sun X, et al.,The influence of multiple environmental regulations on haze pollution: Evidence from China, *Atmospheric Pollution Research*, 2020, pp.170-179.

[⑤] Pan D, Tang J,The effects of heterogeneous environmental regulations on water pollution control: Quasi-natural experimental evidence from China, *Science of The Total Environment*, 2021.

不能及时地调整政策工具，导致市场激励型环境规制无法有效应对环境变化，在环境治理过程中缺乏灵活性。其二，地方政府在政策工具的选择方面具有多样性，政策工具之间往往具有互补性的关系，但是如果使用搭配不当，很容易产生政策之间的冲突，市场激励型环境规制发挥的作用将大打折扣，也会导致市场激励型环境规制在执行中出现排斥甚至治理失灵的现象。其三，在政策自上而下传达的过程中，地方政府对中央的政策认识理解不透，容易出现执行力不足等情况。

第二，市场机制不成熟。市场发展的成熟与否严重影响市场激励型环境规制的运用。譬如，京津冀区域经济包含北京、天津、河北三个市场，各自市场发展成熟度参差不齐，在市场政策工具的运用尺度上也会存在地区差异，并不能做到有效的统一。如三地采取征收税费的措施，各地因地制宜地对税费进行调节征收，这就很容易出现企业转嫁风险的行为。征缴税收虽然可以增加财政收入，但并不一定能改善环境质量，甚至会出现税收征缴与环境保护目标背道而驰的情况。据调查，企业纳税负担越轻，则企业生态环保的意愿会更强，市场机制的不成熟引致税收政策机制的不确定性，税费的负担使企业的环保意愿降低。

第三，技术和背景环境因素的影响。非制度因素包含文化、风俗习惯、伦理观念、自然资源和科学技术等，这些都会对环境政策工具的选择带来影响。技术性因素是影响环境政策工具技术效果的重要原因，技术的发展在排污交易权和环境税费的使用过程中发挥着重要作用，但是在污染源追踪、检测等方面依然存在很大的技术壁垒。不断深入的环境治理使得市场手段越来越被重视，粗放式管理也逐渐转变为精细化治理，对环境的监测、检查亦将更加全面，对精准度和时效性也会有更高要求，但是地方政府缺乏相应的专业技术人才。同时，引入市场工具也存在其他影响因素，譬如背景环境因素。目标对象、政策主体、政策客体、政策系统、利益相关者以及其他客观条件等，都会对市场政策工具的使用带来阻滞。

第六章 非正式型环境规制对雾霾污染的影响

第四章检验了命令控制型环境规制（CCR）对雾霾污染的影响，第五章检验了市场激励型环境规制（MBR）对雾霾污染的影响。两者的回归结果表明，命令控制型环境规制（CCR）与PM2.5以及市场激励型环境规制（MBR）与PM2.5均呈显著负相关关系。从结果来看，命令控制型环境规制（CCR）和市场激励型环境规制（MBR）力度的提升均有助于控制雾霾污染。同时，与命令控制型环境规制（CCR）相比，市场激励型环境规制（MBR）在降低雾霾污染上的效果更强。近年来，除了命令控制型环境规制（CCR）和市场激励型环境规制（MBR），非正式型环境规制（IR）在世界上日益流行起来，许多非正式型环境规制被越来越多地应用到环境治理领域。然而，关于其效用的研究，尤其是关于非正式型环境规制（IR）与PM2.5关系的评估还相对有限。根据结构安排，本章将基于中国2007~2017年的省级数据，探讨非正式型环境规制（IR）能否降低雾霾污染。如果答案是能，则进一步解答其能在多大程度上发挥作用。

第一节 研究假设

正式型环境规制虽然效果显著，但也有一些显著的缺点，其在实施过程中存在各种各样的问题，例如实施成本相对较高、实施中存在滞后性和实施过程中的腐败干扰等。Kathuria认为，由于环境信息不对称，正式型的环境规制在发展中国家的污染控制中有一定的局限性，非正式型环境规制恰好能弥补这一局限。[①] 因此，非正式型环境规制的出现扩展了环境规制的内涵，弥补了正式型环境规制的不足。

非正式型环境规制（IR）是指政府通过宣传教育、舆论引导的方式，促使企业或个人树立起保护环境的观念，从而自发地为保护环境做出积极的行动，其主要行为主体是公民和有关公民团体。这一工具的实质是改变当事人在环境行为决策框架中的观念和优先性，将环境保护的观念全部内化到当事人的偏好结构中[②]，核心是引导公众参与环境治理过程。非正式型环境规制（IR）的核心假设是通过增强社会环境意识这一手段来助力环境治理，以公众参与或公众环境关心[③]为主导的非正式型环境规制（IR）可以向企业或政府施加压力，要求企业严格执行污染减排政策，进而要求政府严格执行环境治理制度。研究表明，非正式型环境规制（IR）通常能在环境治理中发挥一定作用。[④]

通常，公民及其团体的环保行动包括公民对污染行为的抗议、对污染产品的抵制，以及媒体对环境污染事件的报道等。具体到我国来说，非正式型环境治理工具包括政府主导下的听证会、专家论证会以及以公众为主体的信访、民间环保组织、环境宣传教育等。[⑤] 一般来讲，非正式型环境规制（IR）通常被视为空气污染控制政策的有力补充，在环境治理中能发挥

---

① Kathuria V,Informal regulation of pollution in a developing country: evidence from India,*Ecological Economics*, 2007, pp.403-417.

② 李晟旭：《我国环境政策工具的分类与发展趋势》，《环境保护与循环经济》2010 年第 1 期。

③ 公众环境参与或公众环境关心通常指的是人们对环境问题的了解程度，以及表明愿意为解决环境污染问题做出个人努力的意愿，常被用于表示公众对环境的关心、关注与参与。基于此概念，可以将公众对雾霾的关注定义为人们对雾霾污染的了解程度以及对雾霾污染的兴趣程度。参见 Liu X, Ji X, Zhang D, et al.,How public environmental concern affects the sustainable development of Chinese cities: An empirical study using extended DEA models,*Journal of Environmental Management*, 2019.

④ Kathuria V,Informal regulation of pollution in a developing country: evidence from India,*Ecological Economics*, 2007, pp.403-417.

⑤ 罗敏、伍小乐：《环境政策工具的有效性选择——来自 H 省 M 市环境治理的地方性经验》，《城市观察》2020 年第 3 期。

一定的作用。[1][2]

根据英格尔哈特的后物质主义理论，随着收入水平的提高，公众的环保意识和需求也会随之提升。[3]近年来中国人均收入水平持续提高，面对日益严重的环境污染，公众的环保诉求也在不断提升。公众不但对当前的环境污染表示不满和担忧，而且也愿意积极承担环境责任，以实际行动保护环境。据调查，73.7%的受访者表示愿意付出一定的金钱为自己的碳排放买单。[4]当面临的环境污染问题更为严重、迟迟得不到妥善解决时，一些公众会通过其他途径对环境污染表达抗议，主要是环境信访。从绪论中关于全国历年环境信访量次数的统计中可以看出，环境信访与投诉的次数近年来增幅相当明显，从2006年的72.67万起增至2015年的187.25万起，年均增速达17.52%。同时，一些有更强发声渠道的社会精英也积极通过"两会"等重要场合发出加强环境治理的呼声，这一点从绪论中同样可以看出，人大、政协环境提案数以年均9.57%的增幅从2006年的10246件上升到2015年的19069件，总量几近翻番。

伴随着互联网技术的发展，网络舆论监督、非政府组织等成为雾霾治理的新途径，公众和互联网力量对雾霾治理的重要性越来越强。现阶段非正式型环境规制中诸如"绿家园""自然之友"等民间环保组织具备丰富的社会资源，在地方政府的支持下又具备一定程度的官方背景，他们可以通过成熟的社会精英和民间非正式渠道从社会的视角去发现和解决环境问题。伴随着公众对生活质量要求的提高和环保意识的增强，非正式型环境规制的应用范围也越来越广。

从理论上说，与命令控制型环境规制和市场激励型环境规制相比，非

[1] Goldar B, Banerjee N, Impact of informal regulation of pollution on water quality in rivers in India, *Journal of Environmental Management*, 2004, pp.117-130.

[2] Féres J, Reynaud A,Assessing the impact of formal and informal regulations on environmental and economic performance of Brazilian manufacturing firms,*Environmental and Resource Economics*, 2012, pp. 65-85.

[3] Inglehart R, Public Support for Environmental Protection: Objective Problems and Subjective Values in 43 Societies, *PS: Political Science & Politics*, 1995, pp.57-72.

[4] 中国气候传播项目中心：《2017年中国公众气候变化与气候传播认知状况调研报告》，中国气候传播项目中心，2017。

正式型环境规制具有以下优势：首先，雾霾治理采用非正式型环境规制，政府需要承担的人力、物力大大减少，政策阻力也相对较少，因此能够进一步有效地降低治理雾霾问题的成本；其次，非正式型环境规制通过价值观认同达到政策目的，政策效果具有长效优势空间，在政府的初步引导下，伴随越来越多非政府组织规模的壮大，最终能够在社会中形成多元参与的利益共同体，这更有利于政策目标的达成。然而，非正式型环境规制也有明显的不足，其既不像命令控制型环境规制那样具有强制力和约束力，又不如市场激励型环境规制那样具有明显的经济激励，因而其实际效用被一些文献质疑。[①] 一直以来，关于非正式型环境规制能否促进污染减排和能否减少雾霾污染的问题，学术界的分歧要比对命令控制型环境规制和市场激励型环境规制效果的争议大得多。[②] 由于当前学界并未就该问题形成共识，因此有必要为这一问题提供更多的实证证据。

综合考虑上述因素，本章节将基于中国 2007 ~ 2017 年的省级数据，探讨非正式型环境规制能否降低雾霾污染。如果能，则进一步研究其影响程度如何。

第二节　模型设定和数据来源

本章内容旨在检验非正式型环境规制抑制雾霾污染的有效性。基于理论分析和研究述评的经验，本研究采用面板数据，以分年度的省级样本为分析单元。参考 Grossman & Krueger[③] 和 Copeland & Taylor[④] 的建模方法，综合考虑环境污染主要受环境规制、经济水平、人口密度、城市

① Zhang M, Liu X, Sun X, et al.,The influence of multiple environmental regulations on haze pollution: Evidence from China,*Atmospheric Pollution Research*, 2020,pp.170-179.

② Xie R, Yuan Y, Huang J,Different types of environmental regulations and heterogeneous influence on "green" productivity: evidence from China, *Ecological Economics*, 2017, pp.104-112.

③ Grossman G M, Krueger A B, Economic Growth and the Environment,*The Quarterly Journal of Economics*, 1995, pp.353-377.

④ Copeland B R, Taylor M S,Trade, growth, and the environment,*Journal of Economic Literature*, 2004, pp. 7-71.

化率、道路交通、外商直接投资、森林覆盖率和降雨量等因素的影响。在此基础上，本研究参考 Jiang 等学者（2018）的实证步骤，构建了计量模型（1）：

$$PM2.5_{it} = \beta_1\, IR_{it} + \beta_2\, control_{it} + \mu_i + \varepsilon_i \qquad （1）$$

其中，本方程的被解释变量是雾霾污染水平，于此选用 PM2.5 的数值作为雾霾污染水平的替代变量。本方程的核心解释变量是非正式型环境规制。本研究控制了一系列既可能影响环境规制，又可能影响雾霾污染水平的变量，具体用 $Control_{it}$ 来衡量。此外，（$\mu_i + \varepsilon_{it}$）是复合扰动项。具体相关解释如下文所示。

一 被解释变量的界定

本研究的被解释变量是雾霾污染水平，本研究选用 PM2.5 的数值作为雾霾污染水平的替代变量。同第三、四、五章一样，因此不再赘述。

二 核心解释变量的说明

本研究的核心解释变量是非正式型环境规制，即 IR。现有文献尚未就 IR 的度量达成共识。这既是一项有挑战性的工作，也是本项研究重要且必要的原因之一。总体来看，关于 IR 的度量，大致有以下思路。

第一，一些文献遵循 Hettige 等人关于 IR 的测量[1]，使用诸如人口密度，人力资本和工资水平等来构建指标，或者通过熵权法来合成 IR 指数[2]。例如，Wang 等人借鉴 Pargal & Wheeler 的做法[3]，选择以平均工资水

---

[1] Hettige H, Huq M, Pargal S, et al.,Determinants of pollution abatement in developing countries: evidence from South and Southeast Asia,*World Development*, 1996, pp.1891-1904.

[2] Kathuria V,Informal regulation of pollution in a developing country: evidence from India, *Ecological Economics*, 2007, pp.403-417.

[3] Pargal S, Wheeler D,Informal regulation of industrial pollution in developing countries: Evidence from Indonesia,*Journal of Political Economy*, 1996,pp.1314-1327.

平来衡量 IR[①]。

第二，选择公民环境信访数量、环保提案数量、非政府组织的数量等变量作为 IR 的替代变量。例如，Xiong 等人采用非政府组织的数量来衡量 IR 的水平。[②] 这种做法较为贴切，能较好地反映公民环保诉求和环保行为以及政府面临的环保压力。但遗憾的是，非政府组织的数量这一数据存在较为显著的缺失，因此在整体性的研究上难以发挥较大作用。Shi 等人采用"两会"环保提案数量来衡量公众压力，并以此作为 IR 的替代变量。[③] 由于环境信访数据较为易于获得，同时环境信访也能真实地表征公民的环保行为，故我们在借鉴既有研究成果的基础上[④⑤⑥]，采用环境信访量作为衡量 IR 的代理变量。本研究的数据来自《中国环境年鉴》和《中国统计年鉴》，选用各省人口数量进行加权，再取对数进行标准化处理。

三 控制变量的解释

为了更好地验证模型的准确性和结果的有效性，本研究控制了一系列既可能影响环境规制，又可能影响雾霾污染水平的变量。本章的控制变量同第三、四、五章，于此不再赘述。

---

① Wang T, Peng J, Wu L,Heterogeneous effects of environmental regulation on air pollution: evidence from China's prefecture-level cities,*Environmental Science and Pollution Research*, pp.1-16.

② Xiong B, Wang R,Effect of Environmental Regulation on Industrial Solid Waste Pollution in China: From the Perspective of Formal Environmental Regulation and Informal Environmental Regulation, *International Journal of Environmental Research and Public Health*, 2020, p.7798.

③ Shi H, Wang S, Li J, et al.,Modeling the impacts of policy measures on resident's PM2.5 reduction behavior: an agent-based simulation analysis,*Environmental Geochemistry and Health*, 2020, pp.895-913.

④ Li C, Li G,Does environmental regulation reduce China's haze pollution? An empirical analysis based on panel quantile regression, *Plos One*, 2020.

⑤ Zheng D, Shi M,Multiple environmental policies and pollution haven hypothesis: evidence from China's polluting industries, *Journal of Cleaner Production*, 2017,pp.295-304.

⑥ Zhang M, Liu X, Sun X, et al.,The influence of multiple environmental regulations on haze pollution: Evidence from China,*Atmospheric Pollution Research*, 2020, pp.170-179.

第三节 非正式型环境规制对雾霾污染影响的实证检验

一 非正式型环境规制对雾霾污染影响的散点分布

在正式实证研究之前，本研究进一步考察了非正式型环境管制与雾霾污染之间的关系。其中，本研究分别使用环境信访量作为非正式型环境规制的替代变量，使用 PM2.5 作为雾霾污染的替代变量。非正式型环境规制与雾霾污染水平的散点分布见图 6—1。

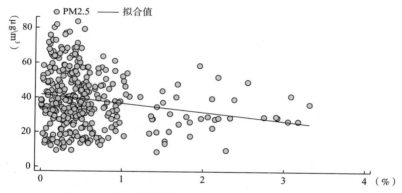

图 6—1 非正式型环境规制与 PM2.5 数值的散点分布

资料来源：笔者自制。本章其他图均如此，不再标注。

如图 6—1 所示，IR 与 PM2.5 数值呈现负相关关系，即环保信访人次越多，则各省份 PM2.5 的数值越小，这说明非正式型环境规制对雾霾污染有显著的抑制作用。

由此可以看出，非正式型环境规制与雾霾污染之间呈现负相关关系，那么二者是因果关系吗？下文将对此展开一系列的研究。

二 非正式型环境规制对雾霾污染影响的描述性统计

如表 6—1 所示，第一，样本的数量是 330 个；第二，被解释变量 PM2.5 的最小值是 8.73，最大值是 83.67，平均值是 38.81，标准差是 16.60；第三，核心解释变量 IR 的平均值是 7169，最小值是 2，最大值是 260000；

第四，不同控制变量之间数值的差异较大。由于单位选取的问题，原始数据的差异较大，因此，需要经过一定的标准化处理。

表 6—1　各变量描述性统计

变量	样本量	平均值	最小值	最大值	标准差
PM2.5	330	38.81	8.73	83.67	16.60
IR	330	7169	2	260000	22264
EPI	330	1.030	0.0500	2.530	0.600
CO_2_1	330	287.0	21.70	842.2	186.8
CO_2_2	330	30859	2045	94805	20962
FDI	330	0.0600	0	0.820	0.120
ln pGDP	330	10.51	8.970	11.77	0.550
rain	330	1011	57	22111	1321
forest	330	30.44	2.940	65.95	17.59
road	330	35.46	5.150	135.3	21.50
pop	330	453.7	7.670	3827	668.6
urban	330	54.12	28.24	89.60	13.46

资料来源：笔者自制。其他表格均如此，不再标注。

三　基准回归和结果分析

本研究通过构建 2007~2017 年省级的独特数据库，实证检验了非正式型环境规制对雾霾污染水平的影响。具体而言，本研究将解释变量设定为环保信访量（IR），将被解释变量设定为 PM2.5 数值。本研究分别考察 OLS、OLS 混合回归［OLS（2）］、面板数据的随机效应（RE）、面板数据的固定效应（FE），回归结果如表 6—2 所示。

第一，如表 6—2 第（1）列所示，在没有控制变量，并且考虑省级固定效应和时间效应的情况下，使用 OLS 回归，核心解释变量的回归系数为负，环保信访量对 PM2.5 的产出弹性为 -5.161，且在 1% 的水平上显著，即环保信访量每上升 1%，PM2.5 数值减少 5.161%。由此可知，非正式型环境规制水平越高的地区，其雾霾污染水平越低。

第二，如表6—2第（2）列所示，在考虑控制变量，并且考虑省级固定效应和时间效应的情况下，使用OLS混合回归，核心解释变量的回归系数为负，环保信访量对PM2.5的产出弹性为-2.984，且在1%的水平上显著，即环保信访量每上升1%，PM2.5数值减少2.984%。由此可知，非正式型环境规制水平越高的地区，其雾霾污染水平越低。

第三，如表6—2第（3）列所示，在考虑控制变量，并且考虑省级固定效应和时间效应的情况下，考虑面板数据的随机效应模型，核心解释变量的回归系数为负，环保信访量对PM2.5的产出弹性为-1.797，且在1%的水平上显著，即环保信访量每上升1%，PM2.5数值减少1.797%。由此可知，非正式型环境规制水平越高的地区，其雾霾污染水平越低。

第四，如表6—2第（4）列所示，在考虑控制变量，并且考虑省级固定效应和时间效应的情况下，考虑面板数据的固定效应模型，核心解释变量的回归系数为负，环保信访量对PM2.5的产出弹性为-1.435，且在5%的水平上显著，即环保信访量每上升1%，PM2.5数值减少1.435%。由此可知，非正式型环境规制水平越高的地区，其雾霾污染水平越低。

为什么非正式型环境规制有助于降低雾霾污染？原因可能有以下几点：其一，随着公众对高质量的空气状况的要求日益强烈，他们会监督企业污染物排放行为，及时制止企业无序排放污染，以保护自身利益。其二，公众可以通过媒体揭露企业的环境污染行为，从而影响污染企业的社会声誉，迫使污染企业认真对待其污染行为，并敦促企业将污染问题内在化，将生产方式从旧的高污染生产方式转向绿色生产。其三，随着公众环保意识的增强，居民倾向于选择价格更高也更环保的商品，而不是廉价的污染环境的产品，这将压缩污染企业的市场空间并最终减少空气污染物的排放。其四，公民还可能借助正式型环境规制来推进污染减排，如对企业的污染行为提起诉讼，敦促政府对企业排污进行处罚[①]。

---

① Wang T, Peng J, Wu L,Heterogeneous effects of environmental regulation on air pollution: evidence from China's prefecture-level cities,*Environmental Science and Pollution Research*, 2021,pp.1-16.

第五，如表6—2第（4）列所示，考察使用固定效应模型时的控制变量。人均GDP的系数是正，且在1%的水平上显著，这说明人均GDP水平越高的地区，其雾霾污染水平可能越严重，这可能与经济发达地区的工业或者重工业化程度高有关。人口密度的系数为负，且在1%的水平上显著，它的结果和随机效应模型的系数相反，有待进一步研究。城市化率的系数为负，且在1%的水平上显著，这说明城市化水平越高的地区，其雾霾污染水平可能越低。外商直接投资的系数为负，且在1%的水平上显著，这说明外商直接投资越高的地区，其雾霾污染水平可能越低。除此以外，降雨量、交通基础设施、森林覆盖率等控制变量的系数在10%的水平上不显著，具体原因，有待进一步探究。

表6—2　非正式型环境规制对雾霾污染影响的基准回归

	（1）	（2）	（3）	（4）
	PM2.5			
	OLS	OLS（2）	RE	FE
IR	-5.161***	-2.984***	-1.797***	-1.435**
	（1.488）	（1.099）	（0.622）	（0.608）
ln pGDP		8.420***	4.941**	7.869***
		（2.437）	（2.227）	（2.608）
ln pop		17.26***	12.08***	-31.04***
		（1.115）	（2.391）	（11.05）
ln urban		-33.89***	-31.11***	-35.91***
		（6.098）	（7.384）	（8.944）
ln road		12.61***	2.224	-5.098
		（2.550）	（4.231）	（6.263）
FDI		-7.986	-12.62***	-12.28***
		（5.379）	（3.006）	（2.939）
ln forest		-9.843***	-6.298***	-0.487

续表

	（1）	（2）	（3）	（4）
	PM2.5			
	OLS	OLS（2）	RE	FE
		（0.839）	（1.586）	（2.268）
ln rain		-1.527*	-0.993	-0.802
		（0.887）	（0.666）	（0.662）
cons	41.89***	-8.610	65.24***	293.2***
	（1.263）	（20.70）	（22.13）	（61.32）
省级固定	有	有	有	有
时间固定	有	有	有	有
N	330	330	330	330
R2	0.011	0.693	0.321	0.361

注：*、** 和 *** 分别表示在 10%、5% 和 1% 的水平上显著；括号内数据为稳健标准误。

第四节　非正式型环境规制对雾霾污染影响的稳健性检验

基准回归结果解释了非正式型环境规制对雾霾污染水平的影响，然而，当替换被解释变量时，实证研究结果是否稳健呢？当替换核心解释变量时，实证研究结果是否仍然稳健呢？为解决上述问题，本部分从这两个角度验证了研究的稳健性。

一　基于环境污染指数的回归分析

为验证实证结果的稳健性，本部分将被解释变量替换为环境污染指数（EPI），具体结果如表 6—3 所示。

第一，如表 6—3 第（1）列所示，在没有控制变量，并且考虑省级固定效应和时间效应的情况下，使用 OLS 回归，核心解释变量的回归系数为负，环保信访量对环境污染指数（EPI）的产出弹性为 -0.171，且在 1% 的水平上显著，即环保信访量每上升 1%，环境污染指数数值减少 0.171%。由此可知，非正式型环境规制水平越高的地区，其环境污染水平越低。

第二，如表 6—3 第（2）列所示，在考虑控制变量，并且考虑省级固定效应和时间效应的情况下，使用 OLS 混合回归，核心解释变量的回归系数为负，环保信访量对环境污染指数的产出弹性为 -0.0332，且在 1% 的水平上显著，即环保信访量每上升 1%，环境污染指数（EPI）数值减少 0.0332%。由此可知，非正式型环境规制水平越高的地区，其环境污染水平越低。

第三，如表 6—3 第（3）列所示，在考虑控制变量，并且考虑省级固定效应和时间效应的情况下，考虑面板数据的随机效应模型，核心解释变量的回归系数为负，环保信访量对环境污染指数的产出弹性为 -0.0049，且在 5% 的水平上显著，即环保信访量每上升 1%，环境污染指数数值减少 0.0049%。由此可知，非正式型环境规制水平越高的地区，其环境污染水平越低。

第四，如表 6—3 第（4）列所示，在考虑控制变量，并且考虑省级固定效应和时间效应的情况下，考虑面板数据的固定效应模型，核心解释变量的回归系数为负，环保信访量对环境污染指数的产出弹性为 -0.0133，且在 10% 的水平上显著，即环保信访量每上升 1%，环境污染指数数值减少 0.0133%。由此可知，非正式型环境规制水平越高的地区，其环境污染水平越低。

第五，如表 6—3 第（4）列所示，考察使用固定效应模型时的控制变量。人均 GDP 的系数为负，且在 10% 的水平上显著，人口密度的系数为正，且在 5% 的水平上显著。其余控制变量的系数不显著，具体原因，有待进一步探究。

表6—3　非正式型环境规制对雾霾污染水平影响的稳健性检验（一）

	（1）	（2）	（3）	（4）
	EPI			
	OLS	OLS（2）	RE	FE
IR	-0.171***	-0.0332***	-0.0049**	-0.0133*
	（0.036）	（0.044）	（0.0246）	（0.0742）
ln pGDP		0.880***	-0.0178	-0.233*
		（0.160）	（0.116）	（0.135）
ln pop		0.210***	0.255**	1.224**
		（0.0699）	（0.122）	（0.498）
ln urban		-2.487***	-0.357	0.427
		（0.403）	（0.394）	（0.482）
ln road		0.156	0.336	0.324
		（0.164）	（0.215）	（0.302）
FDI		0.447	0.118	0.346
		（2.530）	（1.804）	（1.803）
ln forest		-0.0218	0.0297	0.00541
		（0.0529）	（0.0730）	（0.0956）
ln rain		0.0339	-0.0177	-0.0150
		（0.0545）	（0.0273）	（0.0269）
cons	0.961***	-0.191	0.116	-5.901**
	（0.0677）	（1.349）	（1.154）	（2.915）
省级固定	有	有	有	有
时间固定	有	有	有	有
N	330	330	330	330
R2	0.013	0.229	0.068	0.067

注：*、** 和 *** 分别表示在10%、5%和1%的水平上显著；括号内数据为稳健标准误。

二 基于二氧化碳浓度（CO_2_1）的回归分析

为验证实证结果的稳健性，该部分将被解释变量替换为二氧化碳浓度（CO_2_1），具体结果如表6—4所示。

第一，如表6—4第（1）列所示，在没有控制变量，并且考虑省级固定效应和时间效应的情况下，使用OLS回归，核心解释变量的回归系数为负，环保信访量对二氧化碳浓度（CO_2_1）的产出弹性为-0.692，且在1%的水平上显著，即环保信访量每上升1%，二氧化碳浓度（CO_2_1）数值减少0.692%。由此可知，非正式型环境规制水平越高的地区，其空气污染水平越低。

第二，如表6—4第（2）列所示，在考虑控制变量，并且考虑省级固定效应和时间效应的情况下，使用OLS混合回归，核心解释变量的回归系数为负，环保信访量对二氧化碳浓度（CO_2_1）的产出弹性为-0.426，且在5%的水平上显著，即环保信访量每上升1%，二氧化碳浓度（CO_2_1）数值减少0.426%。由此可知，非正式型环境规制水平越高的地区，其空气污染水平越低。

第三，如表6—4第（3）列所示，在考虑控制变量，并且考虑省级固定效应和时间效应的情况下，考虑面板数据的随机效应模型，核心解释变量的回归系数为负，环保信访量对二氧化碳浓度（CO_2_1）产出弹性为-0.0125，但在10%的水平上不显著，具体原因有待进一步研究。

第四，如表6—4第（4）列所示，在考虑控制变量，并且考虑省级固定效应和时间效应的情况下，考虑面板数据的固定效应模型，核心解释变量的回归系数为负，环保信访量对二氧化碳浓度（CO_2_1）的产出弹性为-0.00696，但在10%的水平上不显著，具体原因有待进一步研究。

表6—4 非正式型环境规制对雾霾污染水平影响的稳健性检验（二）

	（1）	（2）	（3）	（4）
	CO_2_1			
	OLS	OLS（2）	RE	FE
IR	-0.692***	-0.426**	-0.0125	-0.00696

续表

	（1）	（2）	（3）	（4）
		CO_2_1		
	OLS	OLS（2）	RE	FE
	（0.164）	（0.165）	（0.0308）	（0.0301）
ln pGDP		1.159***	0.402***	0.416***
		（0.183）	（0.0584）	（0.0633）
ln pop		0.373***	0.352***	0.139
		（0.0800）	（0.0993）	（0.234）
ln urban		-2.670***	-0.467**	-0.434*
		（0.462）	（0.211）	（0.226）
ln road		0.256	0.573***	0.518***
		（0.188）	（0.131）	（0.142）
FDI		-3.040	-0.450	-0.478
		（2.897）	（0.866）	（0.845）
ln forest		0.00196	0.00483	0.0155
		（0.0606）	（0.0419）	（0.0449）
ln rain		-0.0948	-0.0181	-0.0177
		（0.0624）	（0.0130）	（0.0126）
cons	5.133***	1.476	-0.676	0.368
	（0.0818）	（1.544）	（0.702）	（1.367）
省级固定	有	有	有	有
时间固定	有	有	有	有
N	330	330	330	330
R2	0.026	0.325	0.711	0.739

注：*、** 和 *** 分别表示在 10%、5% 和 1% 的水平上显著；括号内数据为稳健标准误。

三　基于二氧化碳浓度（CO₂_2）的回归分析

为验证实证结果的稳健性，该部分将被解释变量替换为二氧化碳浓度（CO₂_2），具体结果如表6—5所示：

第一，如表6—5第（1）列所示，在没有控制变量，并且考虑省级固定效应和时间效应的情况下，使用OLS回归，核心解释变量的回归系数为负，环保信访量对二氧化碳浓度（CO₂_2）的产出弹性为-0.707，且在1%的水平上显著，即环保信访量每上升1%，二氧化碳浓度（CO₂_2）数值减少0.707%。由此可知，非正式型环境规制水平越高的地区，其空气污染水平越低。

第二，如表6—5第（2）列所示，在考虑控制变量，并且考虑省级固定效应和时间效应的情况下，使用OLS混合回归，核心解释变量的回归系数为负，环保信访量对二氧化碳浓度（CO₂_2）的产出弹性为-0.463，且在1%的水平上显著，即环保信访量每上升1%，二氧化碳浓度（CO₂_2）数值减少0.463%。由此可知，非正式型环境规制水平越高的地区，其空气污染水平越低。

第三，如表6—5第（3）列所示，在考虑控制变量，并且考虑省级固定效应和时间效应的情况下，考虑面板数据的随机效应模型，核心解释变量的回归系数为负，环保信访量对二氧化碳浓度（CO₂_2）产出弹性为-0.0278，但在10%的水平上不显著，具体原因，有待进一步研究。

第四，如表6—5第（4）列所示，在考虑控制变量，并且考虑省级固定效应和时间效应的情况下，考虑面板数据的固定效应模型，核心解释变量的回归系数为负，环保信访量对二氧化碳浓度（CO₂_2）的产出弹性为-0.0233，但在10%的水平上不显著，具体原因有待进一步研究。

表6—5　非正式型环境规制对雾霾污染水平影响的稳健性检验（三）

	（1）	（2）	（3）	（4）
	CO₂_2			
	OLS	OLS	RE	FE
IR	-0.707***	-0.463***	-0.0278	-0.0233

续表

	（1）	（2）	（3）	（4）
		CO$_2$_2		
	OLS	OLS（2）	RE	FE
	（0.171）	（0.173）	（0.0326）	（0.0319）
ln pGDP		1.156***	0.407***	0.414***
		（0.192）	（0.0618）	（0.0671）
ln pop		0.386***	0.334***	0.150
		（0.0840）	（0.104）	（0.248）
ln urban		-2.681***	-0.557**	-0.519**
		（0.485）	（0.223）	（0.240）
ln road		0.257	0.503***	0.456***
		（0.197）	（0.139）	（0.150）
FDI		-3.310	-0.651	-0.668
		（3.041）	（0.917）	（0.897）
ln forest		-0.0115	0.0357	0.0507
		（0.0636）	（0.0443）	（0.0476）
ln rain		-0.114*	-0.0156	-0.0148
		（0.0655）	（0.0137）	（0.0134）
cons	9.787***	6.298***	4.514***	5.399***
	（0.0851）	（1.621）	（0.741）	（1.450）
省级固定	有	有	有	有
时间固定	有	有	有	有
N	330	330	330	330
R2	0.026	0.325	0.711	0.739

注：*、** 和 *** 分别表示在 10%、5% 和 1% 的水平上显著；括号内数据为稳健标准误。

第五节　异质性拓展分析：分样本回归

为了进一步考察结果的稳健性，该部分通过异质性拓展分析，对全样本划分为不同的分样本，进行如下回归。

一　基于经济地理区域的回归分析

为验证实证结果的稳健性，本部分按照中国四大经济地理区域，将全样本划分为东部、中部、西部和东北地区。具体结果如表6—6所示。

第一，如表6—6第（1）列所示，在考虑控制变量，并且考虑省级固定效应和时间效应的情况下，使用面板数据的固定效应模型，核心解释变量的回归系数为负，东部省份的环保信访量对PM2.5的产出弹性为-2.3，且在1%的水平上显著，即环保信访量每上升1%，PM2.5数值减少2.3%。由此可知，在东部省份，非正式型环境规制对雾霾治理的影响相对较大，治理效能相对较高。

第二，如表6—6第（2）列所示，在考虑控制变量，并且考虑省级固定效应和时间效应的情况下，使用面板数据的固定效应模型，核心解释变量的回归系数为负，中部省份的环保信访量对PM2.5的产出弹性为-0.47，且在1%的水平上显著，即环保信访量每上升1%，PM2.5数值减少0.47%。由此可知，在中部省份，非正式型环境规制对雾霾治理的影响相对较小，治理效能相对较低。

第三，如表6—6第（3）列所示，在考虑控制变量，并且考虑省级固定效应和时间效应的情况下，使用面板数据的固定效应模型，核心解释变量的回归系数为负，西部省份的环保信访量对PM2.5的产出弹性为-1.076，但是在10%的水平上不显著。一个可能的解释是，西部省份地广人稀，制造业较少，环境质量相对较高，PM2.5数值本身就较小，因此敏感性较差。

第四，如表6—6第（4）列所示，在考虑控制变量，并且考虑省级固定效应和时间效应的情况下，使用面板数据的固定效应模型，核心解释变量的回归系数为负，东北省份环保信访量对PM2.5的产出弹性为-3.155，但是在 10% 的水平上不显著，具体原因有待进一步探究。

表 6—6　非正式型环境规制对雾霾污染水平影响的异质性检验（一）

	（1）	（2）	（3）	（4）
	PM2.5			
	东部	中部	西部	东北
IR	-2.3***	-0.47***	-1.076	-3.155
	（0.770）	（0.105）	（0.983）	（2.170）
ln pGDP	-1.240	40.59***	6.185	3.840
	（4.986）	（12.79）	（4.507）	（3.933）
ln pop	-1.551	57.67	-73.56***	-44.46
	（15.53）	（55.20）	（20.69）	（90.37）
ln urban	10.56	-144.6***	-28.48*	-62.02
	（16.59）	（44.79）	（15.49）	（42.18）
ln road	-16.23	-66.30**	-8.984	32.10
	（11.60）	（25.40）	（8.290）	（26.18）
FDI	-13.63***	-21.70	-8.407**	-7.853
	（4.579）	（13.37）	（4.135）	（6.842）
ln forest	-2.914	7.138	8.598*	58.16**
	（2.539）	（13.97）	（4.359）	（27.51）
ln rain	-2.672	-1.529	0.503	-3.102***
	（2.214）	（1.958）	（0.737）	（1.045）
cons	101.0	74.02	402.9***	158.9
	（105.9）	（298.9）	（87.95）	（413.0）
省级固定	有	有	有	有
时间固定	有	有	有	有
N	110	66	121	33
$R2$	0.429	0.523	0.432	0.612

注：*、** 和 *** 分别表示在 10%、5% 和 1% 的水平上显著；括号内数据为稳健标准误。

二 基于南北方的回归分析

按照传统的划分方法，北方地区包括黑龙江、吉林、辽宁、内蒙古、新疆、青海、陕西、山西、宁夏、河北、河南、山东、北京、天津、甘肃等省份。南方地区包括江苏（南部）、安徽（南部）、湖北、湖南、重庆、四川、西藏、贵州、云南、广西、广东、浙江、上海、福建、江西、海南等省份。本章的研究对象不包括台湾、香港和澳门等地区。

为验证实证结果的稳健性，本部分按照地域区分将全样本划分为北方和南方。具体结果如表 6—7 所示。

第一，如表 6—7 第（1）列所示，在考虑控制变量，并且考虑省级固定效应和时间效应的情况下，使用面板数据的随机效应模型，核心解释变量的回归系数为负，北方省份的环保信访量对 PM2.5 的产出弹性为 -2.243，且在 5% 的水平上显著，即环保信访量每上升 1%，PM2.5 数值减少 2.243%。由此可知，在北方省份，非正式型环境规制对雾霾治理的影响较大，治理效能相对较高。

第二，如表 6—7 第（2）列所示，在考虑控制变量，并且考虑省级固定效应和时间效应的情况下，使用面板数据的随机效应模型，核心解释变量的回归系数为负，南方省份的环保信访量对 PM2.5 的产出弹性为 -1.368，且在 10% 的水平上显著，即环保信访量每上升 1%，PM2.5 数值减少 1.368%。由此可知，在南方省份，非正式型环境规制对雾霾治理的影响较小，治理效能相对较低。

第三，如表 6—7 第（3）列所示，在考虑控制变量，并且考虑省级固定效应和时间效应的情况下，使用面板数据的固定效应模型，核心解释变量的回归系数为负，北方省份的环保信访量对 PM2.5 的产出弹性为 -1.725，且在 10% 的水平上显著，即环保信访量每上升 1%，PM2.5 数值减少 1.725%。由此可知，在固定效应模型下，结论依然成立，即在北方省份，非正式型环境规制对雾霾治理的影响较大，治理效能相对较高。

第四，如表 6—7 第（4）列所示，在考虑控制变量，并且考虑省级固定效应和时间效应的情况下，使用面板数据的固定效应模型，核心解释变量的回归系数为正，南方省份的环保信访量对 PM2.5 的产出弹性为 -0.786，但是在 10% 的水平上不显著，一个可能原因是，南方省份的空气质量普遍较好，PM2.5 绝对数值不是很高。

表 6—7　非正式型环境规制对雾霾污染水平影响的异质性检验（二）

	（1）	（2）	（3）	（4）
	PM2.5			
	RE		FE	
	北方	南方	北方	南方
IR	-2.243**	-1.368*	-1.725*	-0.786
	（0.927）	（0.801）	（0.930）	（0.725）
ln pGDP	12.37***	-5.873	12.80***	4.702
	（2.757）	（3.705）	（3.387）	（4.004）
ln pop	13.28***	13.55***	-25.83*	-94.42***
	（2.474）	（5.121）	（14.59）	（18.29）
ln urban	-40.05***	-4.574	-48.70***	-22.41*
	（8.662）	（11.55）	（12.91）	（12.73）
ln road	-0.330	7.453	-2.554	-8.353
	（5.266）	（6.167）	（9.433）	（7.471）
FDI	-8.262**	-18.43***	-8.082*	-17.62***
	（4.142）	（4.294）	（4.100）	（3.906）
ln forest	-10.68***	-3.096	2.135	1.411
	（1.944）	（2.164）	（4.980）	（2.219）
ln rain	-1.446	0.495	-1.462	0.527
	（1.053）	（0.796）	（1.083）	（0.718）
cons	42.57	24.16	239.7***	654.7***
	（32.48）	（38.61）	（76.12）	（110.3）

续表

	（1）	（2）	（3）	（4）
	PM2.5			
	RE		FE	
	北方	南方	北方	南方
省级固定	有	有	有	有
时间固定	有	有	有	有
N	165	165	165	165
R2	0.231	0.478	0.273	0.580

注：*、** 和 *** 分别表示在 10%、5% 和 1% 的水平上显著；括号内数据为稳健标准误。

三　基于行政级别的回归分析

一些文献认为，直辖市拥有较多的政策支持和行政资源，故直辖市在环境保护等方面有更大优势。为验证实证结果的稳健性，本部分删除了北京、天津、上海、重庆四个直辖市。

第一，如表 6—8 第（1）列所示，在没有控制变量，并且考虑省级固定效应和时间效应的情况下，使用 OLS 回归，核心解释变量的回归系数为负，环保信访量对 PM2.5 的产出弹性为 -7.01，且在 1% 的水平上显著，即环保支出占财政支出的比重每上升 1%，PM2.5 数值减少 7.01%。由此可知，非正式型环境规制水平越高的地区，其雾霾污染水平越低。

第二，如表 6—8 第（2）列所示，在考虑控制变量，并且考虑省级固定效应和时间效应的情况下，使用 OLS 混合回归，核心解释变量的回归系数为负，环保信访量对 PM2.5 的产出弹性为 -25.6，且在 1% 的水平上显著，即环保信访量每上升 1%，PM2.5 数值减少 25.6%。由此可知，非正式型环境规制水平越高的地区，其雾霾污染水平越低。

第三，如表 6—8 第（3）列所示，在考虑控制变量，并且考虑省级固定效应和时间效应的情况下，考虑面板数据的随机效应模型，核心解释变量的回归系数为负，环保信访量对 PM2.5 的产出弹性为 -22.7，且在 1% 的水平上显著，即环保信访量每上升 1%，PM2.5 数值减少 22.7%。由此可知，非正式型环境规制水平越高的地区，其雾霾污染水平越低。

第四，如表 6—8 第（4）列所示，在考虑控制变量，并且考虑省级固定效应和时间效应的情况下，考虑面板数据的固定效应模型，核心解释变量的回归系数为负，环保信访量对 PM2.5 的产出弹性为 -22.45，且在 1% 的水平上显著，即环保信访量每上升 1%，PM2.5 数值减少 22.45%。由此可知，非正式型环境规制水平越高的地区，其雾霾污染水平越低。

第五，如表 6—8 第（4）列所示，考察使用固定效应模型时的控制变量。人均 GDP 的系数是正且在 1% 的水平上显著，这说明人均 GDP 水平越高的地区，其雾霾污染水平可能越严重，这可能与经济发达地区的高污染工业较多或者重工业化程度高有关。人口密度的系数是为负，且在 1% 的水平上显著。城市化率的系数为负，且在 1% 的水平上显著，这说明城市化水平越高的地区，其雾霾污染水平可能越低。外商直接投资的系数为负，且在 1% 的水平上显著，这说明外商直接投资越高的地区，其雾霾污染水平可能越低。森林覆盖率的系数为正，且在 5% 的水平上显著。降雨量的系数为负，且在 5% 的水平上显著。此外，交通基础设施等控制变量的系数在 10% 的水平上不显著，具体原因有待进一步探究。

表 6—8　非正式型环境规制对雾霾污染水平影响的异质性检验（三）

	（1）	（2）	（3）	（4）
	PM2.5			
	OLS	OLS（2）	RE	FE
IR	-7.01***	-25.60***	-22.7***	-22.45***
	（3.71）	（6.607）	（5.886）	（5.702）
ln pGDP		4.213*	6.531***	8.073***
		（2.494）	（2.381）	（2.406）
ln pop		16.98***	11.23***	-51.32***
		（1.129）	（2.459）	（15.34）
ln urban		-27.07***	-46.47***	-54.32***

续表

	（1）	（2）	（3）	（4）
	PM2.5			
	OLS	OLS（2）	RE	FE
		（6.411）	（8.242）	（8.944）
ln road		7.633***	-0.921	-3.093
		（2.907）	（4.957）	（5.908）
FDI		-16.17***	-13.01***	-11.54***
		（4.524）	（2.678）	（2.550）
ln forest		-13.34***	-4.906**	7.624**
		（0.897）	（2.107）	（3.172）
ln rain		-0.787	-1.664**	-1.335**
		（0.857）	（0.670）	（0.641）
cons	37.47***	35.66*	125.4***	429.6***
	（1.551）	（20.50）	（23.71）	（74.65）
省级固定	有	有	有	有
时间固定	有	有	有	有
N	286	286	286	286
R2	0.065	0.745	0.298	0.394

注：*、** 和 *** 分别表示在 10%、5% 和 1% 的水平上显著；括号内数据为稳健标准误。

四 基于到沿海距离的回归分析

一些文献认为，沿海省份靠近大海，易受季风等气象因素的影响，故沿海省份在环境保护等方面有优势。因此，为验证实证结果的稳健性，该部分研究的样本不再考虑辽宁、河北、天津、山东、江苏、上海、浙江、福建、广东、广西、海南等省份。

第一，如表6—9第（1）列所示，在没有控制变量，并且考虑省级固定效应和时间效应的情况下，使用 OLS 回归，核心解释变量的回归系数为负，环保信访量对 PM2.5 的产出弹性为 -5.176，且在 1% 的水平上显著，即环保信访量每上升 1%，PM2.5 数值减少 5.176%。由此可知，非正式型环境规制水平越高的地区，其雾霾污染水平越低。

第二，如表 6—9 第（2）列所示，在考虑控制变量，并且考虑省级固定效应和时间效应的情况下，使用 OLS 混合回归，核心解释变量的回归系数为负，环保信访量对 PM2.5 的产出弹性为 -1.899，且在 1% 的水平上显著，即环保信访量每上升 1%，PM2.5 数值减少 1.899%。由此可知，非正式型环境规制水平越高的地区，其雾霾污染水平越低。

第三，如表 6—9 第（3）列所示，在考虑控制变量，并且考虑省级固定效应和时间效应的情况下，使用面板数据的随机效应模型，核心解释变量的回归系数为负，环保信访量对 PM2.5 的产出弹性为 -1.563，且在 1% 的水平上显著，即环保信访量每上升 1%，PM2.5 数值减少 1.563%。由此可知，非正式型环境规制水平越高的地区，其雾霾污染水平越低。

第四，如表 6—9 第（4）列所示，在考虑控制变量，并且考虑省级固定效应和时间效应的情况下，考虑面板数据的固定效应模型，核心解释变量的回归系数为负，环保信访量对 PM2.5 的产出弹性为 -1.01，且在 1% 的水平上显著，即环保信访量每上升 1%，PM2.5 数值减少 1.01%。由此可知，非正式型环境规制水平越高的地区，其雾霾污染水平越低。

第五，如表 6—9 第（4）列所示，考察使用固定效应模型时的控制变量。人均 GDP 的系数为正，且在 1% 的水平上显著，这说明人均 GDP 水平越高的地区，其雾霾污染水平可能越严重，这可能与经济发达地区的工业或者重工业化程度高有关。人口密度的系数是为负，且在 5% 的水平上显著。城市化率的系数为负，且在 1% 的水平上显著，这说明城市化水平越高的地区，其雾霾污染水平可能越低。外商直接投资的系数为负，且在 1% 的水平上显著，这说明外商直接投资越高的地区，其雾霾污染水平可能越低。此外，交通基础设施、降雨量和森林覆盖率等控制变量的系数在 10% 的水平上不显著，具体原因有待进一步探究。

表 6—9 非正式型环境规制对雾霾污染水平影响的异质性检验（四）

	（1）	（2）	（3）	（4）
	PM2.5			
	OLS	OLS（2）	RE	FE
IR	-5.176***	-1.899***	-1.563***	-1.01***
	（2.038）	（0.328）	（0.468）	（0.148）
ln pGDP		7.905***	9.175***	11.62***
		（2.860）	（2.968）	（3.308）
ln pop		16.65***	12.29***	-45.61**
		（1.266）	（2.593）	（18.02）
ln urban		-24.06***	-39.53***	-50.84***
		（6.886）	（9.254）	（11.29）
ln road		7.792**	-1.309	-10.54
		（3.136）	（5.151）	（7.843）
FDI		-17.83***	-16.69***	-13.57***
		（6.771）	（4.400）	（4.285）
ln forest		-13.54***	-7.345***	6.927
		（1.142）	（2.484）	（4.394）
ln rain		3.208***	-0.262	-0.325
		（0.953）	（0.741）	（0.725）
cons	39.20***	-39.58*	65.26**	359.8***
	（1.566）	（23.09）	（26.16）	（90.32）
省级固定	有	有	有	有
时间固定	有	有	有	有
N	209	209	209	209
R2	0.105	0.742	0.254	0.352

注：*、** 和 *** 分别表示在 10%、5% 和 1% 的水平上显著；括号内数据为稳健标准误。

第六节　内生性讨论

尽管以上实证分析解释了环境规制对雾霾污染水平的影响，但是上述结果可能会受到遗漏变量、测量误差和逆向因果等问题所导致的内生性估计偏差的影响。为更好地解决内生性偏差的影响，本部分选择带有工具变量的两阶段最小二乘法（2SLS）进行估计，希望获得稳健的研究结果。

大量的文献已经证实，环境规制的环境效应可能并非立竿见影，而是存在一定的时滞性（Horváthová, 2012；Xie et al., 2017）。因此，本研究在模型中加入其滞后一期项，以捕捉可能存在的滞后效应，这种做法有助于避免内生性问题（Zheng & Shi, 2017）。

对于面板数据，通常使用内生解释变量的滞后期变量作为工具变量。这一变量与内生解释变量相关，与当期扰动项无关。为了充分验证工具变量的有效性，本研究对工具变量的强弱进行了相关的检验。结果显示，KP Wald F 的 P 值为 0，小于相关工具变量一阶段 P=0.1 的经验值，因而拒绝弱工具变量的假设。限于篇幅，在这里没有汇报如上的结果。

两阶段回归方程（2）和方程（3）设定如下：

第一阶段 $\hat{IR}_{it} = \beta_1 L.\hat{IR}_{it} + \beta_2 Control_{it} + \varepsilon_{it}$　　　　　　　　（2）

第二阶段 $PM_{2.5it} = a_1 \hat{IR}_{it} + a_2 Control_{it} + \varepsilon_{it}$　　　　　　　　（3）

其中，方程（2）为第一阶段回归。这里被解释变量 $\hat{IR}_{it}$ 是第 i 个省份在 t 年的环境管制，工具变量为 $L.\hat{IR}_{it}$，是非正式型环境规制的滞后一期，这里系数反映了前一期非正式型环境规制对当期非正式型环境规制的影响。预期估计系数显著大于 0，这说明非正式型环境规制滞后一期与当期的环境规制具有相关性。方程（3）是第二阶段回归，此时的解释变量 $\hat{IR}_{it}$ 是通过第一阶段回归方程的得到的估计值，预期估计系数显著小于 0。两阶段回归结果如表 6—10 所示。

表 6—10 给出了环保信访量对 PM2.5 数值影响的两阶段回归结果。在

考虑控制变量、省级固定、时间固定等情况下，本研究分别考察了面板数据的固定效应和随机效应。

第一，如表6—10第（1）列所示，在随机效应的模型中，作为工具变量的非正式型环境规制滞后一期与内生变量之间存在显著的正向关系，两者的弹性系数为0.729，且在1%的水平上显著，即非正式型环境规制滞后一期每增加1%，当期的环保信访量增加0.729%。

第二，如表6—10第（2）列所示，在固定效应的模型中，作为工具变量的非正式型环境规制滞后一期与内生变量之间存在显著的正向关系，两者的弹性系数是0.639，且在5%的水平上显著，即非正式型环境规制滞后一期每增加1%，当期的环保信访量增加0.639%。

第三，如表6—10第（3）列所示，在随机效应的模型中，利用工具变量纠正了遗漏变量问题后，非正式型环境规制对PM2.5影响的系数仍然为-4.064，且在1%的水平上显著，进一步证明了非正式型环境规制对雾霾污染水平的反向作用，环保信访量每增加1%，PM2.5数值减少4.064%。

第四，如表6—10第（4）列所示，在固定效应的模型中，利用工具变量纠正了遗漏变量问题后，环保信访量对PM2.5影响的系数仍然为-3.56，且在1%的水平上显著，进一步证明了非正式型环境规制对雾霾污染水平的反向作用，环保信访量每增加1%，PM2.5数值减少3.56%。

表6—10 非正式型环境规制对雾霾污染水平影响内生性讨论

	（1）	（2）	（3）	（4）
	IR		PM2.5	
	RE	FE	RE	FE
IR_lag	0.729***	0.639**	-4.064***	-3.56***
	（0.048）	（0.055）	（0.967）	（1.22）
控制变量	有	有	有	有
常数项	有	有	有	有
省级固定	有	有	有	有

续表

	（1）	（2）	（3）	（4）
	IR		PM2.5	
	RE	FE	RE	FE
时间固定	有	有	有	有
N	300	300	300	300
R2	0.253	0.481	0.32	0.362

注：*、** 和 *** 分别表示在 10%、5% 和 1% 的水平上显著；括号内数据为稳健标准误。其中，控制变量包括 GDP、人口密度、城市化率、交通基础设施、降雨量、森林覆盖率、对外直接投资等。

第七节 结论与讨论

由于对非正式型环境规制（IR）抑制雾霾污染的有效性仍未形成共识。因此，本章旨在为此提供经验证据。在对既有文献进行梳理的基础上，本章节基于中国 2007~2017 年的省级数据，探讨了非正式型环境规制能否降低雾霾污染。本章节采用 PM2.5 浓度作为雾霾污染的代理变量，首先选取各省环保信访量作为非正式型环境规制的代理变量，并对经济水平、人口密度、城市化率、道路交通、外商直接投资、森林覆盖率和降雨量等因素进行了必要的控制。分别考察 OLS、OLS 混合回归、面板数据的随机效应模型、面板数据的固定效应模型，得到了一些有意义的发现。

第一，非正式型环境规制与雾霾污染之间存在显著的负相关关系。直接来说，非正式型环境规制水平越高的地区，其雾霾污染水平越低。总体而言，非正式型环境规制水平每上升 1%，PM2.5 浓度至少相应减少 1.4% 以上，并且至少在 5% 的水平上显著，这也与之前的一些文献相互印证[1][2]。在进一步的研究中，我们将被解释变量替换为环境污染指数（EPI）

---

[1] Shi H, Wang S, Zhao D,Exploring urban resident's vehicular PM2.5 reduction behavior intention: An application of the extended theory of planned behavior,*Journal of Cleaner Production*, 2017, pp.603-613.

[2] Li C, Ma X, Fu T, et al.,Does public concern over haze pollution matter? Evidence from Beijing-Tianjin-Hebei region, China, *Science of The Total Environment*, 2021.

后，研究结果仍然稳健。不过，当被解释变量替换为 CO_2 排放量（CO_2_1、CO_2_2）后，结果变得不够稳健。这一考察说明虽然非正式型环境规制水平的提升在一定程度上有益于降低 PM2.5 浓度，但其降低 CO_2 排放量的效果则不够明显。这也表明，IR 的效果不如 CCR 和 MBR 那般显著，其效用在部分情况下可能不能令人满意。这也与之前的一些文献相互印证[1][2]，即非正式型环境规制对于抑制雾霾污染可能有一定的效果，但在某些情况下，效果可能不显著。因此，如果我们要进一步遏制雾霾污染，虽然应当进一步提高非正式型环境规制的强度，但也要确保其在政府控制范围之内，否则可能不利于 IR 发挥正面效果。就本章节而言，可以鼓励公民通过环保信访等方式积极地表达环保诉求，但一定要确保这一流程符合政府的管理要求。

第二，与命令控制型环境规制和市场激励型环境规制相比，非正式型环境规制在抑制雾霾污染上的效果要偏弱一些。从第四章可知，命令控制型环境规制水平每上升 1%，PM2.5 浓度至少相应减少 2.9% 以上，并且至少在 5% 的水平上显著。从第五章可知，市场激励型环境规制水平每提高 1%，PM2.5 浓度至少相应减少 19.52% 以上，并且均在 1% 的水平上显著。从本章研究结果可知，非正式型环境规制水平每提高 1%，PM2.5 浓度至少相应减少 1.4% 以上，并且至少在 5% 的水平上显著。通过对比不难发现，在三种环境规制工具中，非正式型环境规制的效果相对偏弱。因此在强化环境规制时，政府的注意力也应有所侧重。换言之，虽然非正式型环境规制也是不可或缺的，但政府在治理雾霾时需要更加注重命令控制型环境规制和市场激励型环境规制的使用。

第三，区域异质性检验表明，非正式型环境规制抑制雾霾污染的有效性存在强烈的区域异质性。首先，本研究按照中国四大经济地理区域，将全样本划分为东部、中部、西部和东北地区进行检验。结果表明，在东部地区和中部地区，IR 与雾霾污染存在显著的负相关。在西部地区和东北地

---

① Li C, Li G,Does environmental regulation reduce China's haze pollution? An empirical analysis based on panel quantile regression, *Plos One*, 2020.

② Zhang M, Liu X, Sun X, et al.,The influence of multiple environmental regulations on haze pollution: Evidence from China, *Atmospheric Pollution Research*, 2020, pp.170-179.

区，其显著性消失。其次，本研究按照地域将全样本划分为北方和南方进行检验。结果表明，在北方地区，IR 的雾霾治理效能较高，且结果稳定。而在南方地区，虽然发现了 IR 与雾霾污染的负相关关系，但并不总是显著。一个可能的解释是，南方省份的空气质量普遍较好，PM2.5 的数值不是很高，由于雾霾污染本身就不很严重，IR 的作用也就不甚明显。再次，将直辖市剔除后重新组成样本进行检验发现，实证结果依然较为稳健。最后，剔除沿海省份的检验得出的结果基本同全样本一致。上述四种区域异质性检验表明，总体而言，IR 的确能够有效抑制雾霾污染，但这种抑制效果也存在强烈的区域异质性，在东部、西部、北方和内陆地区效果更加明显，而在中部、东北和南方地区不明显。

第四，控制变量的结果分析。根据文献经验，本研究对经济水平、人口密度、城市化率、道路交通、外商直接投资、森林覆盖率和降雨量等因素进行了必要的控制。实证结果显示，人均 GDP 水平与雾霾污染存在正相关，这与之前的诸多文献相符。城市化率也与雾霾污染存在显著的负相关。这可能是因为，城市化率越高，资源利用率越高，绿色技术水平也越高，污染排放越少。外商直接投资、森林覆盖率和降雨量与雾霾污染虽然存在负相关关系，但并不总是显著。人口密度和交通基础设施与雾霾污染的关系在不同的估算模式下结果有所差异。

总结来看，本章节的实证检验发现，非正式型环境规制的确有助于抑制雾霾污染，这种抑制效用会随着区域的变化而有所变化。就学术意义而言，本研究为非正式型环境规制对雾霾治理的作用这一问题提供了必要的经验证据，与 Shi 等人（2020）[①]、Li 等人（2021）[②]、Li & Li（2020）[③]、

---

① Shi H, Wang S, Zhao D,Exploring urban resident's vehicular PM2.5 reduction behavior intention: An application of the extended theory of planned behavior,*Journal of Cleaner Production*, 2017,pp. 603-613.

② Li C, Ma X, Fu T, et al.,Does public concern over haze pollution matter? Evidence from Beijing-Tianjin-Hebei region, China, *Science of The Total Environment*, 2021.

③ Li C, Li G,Does environmental regulation reduce China's haze pollution? An empirical analysis based on panel quantile regression, *Plos One*, 2020.

Zhang 等人（2020）[1] 的研究进行了学术对话，并支持了 Shi 等人（2020）、Li 等人（2021）关于非正式型环境规制有助于降低雾霾污染的研究结论。同时，本研究的结果在将被解释变量替换为 CO_2 排放量后，结果变得不够稳健。这也说明，非正式型环境规制控制空气污染的效果存在一定的不足。

就政策意义而言，本章节的研究为进一步治理雾霾污染提供了可行思路，即在加强政府监管和正确引导的前提下，进一步鼓励公民参与环境治理。我们应当意识到，公众参与社会管理是推进国家治理体系和治理能力现代化的重要途径，政府应促进由公众关注向公众参与的转变。此外，决策者应考虑促进环境治理信息的公开与透明，以确保政府和公众之间的信息不存在过分的不对等。最后，政府应拓宽公众参与渠道，尽量使环保信访作为公民最后的参与渠道而非首选。

基于本章的实证研究可以发现，非正式型环境规制在雾霾治理中发挥着越来越凸显的作用。但是，在治理过程中其也容易受多重因素的影响，具体表现为以下几个方面。

第一，政府在工具选择上存在惯性。对比其他两种工具，特别是已经在长期环境治理过程中积累的丰富实践经验，地方政府对命令控制型环境政策工具往往存在惯性依赖，而非正式型环境政策工具的组织、效能往往具有不确定性。因此，一方面，地方政府在工具选择上更依赖命令控制型环境政策工具；另一方面，政策作用对象也更加适应和信任这类工具。受此制约，地方政府在政策工具的选用上往往倾向于遵循历史经验和已有路径，缺乏创新思维，不能及时进行更新或创新。这种惯性思维所带来的影响有利有弊，从稳定的角度而言，保守型的政策工具确实有利于社会的稳定；然而，从发展的角度而言，地方政府这种一成不变的工具选择，也可能会错过最佳的政策调整期。

第二，非正式型环境规制自身特性的影响。不同政策工具在自主性、强制性、直接性、可见性的强弱表现上各不相同，而这也影响着政策工具

---

① Zhang M, Liu X, Sun X, et al,The influence of multiple environmental regulations on haze pollution: Evidence from China, *Atmospheric Pollution Research*, 2020, pp.170-179.

的使用效率、管理难易程度、公平性和合法性等。由于非正式型环境规制的强制性和直接性都比较弱，其对政府、企业和社会的管控力也较弱，很难实施有效的监管或自我监管。并且，以现阶段京津冀地区的治理为例，该区域雾霾污染相对比较严重，亟待整治，而现有非正式型环境规制无法满足环境治理的需要。因此，政府一方面要在沿用规劝手段的基础上丰富其形式和内容；另一方面，要在命令控制型和市场激励型环境规制合理选用的基础上，推动三种政策工具的协同发力。

第三，公众环保意识欠缺。非正式型环境规制有效性的发挥是建立在公众有较高环保意识基础上的，而现阶段公众的环保意识、生态文明观念相对比较薄弱，远远无法发挥出非正式型环境规制的真正效能。虽然，面对日趋严重的生态问题，公众的环保意识也在日益觉醒，但大多数公众保护自然的出发点还是为了保自身平安，并没有真正内化为自觉认知，这也就导致公众在环境保护的参与中往往以被动、消极的形式呈现，往往是在切身受到污染的影响时，才被动地参与环境保护，这种被动性和消极性也决定了目前的非正式型环境规制政策工具的使用依然处于较低层次。

第七章　发达国家空气污染治理的
做法与经验教训

发达国家针对严峻的空气污染状况，积极采取各项措施推动污染治理，为其他国家治理空气污染提供了范例。本章分为以下三个部分：第一，分析发达国家空气污染的历史与危害；第二，总结发达国家空气污染治理的做法；第三，归纳发达国家空气污染治理的启示。

第一节　发达国家空气污染的历史与危害

环境问题是 21 世纪人类面临的主要社会问题之一。空气污染作为环境污染的一大类属，已成为每个国家可持续发展的掣肘因素。发达国家工业化带来社会生产力大幅提升的同时，也带来了严重的空气污染，对居民健康、土壤、水体等方面造成了巨大的危害，在后续治理中占用了大量人力、物力、财力。

一　美国空气污染的历史与危害

工业革命作为一把双刃剑，一方面推动着美国经济的蓬勃发展，另一方面也使得美国的空气污染问题日益尖锐化。自工业革命起，美国广泛使用化石能源，导致空气污染物排放量不断增加，主要以煤烟型污染和光化学烟雾为代表。

美国拥有丰富的煤炭资源，为其工业发展提供了重要的能源。19 世纪以来，美国长期以煤炭为能源燃料，实现了经济飞跃式增长。特别是在独立战争后，美国东部的州区依托阿巴拉契亚煤田，率先建成庞大的工业基地，涵盖了钢铁、硫酸、炼锌等产业。但由于煤炭燃烧过程中会产生大量的烟气、粉尘和 SO_2，使得多座工业城市受到严重的空气污染。随着煤炭开采量的不断增大，这些地区逐步形成了早期的煤烟型空气污染，并与空气中其他物质产生化学反应，带来二次污染。

20 世纪初，受煤炭资源限制及运输、价格因素影响，石油消耗量逐渐高于煤炭消耗量，成为美国新的能源消费原料。同时，汽车行业的兴起也促进了美国对石油资源的开发和利用，石油遂成为美国能源市场的主力军。然而，在汽车使用过程中，新的大气污染也随之产生。炼油厂、石油化工厂排放出大量的碳氢化合物、SO_2 等空气污染物，加之汽车尾气的增加，使空气污染更加严重，大量农作物也受到影响。这些污染物与空气中其他成分产生化学作用后，形成光化学烟雾，进一步加剧了工业城市的空气污染问题，并且严重威胁居民的生命健康安全。如多诺拉烟雾事件就是美国危害最大的空气污染事件之一。1948 年 10 月 26~31 日，宾夕法尼亚州多诺拉爆发严重烟雾污染，造成镇上 1.4 万民众中有 6000 余人感到身体不适，有 20 余人因此死亡。该次事件主要是因逆温现象导致多诺拉镇上重工业工厂排放的一氧化碳以及含硫烟雾等废气大量堆积，造成大量居民出现咳嗽、咽喉疼痛、眼部不适等症状，部分年龄较大并伴有呼吸系统或心脏疾病的患者因此死亡。面对日益严峻的空气污染问题，美国政府不得不将空气污染的治理列为政府工作的焦点。①

综上所述，自美国工业化革命以来，美国的空气污染主要呈现能源消耗结构主导污染物排放类型的特征。早期美国的能源消耗以煤炭为主，其空气污染主要为烟气、粉尘、二氧化硫以及二次污染物等煤烟型空气污染。随着石油的开发和利用，光化学烟雾污染成为美国主要的空气污染问题，威胁着社会经济的发展和公众的生命健康，空气污染的治理逐渐成为美国

---

① 徐苗苗：《美国大气污染防治法治实践及对我国的启示》，河北大学硕士学位论文，2018。

环境治理的重点。

二 欧盟空气污染的历史与危害

在英国脱欧前欧盟共包括 28 个成员国（由于英国在脱欧前是欧盟最重要的成员国之一，也是欧盟中对环境影响最大的经济体之一，因此本章所讨论的欧盟均包括英国）。欧盟包含多个老牌工业国家，这些国家在发展中对空气造成了严重污染。

英国在工业革命后，全国化石燃料使用量激增，释放了大量 NO_2、SO_2 等废气。1952 年，伦敦经历了著名的烟雾事件，起因是当年伦敦的低温使得大量居民烧煤取暖，加之反气旋的出现，使高温烟气滞留，形成浓烈的烟雾。浓烈的烟雾使大量市民感到身体不适，并使得市民死亡率陡然上升，尤其是有呼吸系统和心血管疾病的市民死亡人数远超平均数据。随后，英国政府颁布《清洁空气法案》，这在一定程度上缓解了空气质量污染严重的问题，但 20 世纪 80 年代大量汽车的使用又使得英国面临光化学烟雾带来的困扰。而在德国，民众最为关心的空气污染物主要为 NO_2。德国交通领域排放的 NO_2 占比最多，超过了 60%。根据欧盟规定，空气中 NO_2 的含量应不大于 40 $\mu g/m^3$，但德国在 2009 年已达到了限定值的两倍，超标城市包括汉堡、慕尼黑等 60 多座城市。[1] 法国同样受到空气污染的影响，并多次遭受严重的雾霾。据法国参议院 2016 年的调查，法国每年因空气污染所带来的经济损失保守估计会超千亿欧元，其中包含医疗费用在内的卫生领域损失甚至高达 960 亿欧元。[2]

目前，欧盟国家主要空气污染物如 O_3、NO_2、PM2.5 的浓度因技术改进和政策扶持已有所下降，但随着新型柴油车的普及，NO_2 等气体的排放改善幅度较小，而且交通、工业、农业、服务业等不同行业所排放的空气污染物各有不同。[3] 交通行业排放的 NO_X 排放量占比最多，达到了 46%，

---

① Sandra Retzer：《德国：大气环境保护与交通业》，《中国公路》2018 年第 14 期。

② 夏卓尔：《法国为空气污染损失算了一笔账》，《环境教育》2015 年第 8 期。

③ Grice S, Stedman J, Kent A, et al., Recent trends and projections of primary NO$_2$ emissions in Europe, *Atmospheric Environment*, 2009, pp.2154-2167.

是欧盟主要的温室气体排放源。服务业空气污染物排放以 PM2.5、PM10、BaP 为主，分别占行业内排放总量的 43%、58%、73%。工业因化石能源的燃烧主要排放 Pb、As、Cd 和 Ni 等污染物，占比分别为 60%、57%、56%、40%。农业以 NH_3 排放为主，且占比高达 93%。[①] 不同行业的空气污染物排放使得欧盟的空气质量遭到破坏，空气主要污染物浓度长期位于欧盟标准限制值以上，威胁着民众的健康，制约着经济的可持续发展。[②③④⑤]

此外，长期的空气污染对于欧盟国家的自然生态环境也产生了不利影响，特别是 O_3、SO_x、NO_x 等污染物的排放使得湖泊河流酸化程度增加，生物多样性遭到破坏。高浓度的 O_3 也容易造成植被的退化和农作物的减产，从 2003 年起，欧盟已设定了农业和森林区域的 O_3 浓度排放限值，极力遏制 O_3 的排放。[⑥] 2012 年，欧盟制定了针对植被保护的 O_3 排放限值，目前 27% 的农业用地已经达到了该排放标准。但欧盟部分国家空气中的氮浓度仍然居高不下，EEA 报告中指出[⑦]，当氮浓度过量时生态环境会遭受富营养化的威胁。随着氮氧化物的不断排放，欧洲在未来发展中仍将面临生态富营养化侵害的威胁。

从欧盟的空气污染历史可以发现，其污染物主要以悬浮颗粒、炭黑、

① 王钼婕，张明顺:《空气污染防治:欧盟的经验及对我国的启示》,《环境与可持续发展》2016 年第 4 期。

② World Health Organization,Effects of Air Pollution on Children's Health and Development—A Review of the Evidence, *Copenhagen: WHO Regional Office for Europe*, 2005.

③ World Health Organization,Air Quality Guidelines. Global Update 2005. Particulate Matter, Ozone, Nitrogen Dioxide and Sulfur Dioxide,*Copenhagen: WHO Regional Office for Europe*, 2006.

④ World Health Organization,Health Risks of Particulate Matter From Long-Range Transboundary Air Pollution, *Copenhagen: WHO Regional Office for Europe*, 2006.

⑤ World Health Organization,Health Risks of Ozone From Long-Range Transboundary Air Pollution, *Copenhagen: WHO Regional Office for Europe*, 2008.

⑥ Ainsworth E A, Yendrek C R, Sitch S, et al.,The effects of tropospheric ozone on net primary productivity and implications for climate change,*Annual Review of Plant Biology*, 2012, pp.637-661.

⑦ European Environment Agency,Past and Future Exposure of European Freshwater and Terrestrial Habitats to Acidifying and Eutrophying Air Pollutant, *Copenhagen: EEA Technical report* No.11, 2014.

臭氧、氮氧化物等为主，且不同行业对主要空气污染物的排放程度不同。其中，交通行业 NO_x 排放最多，服务业以 PM2.5、PM10、BaP 排放为主，工业排放污染物以 Pb、As、Cd 和 Ni 为主，农业部门则以 NH_3 排放为主。随着空气污染治理措施的实施，欧盟部分空气污染物排放已得到有效控制，如 BaP、NH_3 和 O_3 等，但空气污染治理如遏制氮浓度过高造成的生态系统富营养化问题等仍然是欧盟面临的巨大挑战。

三 日本空气污染的历史与危害

日本作为发达国家之一，在工业化发展进程中也不可避免地出现空气污染问题。在日本明治时期后期，近代工业化进程的快速推进，使得日本产生诸多大气环境问题，日本国民饱受其害。二战前，日本对足尾、别子、日立和小坂四大矿山进行开发，由于当时的技术限制以及工业化的迫切需求，在矿山开采过程中出现了严重的烟害问题。以当时的大阪为例，市区煤尘在 1912 年为每平方公里 170 余吨，到 10 年后上升为每平方公里 190 余吨。大量的烟尘甚至超过了雾都伦敦，居民根本不敢开窗通风，大阪也被称为"烟之都"。这些公害问题日趋激化、波及范围越来越广、危害程度加深，民众深受其害，但并没有引起明治政府的重视。此后，大正时期和昭和初期，日本迎来了近代工业化过程中的历史性转折，开始大力发展重化学工业，烟害问题逐渐转化为"化学公害"问题。[1]

二战后，日本空气污染得到短时间的缓和，但战后复兴期的到来又使其死灰复燃。经济的快速发展使得能源的需求剧增，能源使用逐渐从煤炭向石油转变，空气污染也从以"化学公害"为主转向以"白烟"（亚硫酸气体）为主。例如，山口县宇部市 1950~1951 年的月均煤尘降落量为 55.86 吨 / 平方公里，在冬季因燃料供暖使东京整个城市都笼罩在黑烟之中。

从 1955 年起，日本四日市石油化工联合企业崛起，这些石油化工企业所产生的废气严重损害了四日市的空气质量，大气中二氧化硫和烟尘严重

---

[1] 傅喆、〔日〕寺西俊一：《日本大气污染问题的演变及其教训——对固定污染发生源治理的历史省察》，《学术研究》2010 年第 6 期。

超标，显著提升了当地民众支气管哮喘的发病率。当时四日市年烟尘和二氧化硫排放量达到了 13 万吨，二氧化硫浓度严重超标。1961 年，该市出现大量哮喘病例，而 1964 年连续 3 天的浓雾更是使得该市出现了大量死亡案例，随后几年内均有难以忍受病痛的患者以自尽的方式结束生命。四日市哮喘事件是国际上著名的公害事件之一，到 1979 年后期，有 77 万余人因大气污染而感染疾病。[1]

迫于民众压力，日本政府开始对治理空气污染制定相关的规制政策，并取得了很好的成效。20 世纪 80 年代，日本对轿车的尾气排放量以及氮氧化物进行了严格限制，推动厂家提升汽油燃烧效率，加大节能减排技术的研发，增加了日本汽车市场竞争力。20 世纪 90 年代以后，日本制定了与 NO_x 和颗粒物相关的环保法律，在汽车普及的同时提高了汽车的环保性能。汽车尾气引发的日本市民诉讼地方政府和汽车生产厂商的案件，促使日本在 2009 年出台了亚洲最严格的 PM2.5 环境标准。目前，日本在环境法律、空气检测和评估标准方面均已较为完善，使日本的环境治理得到了强有力的制度保障。

综上所述，就日本空气污染的历史特征而言，日本早期的空气污染呈现以颗粒状污染为主的特点。20 世纪五六十年代日本进入战后复兴期后，日本能源的构成逐渐从煤炭转为石油，空气污染主要以硫磺酸化物排放为主。当日本民众环保意识逐渐增强，相关环保法律制定后，日本的空气污染得到了一定控制，目前的空气污染防治逐渐聚焦于对 PM2.5 的控制。

四　其他发达国家空气污染的历史与危害

目前，澳大利亚空气质量在全球名列前茅，但其工业化进程中也伴随过严重的雾霾问题。其中，澳大利亚的雾霾问题主要受到臭氧排放量的影响。自 1971 年后，澳大利亚机动车逐渐普及，由此带来的臭氧污染使得悉尼成为雾霾型城市，其臭氧的排放量在世界范围内仅次于洛杉矶和东京。1976~1977 年，悉尼的臭氧浓度超标天数长达 66 天，而当时的墨尔本年平

---

① 张庸：《日本四日市哮喘事件》，《环境导报》2003 年第 22 期。

均超标天数只有 8 天，相对少得多。为改善空气状况，澳大利亚在全国范围内进行了空气污染治理，经过 40 多年的努力，虽然 SO_2、CO、NO_2 等污染物的排放目前已达到澳大利亚的国家空气质量标准（NEPM），但臭氧和可吸入颗粒物（PM10）等尚未达标，需要政府进行重点治理。许多城市每年会出现 PM10 超标数倍的情况，其来源主要有两个方面：一方面是受森林大火或沙尘暴等突发事件或极端气象条件的影响；另一方面是因为柴油机动车尾气的排放，使得颗粒物浓度居高不下，臭氧浓度超出标准限定范围。为了进一步治理环境污染、提高空气质量，澳大利亚政府需要加大对污染防治研究的投入。[1]

韩国的经济和工业化在较短时间内得到了快速发展，但是其环境污染问题也由此变得十分尖锐。20 世纪 90 年代以后，韩国机动车制造产业蓬勃发展，空气中的氮氧化物浓度逐渐上升，经与其他物质产生化学反应后形成的光化学烟雾污染导致韩国多地长期笼罩在烟雾中。[2]2016 年，经济合作与发展组织（OECD）对韩国的空气污染状况提出警告，指出韩国的空气污染已经严重危害到其经济的可持续发展，长此以往，2060 年以后韩国将成为 OECD 成员国中空气污染问题最严重的国家。面对严峻的空气污染问题，韩国政府不断提高大气污染物排放标准，并致力于清洁能源的供应以改善空气质量。目前，因韩国工业企业和供热部门加大了低硫燃料的使用和清洁生产技术的开发，部分污染物如 SO_2、CO_2 等的排放已得到大幅度控制，但可吸入颗粒物污染的减排效果仍然有待提高。

第二节　发达国家空气污染治理的做法

为有效治理空气污染，许多发达国家积极采取命令控制型环境政策工具、市场激励型环境政策工具和非正式性环境政策工具，并将多种工具组合运用在空气污染治理过程中，极大地推进了空气污染治理的进程。

---

[1]　杨玉川：《澳大利亚大气污染防治经验研究与启示》，《环境保护》2014 年第 18 期。
[2]　朴成敦、刘国军、龙凤、马鸿志、汪群慧：《韩国的大气污染现状及管理政策》，《环境科学与技术》2013 年第 S1 期。

一 命令控制型环境政策工具的运用

（一）注重立法

1. 美国的立法

为应对 20 世纪 50 年代工业高速发展所带来的空气污染问题，美国政府颁布了一系列关于空气治理的法律条规。美国于 1955 年推行《空气污染防治法》，该法令的颁布标志着美国关于空气污染治理基本原则的建立。随后为了促使各州积极进行环境污染治理，美国政府于 1963 年出台了《清洁空气法》，规定联邦政府为各州提供治理资金。1970 年，考虑到各州应对空气污染的措施没有及时跟进，美国修正了《清洁空气法》，并使该法案成为全美首部综合性大气污染治理法律，随之又建立起一系列空气治理的应对方案。1990 年，《清洁空气法》再次修订，将空气臭氧消耗、化学物质管理和有毒气体的排放规定等纳入其中。除此以外，这一时期美国出台了大量其他与空气污染治理相关的法律：1970 年，颁布《职业健康和安全法》，该法律主要对工作环境中的空气污染进行了规定；1976 年，颁布《资源保护和恢复法》，将危废处理设备制造的空气污染纳入管理；1986 年，颁布《应急预案和社区知情权法》，明确要求各主体必须报告有害气体排放情况。进入 21 世纪后，美国大气污染防治相关的法律制定并不顺利，小布什政府退出《京都议定书》，并于 2002 年颁布《美国气候行动报告》，奥巴马政府推行的《美国清洁能源与安全法案》和《清洁电力计划》均未如愿。但不可否认，《清洁空气法》已成为美国环境法中历史最悠久同时也是最复杂的国家环境法律，为各州环境法律的制定提供了"底线"，也为其他国家法律制定提供了参考。[①]

2. 澳大利亚的立法

澳大利亚当前大气治理颇见成效，其完备的法律体系和排放标准的制定为空气污染治理做出了巨大贡献。加之各领域及行业严格执行现有法律法规，并充分落实机动车限排等政策，澳大利亚的空气质量得到明显改善。在环境保护方面，澳大利亚分由两级负责：各州承担主要的环境保护工作，而

---

① 张红生：《美国空气污染治理的司法实践及启示》，《人民司法（应用）》2018 年第 4 期。

特定范围的环保活动则由联邦政府负责。1961 年，《清洁空气法》颁布实施，并在随后数十年内进行过多次修订完善，对于切实保障澳大利亚空气质量水平具有重要意义。此外，澳大利亚还先后出台多部法律法规，包括 1994 年颁布的《国家环境保护委员会法》、1995 年颁布的《臭氧层保护法》、2000 年颁布的《油品质量标准法》和 2011 年颁布的《清洁能源法》等。拥有较多重工业城市的新南威尔士州和维多利亚州，分别为各自的环境污染治理颁布了《环境犯罪和惩罚法》和《环境保护法》。其中，新南威尔士州 1989 年制定的《环境犯罪和惩罚法》规定了三种环境犯罪行为。第一种是较严重的犯罪，指以损害或可能损害环境的方式，故意或者过失地处置废物，造成物质溢出或渗漏，使大量破坏臭氧层的物质被排放。一旦一个人（指企业的工作人员）被认定有罪，其雇主将承担无过错责任。对这种犯罪，对法人可以判处 100 万澳元的罚金，对自然人可判处 25 万澳元罚金，对直接犯罪人可判处高达 7 年的有期徒刑。第二种是中等程度的犯罪，主要参考《清洁空气法》（1961 年）等法律的规定。第三种是轻微的犯罪。[①]

（二）行政执法

美国环境执法体制分为萌芽阶段（19 世纪 70 年代至 20 世纪 30 年代初）、成长阶段（20 世纪 30 年代至 20 世纪 70 年代初）以及成熟阶段（20 世纪 70 年代至今）。[②] 经过长达百余年的发展，美国环境法执法体系已相当完善。鉴于美国联邦制的政治体制，其环境执法机构将分为联邦政府和各州政府两套系统，联邦政府和州政府之间互为制约。联邦政府通过资金和技术的制约使得各州执法机构遵守联邦政府的法律规则。《清洁空气法》为全国设立了一个统一标准，即各州必须达到的空气质量底线，否则将被视为"非达标区"。各州政府亦可结合自身实际情况，制定相应标准和政策。州政府可以指定全州统一的评价标准，亦可类似联邦政府的做法，对州内划分不同片区加以处理。美国这类的环境行政执法也被称为"执法合作制"，其显著提高了环境执法的效率。[③] 美国政府所设立的联邦环境保护局

---

① 杨玉川：《澳大利亚大气污染防治经验研究与启示》，《环境保护》2014 年第 18 期。
② 张才谦：《中美环境执法体制比较研究》，东北林业大学硕士学位论文，2020。
③ 张丽娟：《美国环境行政执法合作机制研究》，吉林大学博士学位论文，2020。

更是依据环境法律规定的各项内容下设不同的防治部门，以便针对各类环境污染事件做出准确应对。

为了保证法律施行效果，美国政府立法时在行政、民事和刑事方面分别做出了相关的规定。同时，美国形成了一套独具特色的执行、监督和处罚机制。联邦环保局拥有行政法法官和相应的环保委员会作为上诉机构。依据《清洁空气法》，联邦环保局可以通过民事诉讼的方式，让法院针对污染排放者的违规行为进行民事制裁，对严重违法行为则可实行永久性禁令。随着环境类犯罪案件的增多，美国司法部于1980年设置了环境法执行处，该处于1982年设置专门的环境犯罪部；1988年，美国通过法令授予环境保护局对环境刑事案件的执法权，包括携带枪支、现场搜查和逮捕的执行权。联邦环保局及有关部门可以对造成严重环境污染的企业和个人提出刑事诉讼，追究其法律责任。此外，《清洁空气法》还明确规定，若执法机构不作为，可作为被告被提起诉讼。[①] 严厉的监督处罚机制为美国环境执法提供了有效保障。

（三）强化税收

第二次世界大战后，美国抓住时机大力发展生产。这一阶段工业和交通运输业的发展为美国经济腾飞起到了极大的推动作用，但与此同时也引发了大量的环境污染问题。针对这些问题，美国政府从财政和法律两个方面提出了相关的整改措施。在财政方面，为了鼓励公众践行绿色环保理念，政府对使用清洁能源的个人或企业提供财政补贴。同时还加大了财政资金用于国家环境治理的力度。在法律方面，通过多项环境征税法案，规定了对造成大气污染的化学排放物征收税款。德国通过两次工业革命实现了经济的腾飞，但同时也导致了国内大量的环境污染问题。为了应对环境污染问题，德国政府制定了一系列的政策措施：第一，在污染治理方面，加大财政资金的投入，并且根据污染程度进行分区治理；第二，政府投入大量财政资金，用于鼓励各州因地制宜研究和开发环保能源，使风能、水能等新能源成为可替代能源；第三，为了实现绿色发展、促使重工企业进行产业结构升级，德国政府对采用高新环保技术的企业进行财政补贴支持；第四，设立生态税，通过提

---

① 张红生：《美国空气污染治理的司法实践及启示》，《人民司法（应用）》2018年第4期。

高企业的生产成本，促使企业减少对化石燃料的使用。

在经历了"蒸汽时代"和"电气时代"后，英国一度成为世界经济的中心。在经济繁荣的背后，英国的环境污染问题也变得十分尖锐。20世纪50年代，由于工业生产和居民生活取暖，使伦敦市的有害气体排放量大大超过安全标准，最终导致了伦敦烟雾事件的发生。随后英国政府采取了一系列财政措施进行环境治理。首先，在工业生产方面，英国政府设定了资源税。对依赖化石燃料生产的企业进行大量征税，通过提高企业的生产成本，达到促使企业节能减排的目的。同时强制将重污染企业和电厂迁出伦敦。其次，在居民生活方面。为改造居民的取暖炉灶，减少碳排放量，政府进行了专项拨款。为了引导居民使用新能源汽车以减少汽车尾气的排放，政府颁布了相关财政补贴和税收优惠政策。

而北欧国家为防止工业企业等发展所带来的空气污染问题，对于煤炭等燃料征收环境税，对实际需要缴纳的税额按照不同类型的能源以及承担者实行差别化征税。例如，销售方需要承担的环境税包括最终燃料、电力等，而消费者需要支付的税费则主要针对除去电力后的其他能源消费。为了实现绿色可持续发展，差额税率以及混合税收等方式也被应用其中。最终政府通过税收等方式进行宏观调控，引导企业节能减排，保障空气质量。[1]

二　市场激励型环境政策工具的运用

（一）支持雾霾防治技术创新

在雾霾防治方面，美国[2]、日本[3]、德国[4]等国根据各国国情形成了各自独特的政策体系，主要包括以下几个方面。

---

[1] 李惠娟、徐雯雯:《发达国家治理空气污染的财税政策对江苏的启示》,《环境与发展》2017年第3期。

[2] 周景坤、黄洁、张亚宁:《国外支持雾霾防治技术创新政策的主要做法及启示》,《科技管理研究》2018年第24期。

[3] 毛文祺、朱婉莹:《国内外雾霾防治公共政策对湖南雾霾防治的启示与借鉴》,《科学技术创新》2017年第32期。

[4] 周景坤、黎雅婷:《国外雾霾防治金融政策举措及启示》,《经济纵横》2016年第6期。

1. 美国雾霾防治创新举措

美国构建了"政府—企业—研究机构"合作的联动机制，即政府首先在雾霾技术创新的企业和研究相关技术的大学或研究院之间建立桥梁，使各主体之间形成研究、生产、消费的良性循环。此外，政府又在几者之间起到重要的协调作用。一方面，为了实现宏观管理，美国政府制定了相关的宏观政策；另一方面，为了提高雾霾防治技术的转换率，政府积极协调企业、大学、研究院和金融机构等参与主体，使各主体之间形成完善的技术共享联动系统，并且通过授权美国国家科学基金会对联动系统的雾霾防治技术进行管理、治理和规划。此外，基金会还负责相关政策的落实，以及对其执行效果的评估。美国政府高度重视相关行业的人才培养和吸引人才的工作，通过本土高校培养、移民吸收与留学生政策获取相关人才，并制定相应的激励措施提升人才进行科技创新的动力。

2. 日本雾霾防治创新举措

日本政府雾霾治理的创新举措包括机动车节能减排和技术本土化应用等。针对高度密集的汽车使用状况，日本环保部门规定了机动车行驶时所排放废气的最大允许范围，并在某些地区路口设立浓度测试点，若检测超标将会采取一定措施。同时，日本如东京对汽车尾气 PM2.5 排放做出了规定，相关机动车被要求安装过滤设备方可上路行驶。对于雾霾防治技术，日本在引进新技术时，会对相关技术进行创新改造，使得相应污染防治技术更好地服务于国内，同时也提升了自身的技术水平。日本企业同样顺应政府对于空气治理的要求，积极开展技术创新，实现营利与服务社会双赢。

3. 德国雾霾防治创新举措

德国将绿色信贷应用到了雾霾防治中。绿色信贷通过对从事生态环保行业的企业实行低利率贷款予以政策扶持，但对从事高污染行业的企业资金或新投资项目则实施限制等措施，相应利率水平也会较高。旨在促使环境治理与金融行业相结合，通过资金调节行业转型，鼓励发展绿色行业，对于雾霾防治具有重要价值。德国政府部门在绿色信贷行业发挥了重要作用。政府一方面推动国内银行按要求进行金融信贷审批；另一方面积极开发相应的绿色信贷产品，并通过德国复兴信贷银行对环保项目进行资金补贴。

（二）排污权交易

在环境总量确定的情况下，将排污权视作一种商品，遵循市场的价格机制，并使其合法化。需要排污的企业为获得这种权利，须通过竞价的方式得到排污权。一方面，随着竞价者增多，排污权的价格会随之提高，使企业排污成本增加；另一方面，拥有排污权的企业可以通过创新排污技术，减少污染，出售排污权，最终实现减少污染物排放的目标。[①]

为实现经济发展与环境保护之间的动态平衡，美国联邦环保局在践行《清洁空气法》的同时，又提出了排污权交易政策。排污权交易政策先将环境使用权利进行了量化，并与市场交易相融合，充分利用政府和市场的双重之手，以实现对污染物排放量的有效控制。排污权交易权政策的特点是：引入市场机制促使企业为了自身利益而提高污染治理能力。当企业因为创新环保技术达到大量减排时，企业就可以卖出多余的排污权获得经济利益。相反，排污数量超标的企业则必须通过有偿的方式购买更大排污权，企业不得不对污染环境付出更多的成本。[②]通过这种方式，环境污染的治理就从政府的强制行为转变为企业有意识的经济行为，从而使污染排放量得到良好的控制。[③]

（三）碳排放交易

以市场为基础的碳排放交易，是欧盟应对气候变化政策中的关键工具。欧盟碳交易体系（EU-ETS）是经由长期发展建立起来的。在 2003 年首先通过了碳排放交易令，并提出建立欧盟排放交易体系。在 2005 年该体系正式确立。经过数十年的发展，目前欧盟排放交易体系的成员国已达到三十个国家（其中包含三个非欧盟国家），交易体系分四个阶段实施，具体如

---

① 宋晓华：《基于低碳经济的发电行业节能减排路径研究》，华北电力大学博士学位论文，2012。

② 蔡岚：《美国空气污染治理政策模式研究》，《广东行政学院学报》2016 年第 2 期。

③ 罗健博：《发展、治理与平衡—美国环境保护运动与联邦环境政策研究》，复旦大学博士学位论文，2008。

表 7—1 所示。作为世界范围内规模最大和历史最久的碳交易市场，欧盟碳交易市场拥有齐全的可交易产品，同时也包含配额现货及其衍生品。随着体系运行的不断推进，交易配额（EUA）的成交量逐年上升。从 2005 年的 0.9 亿吨增长至 2015 年的 66.8 亿吨，增长率高达 732.22%。碳市场价格波动较大。第一阶段（2005~2007 年），EUA 开市价格较高，在 20 欧元左右，曾上扬至历史最高点 30 欧元后不断下挫，期末停滞在近 0 欧元水平；第二阶段（2008 ~ 2012 年），随着经济危机的爆发，EUA 价格上涨至 30 欧元后再度连续下跌，下探至 3~5 欧元；而第三阶段（2013~2020 年），由于政策趋紧、配额调整机制到位等因素，EUA 期货价格逐步稳定在 5~10 欧元，并从 2018 年开始呈不断上升走势，达到 20~25 欧元。[①]

表 7–1　欧盟排放交易体系实施阶段及目标

阶段	起止时间	内容与目标
第一阶段	2005~2007 年	检验欧盟碳交易体系设计的合理性，建立交易市场（该阶段为试验阶段）
第二阶段	2008~2012 年	履行《京都议定书》制定的减排目标
第三阶段	2013~2020 年	本阶段结束较建立初期（2005 年）排放量降低 21%
第四阶段	2021~2030 年	至本阶段结束较建立初期（2005 年）排放量降低 43%

资料来源：笔者自制。

　　新西兰于 2008 年开始实施碳排放市场化交易，涉及二氧化碳等 6 种温室气体均被纳入交易体系，总量覆盖的国内温室气体已超半数。鉴于国内温室气体排放总量并不高，因此交易市场不制定上限。目前，超过 200 家企业被列为强制履约单位。交易市场投入运行初期，相关企业须按照 2 : 1 的数量上缴配额，即每个配额对应排放 2 吨温室气体；而从 2019 年起，则须按 1 : 1 上缴配额，否则应以 17.3 美元 / 吨的价格向政府购入。

　　韩国是温室气体排放量增长最快的经合组织国家，其排放主要来自化石能源消费。为应对人均达世界平均水平 3 倍的温室气体排放量，韩国政

---

① 郑爽：《国际碳排放交易体系实践与进展》，《世界环境》2020 年第 2 期。

府于 2010 年颁布《低碳绿色增长基本法》。该项法律明确将碳排放权交易作为控制温室气体排放总量的重要手段。2015 年，韩国碳市场正式投入运行，交易涉及工业、交通、电力等 6 大行业 23 个子行业，提供 6 种温室气体的交易，占据全国温室气体排放量的七成。到 2020 年，韩国碳排放交易市场规模达到了全球第二，日均交易量超 9 万吨，成交量远超成立初期水平。

（四）绿色信贷

1. 美国的绿色信贷制度

20 世纪中后期，美国经济发生了重大变革，大量企业的迁移造成了不同程度的污染。日益尖锐化的环境问题引发了美国公众的激烈讨论与关注，这也推动了绿色信贷在美国的发展。[①] 为了解决环境问题，美国采取了多方面的措施。在立法层面，这一时期美国出台了很多法律法规，用以加强环境保护力度和推进绿色信贷的发展。政府、银行和企业的经济活动必须符合这些法律的规定，承担起对社会的环境责任。比如为了促使银行等金融机构承担社会环境责任，加强对环境风险的防控，1980 年美国通过了《超级基金法案》。根据该法案，银行等金融机构需要承担其经济活动对环境造成污染与损害的赔偿及治理费用，从而使这些金融机构在运营时会自觉考虑环境问题。在推动绿色产业的发展方面，美国政府一方面利用法律这种强制性手段来对各主体的经济活动进行约束；另一方面则采取积极的经济政策来诱导企业开发环境友好型项目。为了平衡经济发展和环境保护的关系，使两者达成协调统一，美国政府采取了积极的税收政策和财政政策，以利益来驱使企业开展有利于环境的项目，达到双赢的局面。比如为了推动可再生资源的利用和污染控制设备的制造，1999 年美国亚利桑那州颁布了相关法规，符合条件的企业可少缴纳相当比例的销售税。此外，美国的银行业纷纷遵循"赤道原则"，通过评估项目对环境和社会的影响，找出最佳方案，实现对环境风险的控制。同时为了能够及时获取相关的反馈信息，美国银行业充分利用信息技术实现与政府环境部门的信息同步。通过这些

---

① 郭晓芳：《发达国家绿色信贷的经验与启示》，《长沙大学学报》2016 年第 6 期。

措施，绿色信贷产业在美国得到了迅速发展。随着美国政府不断加大对环保经济理念和绿色信贷理念的宣传，社会中各经济行为主体逐渐形成了绿色环保的意识，并投身于"绿色革命"之中。

2. 德国的绿色信贷制度

在第二次工业革命期间，德国充分发展和利用科学技术，使国内经济实现了跳跃式增长。但与此同时，由于对环境保护的忽略，引发了很多环境灾害。这一系列的灾害引起了德国对环境保护的重视，德国开始将循环经济的理念引入环保立法中。德国于1994年通过《循环经济和废弃物管理法》，这标志着德国经济开始转向循环的可持续发展模式。比如该法律提出了"3R"原则（再使用、再利用、物质资源的减量化）来处置废弃物。德国政府还在国内大力推行绿色信贷。通过长期的努力，各经济主体响应了政府的号召，积极主动投入保护环境的行列。其中银行业的表现尤为突出，绿色信贷起源于德国，并且在德国得到了很好的发展，所以德国的绿色信贷体系相当成熟与完备。首先，为了使信贷各方利益得到保障并且激励企业开展节能环保型项目，德国政府对节能环保型项目采取了贴息贷款的支持形式。其次，德国政府与国家政策性银行在环境保护方面达成了一定的共识，形成了良好的合作互助关系。一方面，德国政府与复兴信贷银行形成了良好的合作关系，使得国家补贴的资金能够最大化地利用到环境项目上；另一方面，通过两者的密切合作，推出了很多有利于绿色信贷的金融产品，由此平衡了经济效益与环境效益的关系，达到了双赢的局面。最后，作为"赤道原则"的参与制定者之一和推广者，德国银行业在信贷审批方面恪守"赤道原则"及其他有关标准。此外，除了银行业，德国环保部门也积极地为绿色信贷保驾护航，通过严格审查每一个上报的项目，最终保证贴息优惠能被节能环保项目所获得。

3. 日本的绿色信贷制度

在环保领域的建设与发展水平方面，日本始终处于亚洲国家发展前列。早在1967年，日本就制定了《公害对策基本法》，其后在1993年制定了《合理用能及再生资源利用法》、发布了《环境基本法》，在2000年颁布和实施了《建立循环型社会基本法》，等等。日本在积极出台环境保护法律的同时，也在法律层面对绿色信贷提出了要求。在一系列法律法规得到有效实施后，日本既促进了绿色信贷的发展，又改善了生态环境。为了推进环境保护法律的实施，日本政府还制定了相应的激励措施，以吸引环保领域的投资者。政府通过与银行等金融机构合作，为相关企业提供资金支持与政策便利，尤其是对污染较重的区域加大激励力度，重点吸引循环产业企业。① 比如，2004 年基于"环境评价评定制度"，日本政策投资银行对需要贷款的企业进行筛选分级，并且分别制定各企业的贷款利率。2007 年日本投资政策银行考虑到企业贷款在资金上存在的困难，提出了在企业满足二氧化碳减排规定并进行评级后，给予企业相应的治理资金贷款以及贷款减息优惠。与此同时，积极开发新的绿色信贷产品，使绿色信贷得到更为广泛的应用，切实为环境治理做出了贡献。

（五）绿色证券

绿色证券是指通过政府环保部门批准的上市公司，为了发展公司的绿色产业项目向公众进行募集资金所发行的证券。绿色证券是一种包含绿色发展概念的基础性证券，其种类涵盖绿色债券和绿色基金等。②

绿色债券是指符合相关法律要求和证券市场规则的公司，为支持其绿色项目而发行的债券。这些绿色环保项目涉及生物多样性的保护、节能减排、新能源开发、污染治理等各方面，主要目标是实现环境的可持续性，促进经济与环境的协调发展。目前，国际上绿色债券种类主要包括零息债券、常规抵押债券以及与碳排放价格关联的指数关联债券三种类型。其中，零息债券须由政府提供担保，助力新能源相关企业的成立；常规抵押债券主要发行对象是新能源公司，这类公司以自身掌握的新技术来开发、生产和销售新的能源，用以维持公司的生存与成长；指数关联债券的目标是推动绿色产业的发展，具体做法是使债券价格与碳排放价格等相关因素挂钩，通过及时进行利率调整，保障绿色产业的利益。推进绿色债券不仅需要直

① 龙卫洋、季才留：《基于国际经验的商业银行绿色信贷研究及对中国的启示》，《经济体制改革》2013 年第 3 期。

② 蒋先玲：张庆波：《发达国家绿色金融理论与实践综述》，《中国人口·资源与环境》2017 年第 S1 期。

接的支持还需要间接的引导，这就要求政府既要对绿色证券的税收补贴、银行贴息等进行直接推动，还需要制定引导投资者进入绿色债券市场的积极政策。这样才能吸引更多的企业与个人聚焦绿色证券，从而推动绿色证券的持续发展。

绿色基金，又称为绿色投资基金，其前身是社会责任投资。绿色基金被认为最早诞生于美国，随后在欧洲、日本等地出现。绿色基金投资一般遵守环境、社会和公司治理的投资原则，因此绿色基金在关注收益的同时，还兼顾环境保护。在不同的国家绿色基金的形式也不尽相同。例如，在欧美国家绿色基金主要由机构发行，而在日本则主要通过企业发行。这些基金一般具有资金来源广、投资对象多和收益形式特殊等特点。同时，绿色基金的投资策略往往较为完备，效益良好。目前，美国、欧洲等国家绿色基金的投资回报率都较高，吸引了大量投资者的关注，也使得整个绿色基金市场得以良性运转。

（六）环境污染责任保险

发达国家将环境污染的环境责任保险模式分为强制型和任意型两种。这两种责任保险模式主要在投保自由、营利性、选择性和道德风险四个维度存在差异。具体如表7—2所示。

表7—2　强制责任保险与任意责任保险的区别

种类	投保自由	营利性	选择性	道德风险
强制责任保险	无	无	较高	较低
任意责任保险	有	有	较低	较高

资料来源：笔者自制。

1. 强制责任保险模式

美国施行强制环境污染责任保险制，并已形成较为丰富的经验，受到多个国家的学习和效仿。通过以能源为依托的工业革命，在19世纪末美国迅速崛起成为世界强国之首，但这也造成了一系列环境问题。这一时期因环境污染引起的诉讼案件在美国国内大量产生。起先是由公共责任保险来对环境污染所造成的损失进行赔偿，但随着渐进的或持续性污染事件也被纳入承保范围，给保险公司的财务造成了巨大压力，很多企业也面临破产。为了解决这一公共危机，维护社会的稳定发展，美国政府开始发挥公共管理的作用。在这种情况下，环境污染责任保险应运而生并且得以快速的发展。为了分散企业需要承担的环境风险，减少企业的赔付，保险公司为这些企业量身定制了环境污染责任保险单，并根据每个企业的自身情况确定保险范围和责任免除。美国环境污染保险的赔付条件非常苛刻，一般只对突然环境事件引起的损失进行赔偿。对于其他情况，美国采取了不同的保险方式。比如企业需要以特别承保方式来承担其持续性污染行为对环境造成损失的赔偿。生产过程中会产生有毒气体的企业需要采取这种特别承保的方式，并且对于这些企业废弃物所造成的环境污染，美国要求按照强制责任保险方式来处理。

2. 任意责任保险模式

任意责任保险关系的建立不仅取决于被保险人是否愿意对环境污染责任进行投保，还取决于保险人对投保人的选择，即是否愿意为其承保。英国是保险组织的先行国，17 世纪劳合社的出现标志着保险业的产生，劳合社通过独特的运行模式得以壮大发展，其中就包括采用任意责任保险模式来建立环境污染责任保险制度。为了防止单个承保环境污染责任保险的保险公司可能因支付巨额赔偿而破产，英国规定所有此类保险公司集资设立储备资金。英国对于环境任意责任险的投保额度有着明确的标准，且适用范围广泛。因此，任意责任险能够被有效地应用于多类行业和场景。

3. 强制责任保险与担保制度或财务担保相结合

德国将强制责任保险与担保制度或财务担保相结合，并以法律形式进行了明确。德国在其《环境责任法》中明确了可能由于环境问题而导致第三方人身或财产遭受损害的相应责任。该法律规定，经营高污染行业的企业，无论企业规模大小，均须投保环境责任险，或者通过联邦政府、州政府及金融机构出具相应的财产担保或其他保证文件。

（七）企业环境信用评价

20 世纪 90 年代初，美国提出了环境信用评价的初步概念，并将环境信用评价作为商业银行评估企业信用风险的重要指标，受到了社会的广泛关注和认可。自此，环境信用成了企业申请贷款需要考虑的内容之一。在21 世纪初期，便有企业因环境风险而违约的案例。事实上，在 20 世纪 80 年代末期，欧美的商业银行就开始面临环境风险的挑战。美国于 1980 年出台的《环境综合补偿、赔偿和责任法案》规定，当场地被污染时，该场地的所有者有义务对场地进行修复或重新开发。因此，企业治理污染的修复成本在一定程度上会影响其还贷的履约能力，企业污染环境的行为也会增加其违约损失。故而商业银行在发放贷款前有必要对此进行考量，并将环境评价结果不理想的企业定义为高信用风险客户，以减少贷款发放中的风险。受此影响，企业为使自己具有良好的信誉，会对有可能污染环境的行为进行改进，以降低自身的信用风险。商业银行的收益和流动性，受到贷款人环境风险的影响，从而引起市场变化。在澳大利亚，由于环境政策的变化，出现过多起企业或者银行破产的案例。由于企业污染环境需要承担更多的经济损失，因此运行成本显著上升，最终企业因破产等无法偿还贷款，致使商业银行受到牵连，亦可能导致银行破产。在诸多实例面前，越来越多的国家在金融风险管理体系中，将环境风险加以量化考虑。2002年 10 月，世界银行下属的国际金融公司和荷兰银行提出"赤道原则"，该原则要求金融机构投资项目时应对其环境等影响进行评价。尽管不是强制性规则，但由于其符合金融机构所面临的切实需要，并有助于各国环境问题的治理，截至 2017 年，已有三十多个国家的近百家金融机构采用该规则。①

（八）生态补偿制度

生态补偿制度是大气污染防治工作中的重要制度。一方面，生态补偿制度强调，除了对环境的污染者需要付费，生态消费者也需要承担相应的费用，即污染环境的主体和消费生态环境的人将共同承担责任和费用。根据生态服务理念的观点，清洁的空气和水资源等均属于公共物品，这类物品具有正外部性，需要大量成本进行维持，因此产生了生态服务可被定价出售的理念。另一方面，依据权利和义务具有一致性的原则，可以利用政

---

① 陈楚楚：《企业环境信用评价制度概念辨析》，《合作经济与科技》2020 年第 15 期。

府宏观调控或市场化交易的手段，将环境污染者与生态消费者支付的费用转移给执行生态保护的主体，即"转移支付"的概念，从而获得资金对地区进行生态环境保护，或为部分居民放弃可能损害生态环境的活动提供一定经济补偿。

发达国家关于生态补偿的形式主要包括由政府主导和由市场主导两种类型。[①]在政府主导模式下，经由对财政资金来源、使用、监督等方面的把控来发挥最大效用。首先，政府应该保障和确立生态补偿资金具体获取的来源和方式；其次，政府应当保障这些补偿资金流向从事生态保护活动的主体，使之被合理使用；最后，政府应起到监督和管理的职能，防止这些资金被滥用，并做好相应的评估工作，以便后续更好地进行分配。在市场主导的模式下，则可以很好地利用市场机制调节需求，构建生态的生产和消费两大市场，避免"生态净损失"的产生。市场化主导的生态补偿模式还可以建立生态产品市场。例如，多个国家在市场中所采用的"生态产品""绿色产品"认证制度。相关机构给生产过程符合绿色生态要求的农产品等发放认证，该类产品的价格往往高于无认证的产品，消费者可以自由进行选择。若消费者因选择"绿色产品"而支付较高的费用，则间接补偿了为保护生态环境而付出的代价。此外，在市场化运作中，还可以通过企业"生态偿付"的方式保障生态环境。例如，生产纯净水的企业为了保障水源地水资源不被破坏，可以通过向当地居民给予经济补偿的形式，使居民减少有害农药的使用，或进行节水设施改造等。[②]通过市场进行生态补偿的形式直接助推了"清洁生产市场"的建立。1997 年，为应对全球变暖，联合国气候大会于 1997 年在日本通过了著名的《京东协议书》，该文件和各国希望节能减排的目标不谋而合，在这种背景下，碳排放交易市场和排放许可证交易市场得以出现和发展。各个国家分别采取了不同的政策法规来支持这两个市场的发展。比如为了使环境容量和自然资源用户更好地利用配额，美国政府除了明确限定数量和义务配额，还通过制定相关的法律

---

① 吴越：《国外生态补偿的理论与实践——发达国家实施重点生态功能区生态补偿的经验及启示》，《环境保护》2014 年第 12 期。

② 任世丹、杜群：《国外生态补偿制度的实践》，《环境经济》2009 年第 11 期。

法规和颁布许可证，允许这些用户通过市场来调节多余或者缺少的配额。例如为了使生态服务能在市场上进行交易，澳大利亚政府通过了生态服务许可证交易。在各国国内的碳汇交易市场不断发展的同时，国际碳汇交易市场也开始出现。比如一些发展中国家将多余的碳汇指标出售给发达国家，获得的收益用来补贴相应的产业。多国也在尝试进行生态合作，对国际碳排放交易市场进行更深一步的探索。

（九）环保产业

多数发达国家的国民对于生活环境的质量有着较高的要求，这助推了环保行业的发展。部分发达国家环保行业甚至可以占据 GDP 的 10%~20%。美国、日本、德国等发达国家的环保产业受到政府及社会的广泛重视，一直处于世界领先地位。政府更是通过税收、政策倾斜和资金保障等措施鼓励更多民众投入环保事业。[①]

1. 政府高度重视环保产业地位

美国政府很早就对国内的环保产业十分重视。在 20 世纪末就颁布了一系列环境政策为环保产业的发展保驾护航。首先，为了推动新型环保技术的开发，为新技术的孕育提供友好平台，美国政府对管制体系进行了改革。其次，为了提高环保效率，充分利用数据化和信息化系统，美国政府将环境技术许可进行了程序化。最后，美国政府还将环保管理过程从阶段管理转为全程管理。与美国不同的是德国一开始就把环保产业视作具有高增长机会的产业，并且将其置于国家战略地位。为促进环保产业在国内的发展，德国政府出台了一系列支持性原则和政策。

除了美国和德国，日本在促进环保产业发展上也大有作为。首先，日本将环保产业置于国家战略产业中，为推进国内环保产业的发展，日本制定并通过了一系列相关的鼓励性法律和政策。其次，为了吸引投资者进入环保产业，日本政府建立了很多引导机制，其中包括资金援助、成本选择和共同决策等。

---

① 尹君、刘朝旭、徐栋、张宁：《世界发达国家环保产业政策及启示》，《创新科技》2016 年第 5 期。

2. 制定出台各种优惠政策

美国对环境标准十分重视，为了引导鼓励企业达到标准，美国政府积极采用各种经济手段，比如对企业进行补贴、对税收进行相应减免或者增加环保产业的资金投入，对相关项目工程采取免税和资金补贴支持等。美国政府自20世纪80年代中期以来，每年支出部分财政资金用以控制污染。由于支持资金量大、政策便利多，美国环保产业在海内外市场迅速扩张，这也带动了大量其他企业，实现多赢。

德国政府制定了一系列优惠政策来促进环保产业的发展，优化产业的内部结构，其中尤其突出的几项政策：其一，为了引导和鼓励企业降低或消除污染物排放，对企业实行减少甚至免除税收的政策；其二，对企业在缩短环保设备折旧年限、提高折旧率、环境技术开发等方面的贷款提供优惠政策；其三，大力投入资金用于发展环保工程以及制造环保节能设备。德国的环保产业之所以能够稳定高速发展，国际竞争优势日益明显，离不开德国政府制定的这些优惠政策。

日本则通过完善的金融政策鼓励环保行业的发展。在日本，公共金融机构为相关行业提供低息贷款，政府配套提供财政补贴和税收优惠，使得日本在环保产业投资方面高速稳定发展。

3. 实施强有力的环保法律法规

完善的法律制度是推动快速、健康的环境保护行业发展的直接动力。环境法在许多工业发达和法律制度比较完备的国家已经得到比较完善的发展。比如1967年日本制定的《公害对策基本法》、1969年美国制定的《国家环境政策法》、1973年罗马尼亚制定的《环境保护法》等。环保问题已经被很多国家纳入宪法范围，全社会都将其作为环境保护的行为基准和法律约束。

20世纪70年代以后，为了推进环保产业的发展，美国国会通过了一系列与此相关的法律法规，对环保利益相关方进行了严格要求，进一步促进了环保产业的发展与环保市场的扩大。除此之外，美国政府还采用经济手段，不断促进环保产业创新相关技术。

在日本，环境法通常被称作"公害法"。在推动环保产业发展方面，日本十分注重建立相关法律法规。产业发展初期，日本只是就解决现实存在的一些环境污染问题出台相应的法律法规，但是这些法律主要针对公害防治问题，并不能根除环境污染。为此，日本逐渐着眼于预防公害和保护环境来改善环境质量，根据地区差异，制定了国家总法以及地方法律，最终形成了完整的预防和治理公害、保护环境、资源管理等各个环节的环境基本法。该基本法对社会各主体的义务和责任做出了规定，对政府制定的环境保护制度以及组织方法做了详细阐述。日本的有些地区政府根据地区的污染情况制定了更加严苛的地方法律。到目前为止，日本已经形成了相对完善的环境法律体系，建立了一系列的法律法规，日本的环保产业秉持着"3R"的中心原则不断发展起来。

三　非正式型环境政策工具的运用

发达国家在空气污染的治理过程中，也注重非正式型环境政策工具的运用，积极联合多方的力量，共同推进空气污染治理。

（一）倡导绿色低碳生活

澳大利亚空气污染中的一个主要源头是机动车尾气排放，并对当地居民健康构成威胁。到2010年，全国有八成以上的一氧化碳、六成以上的氮氧化物和四成的碳氢化物来自机动车排放的尾气。为此，澳大利亚政府采取了一系列措施控制机动车尾气排放。一方面，强化对车辆和油品的管控和要求，机动车及油品必须达到国家标准方可进行销售和使用；另一方面，鼓励减少机动车的使用，倡导国民通过多种方式绿色低碳出行。[①]

德国同样注重生态社会的建设，政府和民间组织大力宣传和倡导绿色低碳生活，使绿色环保理念深入人心。[②]德国政府充分认识到教育对于国民环保意识形成的重要性，要求学校的教学大纲和教学内容必须包含引导学生形成绿色环保意识，并鼓励学生参与社会实践，以竞赛等多种形式帮助学生学习环保创新理念。在居民生活方面，德国政府也十分注重环保组

---

① 杨玉川：《澳大利亚大气污染防治经验研究与启示》，《环境保护》2014年第18期。
② 李木子：《绿色生活构建中的政府职能分析》，湖北大学硕士学位论文，2017。

织的参与。目前，德国环保组织的数量已有近千个，这些组织通过线上线下等多种形式，宣传并筹措资金，投身于环保事业的发展。此外，德国政府注重引导企业履行相应的社会责任，推动企业进行环保化转型，并提升相应的技术水平，以推进国内绿色化事业的发展，实现环境保护与经济发展双赢。①

（二）公民参与

除了利用政府的调控和市场的引导，环境污染的治理还需要社会公众的积极参与。只有公民做到主动参与，才能使环保观念深入人心，才能对政府的环保工作和企业的生产起到有效监督作用。英国政府和民众在环境保护方面形成了良好的互动关系。② 一方面，政府通过制定相关法律来保护公民的环境权利；另一方面，公民又积极地利用所赋予的权利参与国家的环境决策。公民所享有的环境权利由三部分组成。其一是环境知情权。为了保障公民的该项权利，根据欧洲委员会 90/313/EEC 指令③，英国制定了本国的《环境信息条例》。根据该条例，当民众需要环境信息时，掌握环境信息的政府部门和网站应该及时、无偿地提供信息。由于当时英国多部法律中存在数百条与信息自由理念相悖的规定，英国于 1999 年颁布了《信息自由法》，保障了环境信息公开制度的施行。此外，英国还建立了全面的环境信息调查系统，公众可以在网上及时获取各环保部门发布的环境信息。其二是环境检测权。为了保障公众的该项权利，英国又施行了《地方政府法》和《城镇和乡村规划法》。公民可以通过座谈会、听证会、调查问卷等方式参与国家环境问题的决策。比如，如果政府要召开关于环境决议的会议，不仅必须在会议的前三天对公众公布决议内容，包括会议的议程和报告，而且会后的结果也要接受公众的审查，并解决公众提出的争议。其三是环境诉讼权。关于这方面的权利，在英国发展较为缓慢。以 1981 年颁布的《最高法院法》为界，此前即使政府通过的环境政策有悖于公民的环境权

---

① 朱光磊主编《现代政府理论》，高等教育出版社，2006。
② 张亚欣：《英国空气污染及其治理研究（1950-2000）》，郑州大学硕士学位论文，2018。
③ 〔澳〕彼得·布林布尔科姆：《大雾霾：中世纪以来的伦敦空气污染史》，启蒙编译所译，上海社会科学院出版社，2016。

利，公民也无权起诉政府机构做出的环境决定。《最高法院法》颁布后，相关情况有所改善，规定申诉人对政府环境事务有"足够的兴趣和利益"时，可以上诉。次年公民的环境权利得到进一步扩大，法律规定在可认识的兴趣和利益下，公众可以就环境事务向政府提出上诉。同时规定公民在对与环境有关的案件进行诉讼时，不受其他额外条件的束缚。因为这一原则得到了大规模的推行，现在用民事诉讼的形式来解决违反环境法的事务，在英国已经变得非常普遍。[①]

（三）媒体宣传

生活领域在制造污染源的同时也遭受着污染源的损害。此外，与可以由特定对象管理的固定污染源和流动污染源不同，社会领域涵盖了所有的家庭以及个人，而家庭和个人又较为分散，集中管理难度大。为此，日本政府将宣传工作放在主要位置，通过电视媒体向国民传播节能减排的做法与实例，随着长期有效的宣传，相应的理念也逐渐深入人心。如今，日本国民已经广泛接受了节能的口号，这种思想的变化不仅使人们的生活习惯发生了变化，而且也改变了他们的消费选择。因此，通过环保宣传来激发公众的环保意识，是非常有效的方式。在日本通常是家庭主妇负责家庭生活的日常开支，她们的算计能力是出了名的，如果你想获得家庭主妇对环保的支持，就必须澄清其中的利益关系。事实上，对于家庭来说节能减排确实有助于减少家用支出，日本媒体不仅不断地传授家庭中节能减排的经验，还通过调查，实时显示节能减排所能获得的收益，以此使得更多的家庭主妇产生共鸣，从而实现双赢甚至多赢。

（四）社会组织

工业革命一方面给西方发达国家带来了经济的腾飞，另一方面也造成了大量的环境污染问题。为保护和治理被破坏的自然环境，西方社会兴起了许多从事环境保护的非政府组织。在全球处理环境问题和生态保护的工作中，包括世界自然基金组织、绿色和平组织等在内的非政府组织做出了

---

① 〔英〕布雷恩·威廉·克拉普：《工业革命以来的英国环境史》，王黎译，中国环境科学出版社，2011。

突出贡献。尤其在发达国家，其非政府组织对于国家环境污染治理起着举足轻重的作用。例如，英国煤烟减排组织自20世纪中后期建立后，便长期致力于大气污染防治工作。该组织向居民宣传节能减排的知识，并积极推动相关法律法规的完善和技术研究的进步。通过努力，英国社会对于空气污染防治的意识不断加深，政府的政策制定同样受到积极影响，在很大程度上助推了英国空气污染治理工作的开展。而德国在空气污染治理过程中，其环保组织也发挥着重要作用。组织成员积极投身于环保事业，在为组织活动筹措资金而积极缴纳会费的同时，也对社会公众进行大量的义务环保宣传。此外，部分社会环境保护组织还通过相关项目的运营，为地区政府部门及企业提供技术或资金支持，并助力民众教育平台的搭建。这些非政府组织有效地助推了能源节约和循环利用的意识和技术水平的提升，为德国的环境污染治理提供了有力支撑。

（五）绿色产品认证

为应对环境问题，多国意识到积极发展环境友好型产品的重要意义。绿色环保领域涉及节能减排、生态保护等多个领域和行业，项目种类多且专业性强，加之绿色行业起步时间较短，大量绿色项目的执行周期长，评价难度较大，因此，为提高绿色产品和相应技术确立的科学性与权威性，许多国家开始推行绿色认证制度。德国是世界上最早实施绿色认证的国家。1977年，德国政府将"天使蓝"标志作为环境认证标志。而北欧国家则于1988年使用白天鹅标志作为环境认证标志，这也是国际上首个多国合作式的认证标志。同年，加拿大推出Ecologo环境标志计划，并于1993年颁布。在亚洲发达国家中，日本和韩国也制订了生态标志计划。其中，韩国绿色认证于2010年实行，推行技术、产品、产业和企业四个类别进行认证。韩国企业如想拥有绿色认证，其绿色产品销售额必须超三成以上，方可向产业技术振兴院递交申请，在通过审核后即可获得得绿色证书。目前，绿色认证制度在全球范围内已取得良好成效，助推了各行各业对环境责任的履行。①

---

① 〔美〕彼得·索尔谢姆：《发明污染：工业革命以来的煤、烟与文化》，启蒙编译所译，上海社会科学院出版社，2016。

（六）绿色供应链管理

绿色供应链管理，即环境意识供应链管理，是着眼于整个供应链中每一环节是否注重环境问题，并统一协调整个生态链，实现在完整供应链中同时获得经济与环境效用的管理模式。[①]绿色供应链的概念最早在 1996 年由美国的研究人员提出。在美国，绿色供应链的发展与推广经历了三个时期，如表 7—3 所示。

表 7—3　绿色供应链在美国的发展历程

阶段	时间	主要事件
第一阶段（萌芽阶段）	20 世纪 60 年代末	《国家环境政策法》颁布（1969 年确立了环境评价制度）
第二阶段（缓慢发展阶段）	20 世纪 70~90 年代	美国环保署成立（1970 年） 《资源保护与回收法案》（1976 年），绿色供应链开始发展，并提出了美国废物循环利用的 4R 原则（Recovery，Recycle，Reuse，Reduction） 《应急计划和社区知情权法案》（1986 年）推进环境产品信息公开 推行环境标志制度
第三阶段（成熟阶段）	21 世纪初至今	①《包装中的毒物》（2004 年修订），要求包装无害化 ②《雷斯法案》（2008 年），要求发展可持续林业 ③ 多个州颁布相应法案，如《2003 电子废物再生法案》（加州），《有害废物管理条例》（2006 年，缅因州）等

资料来源：笔者自制。

具体来说，美国主要采取了以下措施。一是环境信息公开。从 20 世纪中后期起，美国开始要求企业进行环境信息的公示。根据《有毒物质排放清单》的要求，美国部分行业有对化学品生产运营环境报告的义务。同时，政府为了提高企业本身的声望、信誉以及形象，推行了企业环境信息

---

① 〔英〕布雷恩·威廉·克拉普：《工业革命以来的英国环境史》，王黎译，中国环境科学出版社，2011。

自愿报告制度。二是政府绿色采购。为创建绿化型政府，美国于 1988 年通过了第 13101 号命令，在减少废弃物、回收利用资源和采购方面对政府提出了要求；1993 年的一项总统令中，规定了政府采购臭氧保护物的要求；同年，《联邦采购、回收和废物防止》法律颁布，着重强调要进行环境友好型采购计划；2000 年，对政府增加了环境管理的要求。2005 年，《能源政策法》对于可再生能源占联邦政府耗电总量的最低值做出了明确规定。三是"能源之星"认证计划。美国于 1992 年推行"能源之星"认证计划，尽管该项计划并非强制施行，但被企业广泛认同和接受。目前，"能源之星"认证涉及电子产品、家电和建筑等多个领域。四是企业自愿合作计划。美国从 20 世纪 90 年代开始推行企业合作计划，这项计划同样是非强制性的。但若企业签订合作计划，并促进自身供应链节能减排达到一定数量，则可以获得经济及政策的支持，这有效激发了企业对于整个供应链进行绿色管理的热情。五是节能市场激励。美国通过对施行节能减排、环境经济研发的企业提供财政补贴，并对相关研发项目予以低息甚至是无息贷款来积极引导新能源行业的建立。六是进行绿色采购教育。一方面，联邦采购协会通过提供免费的绿色采购培训传播相应知识；另一方面，学校也将政府绿色采购方面的课程列为专业必修课程。七是建立企业绿色供应链指标体系。美国企业根据相应法律法规的要求，逐步构建了绿色供应链评价指标体系。充分利用绿色信息的公开平台和内部管理工具，企业可以对整个供应链的供应商进行有效筛选，并对产品的生命周期进行完整的检测。

四　多种工具的组合运用

单一的空气污染治理措施虽然在治理过程中发挥了一定作用，但往往难以高效地、可持续地防治空气污染，因而发达国家逐渐探索多种工具的组合运用，进而综合治理空气污染。

（一）英国空气污染"综合防治"体系的建立

为了保障英国民众在户外享有清洁空气的权利，减少空气污染对人体的损伤，英国政府针对空气污染问题建立了"综合防治体系"，这也标志了英国空气质量管理框架正式形成。① 该框架主要由两级构成，空气质量的管理的全局布控主要由国家空气质量战略负责，而对于区域空气质量的评估、审查和监管则由地方政府管控负责。

1990 年，《共同继承：英国环境战略》白皮书发布。这部白皮书奠定了英国空气治理的核心思想。1995 年，英国《环境法》明确了区域性空气质量管控的法规，并明确了地方政府的管理权。地方政府对于空气环境的管理主要分为两个阶段：第一阶段，收集地区空气污染的数据，对数据进行分析处理；第二阶段，根据处理结果，在有需要的地区建立空气质量管理系统。1997 年英国根据欧盟的《环境空气质量评估和管理指令》（96/62/EC）进一步制定了国家空气质量战略，对主要空气污染物设定排放阈值（以对公众健康危害程度为标准），包括二氧化氮、颗粒物（PM10）等八种污染物。同时地方政府利用模型进行地区检测，对在超标区域实施空气质量管理等措施进行管控，建立了空气质量管理框架以实现全国空气污染物排放的全面管控。该框架注重发挥中央和地方政府共同调控及公民参与的作用，将公民的生活、生命健康以及生态环境质量作为框架管理的最终目标，并鼓励框架内的所有参与主体实现治理方面的通力合作。其中，地方政府在空气质量管控中的多部门合作最为普遍，这主要源于空气污染物的复杂性和扩散性，使得迁移性较强的污染物需要多个部门或机构进行联合监测，通过监测数据对其实施有针对性的管控措施。纵向府际间的合作主体主要是中央政府和地方政府，虽然空气污染治理过程中的具体减排方案由地方政府实施，但由于存在专业知识储备不够和技术创新壁垒等问题，仍然需要中央政府在监测技术、污染物扩散模型、空气质量评估等方面提供指导，并完善相应的法律法规以规范治理。此外，政府与公众间的空气污染治理合作最具创新性，两者的合作层面主要在基层工作领域，打破了以往公众被动接受环境信息的掣肘，建立健全公众的环境信息反馈机制，实现政府与公众间的双向交流模式。在治理方案设计中，通过召开公开会议等方式吸纳民众意见，增加空气质量管理框架的信息透明度，促进治理

---

① 王越：《英国空气污染治理现代化转型探析》，《新经济》2019 年第 10 期。

的公开、公平和高效。

通过中央政府与地方政府之间、地方政府之间、政府与公众之间的合作，目前英国的空气质量管理框架已形成一种全方位的综合治理模式。一方面，通过各方的合作改变了以往低效、分散的空气污染治理方式；另一方面，在英国范围内树立了全新的环保观念，使得公众的环保行动从"被动"走向"主动"，空气污染治理从以"应对"为主走向以"预防"为主，真正走向"防治结合"的道路。

（二）美国空气污染治理中公众健康优先的保障机制

保障公众健康是空气污染治理的首要目标，需要通过各种制度和措施建立起完善的治理保障机制。1970年，美国《清洁空气法》颁布之初，联邦政府已针对空气污染问题出台了数十部法律法规来控制污染物的排放，但是由于规制政策缺乏强有力的落实措施和明确的惩罚机制，未能获得有效治理空气污染的效果，空气污染状况改善程度有限。而《清洁空气法》中虽然将保障公众健康优先作为基本原则，但同样需要建立更为具体的实施保障机制，才能达成目标。①

为发挥法律的政策规制作用，美国政府依托《清洁空气法》不断完善相关保障机制的设计，至1990年《清洁空气法修正案》的出台，在遵循公众健康优先原则的基础上，美国已基本形成较为完善的空气污染治理保障体系，包括了国家环境空气质量标准、州实施计划、公民诉讼制度和刑事制裁措施四个层面。其一，联邦环保局充分考虑公民健康，对空气污染物的排放制定了量化指标，建立国家环境空气质量标准。其二，建立"州府独立实施"计划，在空气污染治理层面，美国各州均享有独立实施治理方案的权力，并对本地区的空气治理状况和污染物防治情况负责，而联邦环保局则主要担任各州治理计划的审批者和监督者角色，促进各州空气污染治理工作的自由开展，实现公众对健康的基本追求。其三，制定了公民诉讼制度，监督行政人员是否尽职并督促他们勤勉执法，对空气污染制造者违反法律的行为进行纠正和惩罚，通过诉讼途径，公民可以保障自身健康。

---

① 庄锶锶：《美国空气污染治理的公众健康优先原则研究》，福州大学博士学位论文，2018。

其四，为了保证《清洁空气法》顺利执行，国会基于保障公众健康为优先的原则，设计并通过了体系严密的刑事制裁措施，使美国空气污染治理机制日臻完善。

第三节　发达国家空气污染治理的启示

空气污染治理是一项长期的系统工程，当前我国面临着严重的空气污染情势，相关治理措施正在不断完善。与此同时，国外在长期的实践中取得了显著效果，空气质量得到了充分改善，并积累了丰富的治理经验。因此，为了尽早解决我国严重的空气污染问题，应在尊重基本国情的基础上，充分吸收借鉴国外优秀的治理经验，形成一套具有中国特色的治理措施，并科学、系统、有效地加以应用，以求逐步改善我国的空气环境质量。国外空气污染的成功治理经验给我国的启示具体表现为以下几个方面。

一　强化政府治理责任及权责归属

清洁的空气是一种公共资源，各级政府负责保障辖区内空气质量水平，从而维护居民享有清洁空气的权利。在空气治理过程中，政府通过宏观调控承担相应职责。首先，各级政府应当根据《环境保护法》《大气污染防治法》等法律，积极制定适应本区域环境保护的相关法律法规，明确重点行业空气污染的排放标准，对辖区内各行业污染防治制定相应的规范，从而加大对空气污染防治的工作力度，为区域空气污染治理提供保障。其次，由于区域内不同行业不同企业的经营情况和环保意识存在差异性，不同企业对于环保政策的执行能力会影响当地的空气污染治理成果，因此需要完善地方政府的监督机制，加强对高污染行业企业的监督管理。再次，政府要处理好与企业和公众的关系，在空气污染治理过程中保证环境信息的公开化和透明化，注重治理方面的多元化交流，建立环境信息公开制度。最后，政府应当正确处理好经济发展和环境保护之间的关系，将空气污染治理工作融入区域经济发展过程，寻求两者的协调统一，保障区域内社会经济的绿色、高质量发展。①

二　注重综合手段的运用

作为一项综合的系统工程，运用单一的手段对空气污染进行治理，往往效果不彰，难以达到预期效果。且单一的手段往往存在一些缺陷：其一，单一的行政命令手段需要庞大的执行队伍，往往会带来巨额的行政费用；其二，单一的经济手段缺乏权威性；其三，单一的技术手段难以推广应用。国外在空气污染治理的一些实践中巧妙地避开了这一缺点，将一系列行政、经济、技术手段结合起来，形成了一套综合的政策手段来进行空气污染治理，并取得了显著的治理效果。因此，我国可充分借鉴这些经验，注重综合手段的运用。

制定相应的空气质量标准是把控大气状况的重要工作之一，也是相关预防治理规定以及措施可以顺利推出的基础。一切应以公众健康优先为出发点，制定、审查和修订国家环境空气质量标准应该做到科学、合理，注重公众参与并及时修订更新。例如，《大气污染防治法》明确要求空气质量标准需要定期审查以确定是否有修订必要，而不是用"适时"等敷衍的措辞。此外，只有专家和公众的有效参与才能保证环境空气质量标准制定、修订程序的公平公正。行政机构必须充分听取各方面群众意见，确保公众参与制度的有效性。行政机构在制定空气质量标准时应公开其具体内容及制定缘由，使得社会各界可以对此及时反馈自己的意见和建议。最后行政机关应参考公众的意见做出修改，对于不采纳的意见说明理由，并在定稿的环境空气质量标准公示时对此加以批注。②

目前，多数发展中国家都面临环境保护与经济发展的矛盾，由空气污染治理所带来的环境成本制约着各个国家未来的社会经济发展。然而，由于部分产业的自身特点，即使对污染排放严加监管并投入技术改造，也难

---

① 武一帆：《公众健康在美国空气污染治理中的地位——兼论对我国环境治理的启示》，《赤峰学院学报》（自然科学版）2016 年第 12 期。

② 李春林、庄锶锶：《美国空气污染治理机制的维度构造与制度启示》，《华北电力大学学报》（社会科学版）2017 年第 4 期。

以彻底消除高污染现象。因此，改变能源产业结构、积极发展第三产业和环境友好型产业是另一条必不可少的空气污染防控途径。

我国需要借鉴外国经验，将经济手段、技术手段与行政手段合理组合，强化空气污染治理。通过环境政策引导产业结构升级调整，重点发展服务业等行业，实现经济低污染高质量发展[①]，兼顾"金山银山"和"绿水青山"。同时，大力提升技术水平，利用新技术、新设备降低废气排放量和单位能耗，保障国内产业持续优化升级，实现"碳达峰""碳中和"战略目标。

三　建立区域防治联动机制

众所周知，每一个地区在发展经济的过程中或多或少都存在空气污染的问题。因此，很多国家或者组织都十分重视大气污染治理中的区域防治措施。例如，比利时根据欧盟《2008/50/ec》指令划分好区域，采取跨地区的污染治理合作机制并取得了很好的成效。另外，美国采取洲际合作和联邦合作相统一，统一相关法律法规，促进层级或平级政府之间协调合作。

由于空气的流动性，单一行政化管理难以起到良好的治理作用，因此，必须通过跨行政区多元协作的方式治理空气污染。在加强区域联合治理空气污染的进程中，必须维护政府之间及政府与社会之间的关系，促进多方协作，并在一定程度上允许市场及社会参与治理工作，使空气治理形成政府、企业、公众多方参与的局面。[②]首先，政府部门在未来的工作中应加强对公众环境意识的宣传教育，使公众深刻意识到自身的环保义务和其享有良好环境的权利，从而促进民众对环保事业的自发行为。其次，要完善公众参与环保活动的政策和法规。民众环保行为的法律保障是民众参与环保事业的基础。在良好的法律保障前提下，公众有更大勇气投入这一事业，环保事业也才能真正得到公众的尊重。最后，积极利用和发展环保组织力量。政府管理部门应针对当前环保组织存在的问题，对相关参与者

---

① 陈勇：《西方国家雾霾及空气污染治理的经验及启示》，《经济论坛》2015 年第 12 期。
② 杨立华、蒙常胜：《境外主要发达国家和地区空气污染治理经验——评〈空气污染治理国际比较研究〉》，《公共行政评论》2015 年第 2 期。

进行培训和引导，并要与发达国家或知名环保组织进行交流学习，从而提升环保组织的工作能力。针对部分环保组织技术水平不足的现状，可邀请相应技术人员提供指导，使环保组织拥有更强的科学管理能力，协助政府共同维护空气清洁。[①]综上，加强构建区域协作的大气污染防治机制，是保障空气质量、维护居民健康、促进经济社会科学可持续的发展。[②]

中国空气污染治理区域防治机制的建立应在生态环境部的统一管理与协调下推进，各省市应紧密结合，共同协作，相互借鉴优秀经验，同时还可与周边国家开展空气污染治理合作。

四 构建全民参与的社会行动体系

空气污染治理事关重大，不但关乎每个人的身体健康，也关乎城市形象和未来发展潜力。国外空气污染治理取得成功的因素之一就是其政策的形成与执行都有公民力量的参与和推动，并已形成较为完善的公民参与机制。

建立空气污染治理的全民参与机制有许多好处。其一，有助于提高全社会生态文明水平，推动环境保护发展。近年来随着社会公众环境意识的提高，群众对环境质量的要求越来越高，对企业违反环境法规的行为予以"零容忍"，因而公民在一系列环境突发事件和环境违法事件中发挥了重要的监督作用。其二，有利于推动环保法律法规和政策的实施，切实维护公民的环境权益。

公民的环境参与主体包括普通大众、政府官员、企业决策者。政府官员和企业决策者的参与，必然会推动政府和企业采取有利于环保的政策和行为；普通公众环保意识提高了，对环保法律法规的理解度就会加深，就会积极主动地践行环保法律法规，支持政府出台的环保政策措施。公众环境保护意识的提高和公众参与的加强，有利于公众全方位地监督企业环境保护行为，从而极大地推进国家环保法律和政府环境政策的实施。

---

① 巩羿：《英国空气污染治理经验对我国空气治理政策的启示》，中央民族大学硕士学位论文，2013。

② 王歆予：《美国空气污染治理政策模式及其启示》，《文史博览（理论）》2016年第9期。

建立空气污染治理的全民参与机制需要从以下几个方面入手。第一，政府层面。政府要全面及时公开空气污染治理的信息，并明确公民参与空气污染防治的渠道和方式。第二，公民层面。雾霾面前，没有人能"独善其身"，解决污染问题固然需要政府的力量，但也需要每个公民的积极参与。广大民众应当共同努力，为打赢这场大气污染治理的攻坚战做出自己应有的贡献，公民可以进行有组织的社会参与，在环保或者环境社团的带领下参与环保，以留住更多的蓝天白云。

总之，广泛的、多种形式的公民环境保护参与，可以与政府的努力形成互补，有利于推动生态文明建设和环境友好型社会建设。因此，中国可参考相关经验，建立起空气污染治理的全民参与机制。

第八章　中国雾霾治理政策工具的
组合与优化路径

　　如何在环境保护和经济发展之间取得平衡一直是困扰政策制定者的关键问题。[1] 有很大一部分环境治理的文献声称，要从传统的以政府为主的治理模式（命令控制型）转向新的治理模式，即更多依赖市场调节或公民参与的解决方案。[2] 此外，多年来，环境经济学家一直倡导引入市场激励型工具，以提高环境治理的效率。[3] 根据前述研究，虽然在大多数情况下，不同类型的环境政策工具始终是减少雾霾污染的动力[4]，然而，在人口众多，区域差异明显的中国，不能仅仅寄托于某种单一的环境规制手段，而需要博采众长，进行组合与优化。

　　要实现政策目标，无论是采用命令控制型环境政策工具、市场激励型环境政策工具，还是非正式型环境政策工具，都需要结合实际来进行选择。例如某些地方政府为尽快达成政策目标，可能对实际情况不加以甄别，倾向于选择命令控制型的环境政策工具，而这往往会提高治理成本，

[1]　Wang M, Feng C,The win-win ability of environmental protection and economic development during China's transition, *Technological Forecasting and Social Change*, 2021.

[2]　Wurzel R K W, Zito A R, Jordan A J, Environmental governance in Europe: A comparative analysis of the use of new environmental policy instruments, *Edward Elgar Publishing*, 2013.

[3]　Perman R, Ma Y, McGilvray J, et al,Natural resource and environmental economics, *Pearson Education*, 2003.

[4]　Cole M A, Elliott R J R, Shimamoto K,Industrial characteristics, environmental regulations and air pollution: an analysis of the UK manufacturing sector,*Journal of Environmental Economics and Management*, 2005,pp. 121-143.

影响政策目标的落实。反过来，如果非正式型环境政策工具与命令控制型、市场激励型环境政策工具缺乏有机的整合，也会导致政策工具运用的动力和可持续性不足。因此，雾霾治理政策工具的选择应该是一个动态的组合过程，要达到雾霾治理的有效性需要选择最优的环境治理组合方案，发挥环境政策工具的组合效应。

第一节　环境政策工具的运用现状分析

中国 1972 年参加了联合国人类环境会议，自此拉开了中国生态环境保护的序幕。此后的近 50 年，中国不断调整与完善环境管理体系，以应对出现的新问题、新需要。[①] 与此同时，环境政策工具也在与时俱进，不断地探索与更新，从最初以命令控制型环境规制（CCR）为主导逐步演变到命令控制型环境规制、市场激励型环境规制（MBR）和非正式型环境规制（IR）并用的格局。[②]

一　环境政策工具的运用现状

在传统的环境治理中，行政主导的命令控制型环境规制一直被政府推崇备至；随着市场经济的快速发展，市场激励型环境规制也逐渐被借鉴到环境治理领域；受多中心治理理论的影响，政府也逐渐意识到以公民参与为主导的非正式型政策工具亦能起到补充的作用。

首先，从总体来看，三种环境政策工具的使用增减不一。从第三章的环境数据可以得到三种环境政策工具的使用趋势。本文采用人均环境污染治理投资总额作为衡量命令控制型环境规制的第一种方式（CCR1）。结果发现，在 2007~2017 年，各省的 CCR1 均有显著的提升，尤其在 2011~2012 年有明显的提高，这意味着各省都在不同程度上提高了命令控制型环境规制的水平。同时，本文采用各省排污费收入占工业增加值的比重作为衡量市场激

---

① 曲格平：《中国环境保护四十年回顾及思考（回顾篇）》，《环境保护》2013 年第 10 期。
② 解振华：《中国改革开放 40 年生态环境保护的历史变革——从"三废"治理走向生态文明建设》，《中国环境管理》2019 年第 4 期。

励型环境规制的第一种方式（MBR1）。结果发现，在 2007~2017 年，各省的市场激励型环境规制水平呈现逐年上升的势头。另外，本文采用各省环保信访量（人次）作为非正式型环境规制水平的代理变量（IR）。结果发现，在 2007~2017 年，各省的非正式型环境规制水平大量增加。

其次，从横向对比来看，命令控制型环境规制被使用得最频繁，再就是市场激励型环境规制，相对而言，非正式型环境规制被较少使用。表 8—1 总结了中国各类环境政策工具的应用时间与实施范围。从中可以看出，自 1979 年起，中国就在环境治理中不断探索使用各种环境政策工具（见表 8—1）。这一规律也得到诸多研究的证实。例如，杨志军等学者基于环境政策文本的统计，发现在环境治理中，三者的使用频次大致为 61.438%、33.987% 和 4.575%。[1] 在海洋生态环境治理中，三者的使用频次分别为 59.8%、25.77% 和 14.43%。[2] 许阳等学者对海洋环境政策的统计也印证了上述倾向。[3] 在长三角的大气污染治理中，三类政策工具的运用均呈上升趋势，但还是更加偏好管制型政策工具。[4]

表 8—1　中国各类环境政策工具的应用时间与实施范围

中国市场激励型环境规制			
手段类型	实施部门	开始实施年份（年）	实施范围
污染赔款、罚款	环保部门	1979	全国
超标排污费	环保部门	1982	全国
财政补贴	环保、财政部门	1982	全国
排污许可证交易（试点）	环保部门	1985	上海、沈阳等城市
中国命令控制型环境规制			
污染物排放标准	环保部门等	1979	全国

① 杨志军、耿旭、王若雪：《环境治理政策的工具偏好与路径优化——基于 43 个政策文本的内容分析》，《东北大学学报》（社会科学版）2017 年第 3 期。
② 傅广宛：《中国海洋生态环境政策导向（2014—2017）》，《中国社会科学》2020 年第 9 期。
③ 许阳、王琪、孔德意：《我国海洋环境保护政策的历史演进与结构特征——基于政策文本的量化分析》，《上海行政学院学报》2016 年第 4 期。
④ 周付军、胡春艳：《大气污染治理的政策工具变迁研究——基于长三角地区 2001—2018 年政策文本的分析》，《江淮论坛》2019 年第 6 期。

续表

中国命令控制型环境规制			
排污申报登记制度	环保部门等	1982	全国
关停污染企业	环保部门等	1980	全国
环境影响评价制度	环保部门等	1979	全国
"三同时"制度	环保部门等	1979	全国
排污许可证制度	环保部门等	2001	全国16个城市
河长制	党政主要负责人	2003	浙江省长兴县
中国非正式型环境规制			
环保标志		1994	全国
ISO14000		1996	全国
空气污染指数		1997	主要城市
节能资源协议试点		2003	济南钢铁集团等

资料来源：笔者在杨洪刚（2009）的基础上有所调整。

近年来，面对严重的跨域空气污染和雾霾污染以及地方政府的环境政策执行鸿沟，中央政府频繁使用以环保督察为代表性的命令控制型环境规制。2017年，将环保部在华北、华东、华南、西北、西南、东北设立的环境保护督查中心更名为"督察局"，并由事业单位转为环保部派出行政机构，进一步将中央环保督察常态化。[①] 此举强化了环保督察局的职权，赋予其更大的监督权力，显著提高了环境质量和生态环境治理能力现代化的水平。[②]

除此之外，我们也能从生态环境监管和生态环境督察的费用变化来窥探中央政府对命令控制型环境规制使用的增长。图8—1为2007~2017年中国生态环境监管总费用支出。生态环境监管总费用支出基本呈上升趋势。图8—2为2007~2017年中国生态环境监管各项费用支出。从中可以

---

① https://www.sohu.com/a/207028324_99986028.
② 陈晓红、蔡思佳、汪阳洁：《我国生态环境监管体系的制度变迁逻辑与启示》，《管理世界》2020年第11期。

看出，除了环境监测与监察费用，其他费用均有程度不一的增长。支出费用的增长，说明政府加大了对环境监管和生态环境督察的决心与力度。

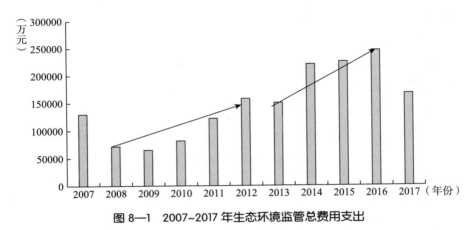

图8—1　2007~2017年生态环境监管总费用支出

资料来源：郑石明《改革开放40年来中国生态环境监管体制改革回顾与展望》，《社会科学研究》2018年第6期。

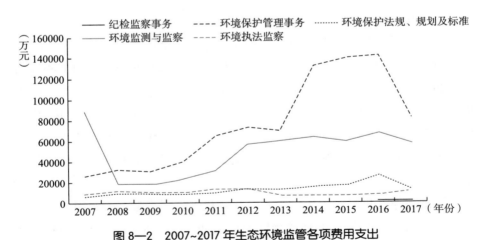

图8—2　2007~2017年生态环境监管各项费用支出

资料来源：郑石明《改革开放40年来中国生态环境监管体制改革回顾与展望》，《社会科学研究》2018年第6期。

　　为了弥补命令控制型环境规制政策的缺陷，市场激励型环境规制的试点工作如火如荼。生态补偿、环境税、绿色税、资源税、绿色金融等市场手段得到明显发展。例如，2018 年，中国成为全球最大的绿色信贷（9 万亿元人民币）和绿色债券（9630 亿元人民币）市场。另外，环境污染责任保险试点工作成效显著。2017 年，为 16000 多家企业提供了约 300 亿元的风险保障金。截至 2018 年 8 月，征收排污权有偿使用费累计达 118 亿元。[①]

　　为了弥补政府命令控制型环境规制和市场激励型环境规制的缺陷，作为一种非正式型环境规制，自愿环境协议（Voluntary Environmental Agreement）[②] 得到了越来越多企业的青睐。企业作为最大的污染排放主体，其生产行为对环境是否友好，直接决定了环境质量的好坏。近年来，随着企业环保意识的不断提高，越来越多的企业开始自发地参与环境保护，并取得了良好的经济效益。参与自愿保护环境协议就是其表现之一。例如，山东省的济钢和莱钢作为自愿保护环境协议的第一批试点企业，取得了显著的节能减排效果。据报道，2003 年，济钢共节能 18.7 万吨标准煤，减排二氧化硫 3360 吨，减排二氧化碳 11.2 万吨；莱钢共节能 3.7 万吨标准煤，减排二氧化硫 662 吨，减排二氧化碳 2.2 万吨。[③] 并且，莱钢提前实现了节能目标，实现节能效益过亿元。[④] 再如，温州市化工行业协会 2014 年发布《温州市化工行业环保守法自律倡议书》，全体会员自觉做出绿色低碳发展的承诺。2016 年，该协会全体成员共同签署《"美丽化工"温州宣言》，承诺走"绿色发展，清洁生产，节能减排，共建生态家园"之路。[⑤]

---

① 王金南、董战峰、蒋洪强、陆军：《中国环境保护战略政策 70 年历史变迁与改革方向》，《环境科学研究》2019 年第 10 期。

② 自愿环境协议是指企业对控制污染或开展环境保护活动的自愿性承诺，包括签署自愿性协议和制定单方面计划。参见 Segerson K, Miceli T J, Voluntary environmental agreements: good or bad news for environmental protection?,*Journal of environmental economics and management*, 1998, pp.109-130.

③ http://www.dzwww.com/shandong/shandongxinwen/shehuijingji/t20040622_391690.htm.

④ https://factory.mysteel.com/06/0607/00/F4F478A5AD21105B.html.

⑤ 沈永东、应新安：《行业协会商会参与社会治理的多元路径分析》，《治理研究》2020 年第 1 期。

二 环境政策工具的利弊分析

各种环境政策工具各有优缺。一些学者认为，命令控制型环境规制作为强制性和有约束力的环境管理工具，能够带来立竿见影的效果[①]，因而，中国政府偏好利用命令控制型环境规制，通过行政强制的手段，迫使相关主体进行污染减排。例如，面临紧迫的环境任务时，中国政府倾向于采取环保督察、环境执法、关停污染企业等措施来治理污染。然而，命令控制型环境规制也存在一些不足。一方面，这种政府主导手段往往"一刀切"，忽视了被执行主体的个体差异，缺乏必要的灵活性，也不利于激励企业进行绿色技术创新；另一方面，从政策文本到政策效果需要经历政策执行，而政策执行鸿沟恰恰是造成中国环境问题的根源之一。[②] 由于环境执法与地方经济利益经常相悖，出于地方保护的本能，地方政府会倾向于庇护本地企业，进而放松监管、疏于执法，不利于污染减排和环境改善。[③]

鉴于命令控制型环境规制的不足，一些文献更加推崇市场激励型环境规制。一般而言，在新古典经济学理论中，市场激励型环境规制（如环境税、排污权交易）被视为比传统监管工具（命令控制型）更具有成本—效益优势，经济上的激励会使各主体对此做出不同程度的响应。通过激励企业将环境的负外部性成本内部化，激励一些主体以最低成本减少污染行为，自觉做出最优的环境减排行动策略。然而，任何一种污染政策所提供的激励措施都不足以克服技术外溢。例如，Grubb & Ulph 强调，如果不是所有减少碳排放的投资都具有长期创新的潜力，那么简单地提高碳税水平也会带来效率低下的问题。[④] 中国的市场经济还不是很完善，环境税、绿色税、资源税、排污权交易、生态补偿和绿色金融等市场手段仍在试点过程中，

---

① Beeson M, The coming of environmental authoritarianism, *Environmental Politics*, 2010,pp.276-294.

② Lieberthal K. Lampton D,Bureaucracy, Politics, and Decision Making in Post–Mao China, *Berkeley : University of California Press*, 1992.

③ Liu N, Tang S Y, Zhan X, et al., Political commitment, policy ambiguity, and corporate environmental practices, *Policy Studies Journal*, 2018, pp.190-214.

④ Grubb M, Ulph D,Energy, the environment, and innovation,*Oxford Review of Economic Policy*, 2002, pp.92-106.

相关的初始产权分配、排污权指标的确定和分配还不成熟[1]，还需要更多地展开试点工作，积累经验教训，才能进一步推广。

以命令控制型环境规制和市场激励型环境规制构成的正式型环境规制存在一定的缺陷，为非正式型环境规制提供了治理污染的机会。一些文献主张非正式型环境规制可以弥补传统的正式型环境规制的不足，特别是在正式型环境规制执行较弱的发展中国家。[2][3]非正式型环境规制具有灵活性、合作性和自愿性，有助于降低政府监管成本、缓解信息不对称、克服命令控制型环境规制过于僵硬等问题。例如，在非正式型环境规制中，由于自愿环境协议展现出前所未有的灵活性，在过去的几十年中，其已被世界各地的公司广泛采用。[4]尤其是在发展中国家，鉴于政府监管存在腐败和僵化等局限性，而自愿环境协议不受传统规则的约束，具有很强的灵活性和自治性，因而受到越来越多的关注。[5][6]在中国，还实行了ISO14001环境管理系列认证，引导企业建立环境管理的自我约束机制。ISO14001认证对促进创新具有重大的积极影响，在降低污染排放的同时[7]，也有助于改善公司的外部形象[8]。截至2019年1月，在中国政府的大力鼓励下，超过21万家组织通过了ISO14001认证并获得了认证证书。认证数量大大高于其他国家或

---

① 张小筠、刘戒骄:《新中国70年环境规制政策变迁与取向观察》,《改革》2019年第10期。

② Kathuria V,Informal regulation of pollution in a developing country: evidence from India, *Ecological Economics*, 2007, pp.403-417.

③ Gray W B, Shimshack J P,The effectiveness of environmental monitoring and enforcement: A review of the empirical evidence, *Review of Environmental Economics and Policy*, 2011,pp.3-24.

④ Arimura T H, Kaneko S, Managi S, et al.,Political economy of voluntary approaches: A lesson from environmental policies in Japan, *Economic Analysis and Policy*, 2019, pp.41-53.

⑤ Guttman D, Young O, Jing Y, et al.,Environmental governance in China: Interactions between the state and "nonstate actors",*Journal of environmental management*, 2018,pp.126-135.

⑥ Jiang Z, Wang Z, Zeng Y,Can voluntary environmental regulation promote corporate technological innovation?,*Business Strategy and the Environment*, 2020, pp. 390-406.

⑦ Bu M, Qiao Z, Liu B,Voluntary environmental regulation and firm innovation in China, *Economic Modelling*, 2020,pp.10-18.

⑧ Qi G Y, Zeng S X, Tam C M, et al.,Diffusion of ISO 14001 environmental management systems in China: rethinking on stakeholders' roles, *Journal of Cleaner Production*, 2011, pp. 1250-1256.

地区，居世界第一，并且其数量每年仍在增长。[1] 然而，非正式型环境规制基于自愿，不具有强制性，削弱了其效果的稳定性和可预期性。

第二节　雾霾治理政策工具组合的分析

西方有句谚语："How many stones should be used to kill a bird?"意思就是：用几块石头能杀死一只鸟？表达的意思是，针对单一目标，有时可能需要多种手段并用。针对环境问题，除了传统的政府强制手段，很多国家都实质性地使用了至少一种新的环境治理工具类型，包括基于市场的工具（例如生态税和可交易许可证）、自愿协议和信息措施（例如生态标签和环境管理系统）。但是迄今为止的经验是，多个政策之间的相互作用通常得不到很好的理解或协调，这可能导致政策冗余或政策相互破坏，从而降低有效性和整体组合的效率。[2]

一　政策工具组合的含义

关于什么是政策工具组合，不同学科的看法不同。环境经济学将政策工具组合定义为使用几种（而非一种）政策工具来解决特定的环境问题。[3][4]例如，解决同一污染问题，需要多项政策进行配合。学者认为，政策工具组合是多个目标和手段的复杂安排，是逐步发展起来的组合。[5] 因此，政策工具组合是通过将多种政策工具组合使用，取长补短，以期发挥更大的政策效果，更好地实现政策目标。也就是说，"政策组合"一词是指决策者使

① Li J,China ISO14001 Certification Overview and Literature Review,*Journal of Human Resource and Sustainability Studies*, 2019,p.108.

② Hood C,Summing up the Parts: combining policy instruments for least-cost climate mitigation strategies,*Information Paper*, 2011.

③ Braathen N A,Instrument mixes for environmental policy: how many stones should be used to kill a bird?, *International Review of Environmental and Resource Economics*, 2007, pp.185-236.

④ Lehmann P,Justifying a policy mix for pollution control: a review of economic literature, *Journal of Economic Surveys*, 2012, pp.71-97.

⑤ Kern F, Howlett M,Implementing transition management as policy reforms: a case study of the Dutch energy sector, *Policy Sciences*, 2009,pp.391-408.

用一系列政策工具比使用单个工具更能有效地实现政策目标的情况。

二　政策工具组合的必要性

根据丁伯根法则（Tinbergen's Rule），每种政策目标都需要借助至少一种政策工具，且政策工具必须相互独立。[1] 对于政策制定者而言，制定政策并通过政策工具追求目标实现是政策实践的终极目标。然而，对于复杂的社会问题，一般要采取多种应对政策。因此，不仅要评估单个政策工具的政策效果，而且还需要对这些政策工具捆绑或组合在一起后的政策效果进行有效评估。[2] 实际上，应对现实中的问题往往需要多种政策叠加使用。因此，从规范的角度看，基于政策工具组合的方法比单一政策工具方法更能帮助政策制定者做出更有效的决策，也可以更好地达成政策目标。[3]

第一，环境政策工具组合能够扬长避短。一方面，环境治理是一项系统工程，需要各种环境政策工具互为配合；另一方面，各种环境政策工具各有优缺，需要进行政策组合以弥补各自不足。环境政策工具的组合有利于产生新的政策效力，弥补单一环境政策的不足或效率低下。因此，政策工具的组合应该是一种更有吸引力的选择。

第二，雾霾治理非常复杂，必须进行政策工具组合。雾霾污染是个复杂问题。从雾霾治理的角度来看，既需要政府颁布相关的法律法规，约束企业的排污行为，也需要政府通过各种市场激励手段，鼓励企业提高绿色技术水平，降低污染排放，还需要公民采取更为绿色的生活方式，改变消费行为，降低能源消耗，甚至还需要考虑公民环境参与和监督权利的行使。总之，如果仅从某一个角度来分析，就只能了解单一的结果，要深入探讨雾霾治理的效果，就必须从政策工具组合的角度来着手。

---

[1]　Tinbergen, On the Theory of Economic Policy,*Amsterdam: North-Holland*, 1952.

[2]　Capano G, Howlett M,The knowns and unknowns of policy instrument analysis: Policy tools and the current research agenda on policy mixes, *Sage Open*, 2020,pp.1-13.

[3]　Capano G, Pritoni A, Vicentini G,Do policy instruments matter? Governments' choice of policy mix and higher education performance in Western Europe,*Journal of Public Policy*, 2020,pp.375-401.

第三，就更好实现雾霾治理目标而言，需要进行政策工具组合。环境规制是应对雾霾污染的主要手段。具体来说，政府既采取了命令控制型环境规制（如立法），也实行了市场激励型环境规制（如政府补贴或可交易的污染排放权），同时也在制度上保证了非正式型环境规制（如生态标签和环境管理系统）的实践①②，目的就是通过更广泛的政策组合，充分结合政府、市场和社会的各种手段，并利用它们之间的各种协同作用和互补性来克服雾霾治理的困难。

如前所述，已经有一系列的研究探讨了环境规制对雾霾的异质性影响或者三种类型的环境规制对雾霾的（异质性）影响。但是，为了加快雾霾治理，环境规制的组合使用虽然常见，却缺乏相应的研究。因此，本章内容将对此进行分析，目的是进一步讨论环境政策工具组合对雾霾治理效率的影响。

三　雾霾治理政策工具组合的效用分析

为了探讨雾霾治理政策工具组合的效用，在第三、第四、第五和第六章的基础上，我们将分别对命令控制型环境规制（CCR）、市场激励型环境规制（MBR）和非正式型环境规制（IR）的两两组合进行分析，具体包括以下四中组合。

第一，CCR 与 MBR 组合。本文通过构建 2007~2017 年省级的独特数据库，使用实证分析检验了不同组合的环境规制对降低雾霾污染水平的影响。具体而言，本研究将被解释变量设定为 PM2.5，考察面板数据的固定效应，回归结果如表 8—2 所示。其中，第（1）和第（2）列是前述章节的回归结果，第（3）列是在 CCR 和 MBR 组合的环境规制策略下，对雾霾水平的共同作用。从表 8—2 可知，CCR 的回归系数为 -7.15，且在 1% 的水平上显著，MBR 的回归系数为 -20.13，且在 5% 的水平上显著。由此可知，在

---

①　N. Gunningham, P.N. Grabosky, D. Sinclair, Smart Regulation: Designing Environmental Policy, *Oxford: Oxford University Press*, 1999.

②　OECD, Publishing. Instrument Mixes for Environmental Policy, *Organisation for Economic Co-operation and Development*, 2007.

CCR 与 MBR 的组合中，CCR 抑制雾霾污染的作用力更强，MBR 的作用力偏弱。这说明，2007 ~ 2017 年，在中国雾霾污染水平降低的原因中，CCR 发挥的作用比 MBR 要大。从政策含义来说，当政府同时采取命令控制型手段和市场激励型手段时，需要更加侧重前者，才能发挥更大的控制雾霾污染的效果。

表 8—2　CCR 与 MBR 的组合对 PM2.5 的影响

	（1）	（2）	（3）
		PM2.5	
	FE	FE	FE
CCR	-7.434***		-7.15***
	（2.769）		（2.321）
MBR		-24.93***	-20.13**
		（5.968）	（10.081）
常数项	有	有	有
省级固定	有	有	有
时间固定	有	有	有
N	330	330	330
R^2	0.621	0.697	0.711

注：***、**、* 分别代表 1%、5%、10% 的显著性水平，括号内为 T 值。
资料来源：笔者自制。以下表格均为此，不在表注。

　　第二，CCR 与 IR 组合。同样，本研究将被解释变量设定为 PM2.5，考察面板数据的固定效应，回归结果如表 8—3 所示。其中，表 8—3 第（1）和第（2）列是前述章节的回归结果，第（3）列是在 CCR 和 IR 组合的环境规制策略下，对雾霾水平的共同作用。由表 8—3 可知，CCR 的回归系数为 -8.15，且在 1% 的水平上显著，IR 的回归系数为 -1.15，但在 10% 的水平上不显著。由此可知，在 CCR 与 IR 的组合中，CCR 抑制雾霾污染的作用力更强，IR 的作用力很弱。这说明，2007~2017 年，在中国雾霾污染水平降低的原因中，CCR 发挥的作用比 IR 要大。从政策含义来说，当政府同时采取命令控制型环境规制和鼓励非正式型环境规制时，需要更加侧重前者，才能获得控制雾霾污染的更大效果。

表 8—3　CCR 与 IR 的组合对 PM2.5 的影响

	（1）	（2）	（3）
		PM2.5	
	FE	FE	FE
CCR	-7.434***		-8.15***
	（2.769）		（2.321）
IR		-1.435**	-1.15
		（0.608）	（1.81）
常数项	有	有	有
省级固定	有	有	有
时间固定	有	有	有
N	330	330	330
R2	0.621	0.691	0.712

注：***、**、* 分别代表 1%、5%、10% 的显著性水平，括号内为 T 值。

第三，MBR 与 IR 组合。同理，本研究将被解释变量设定为 PM2.5，考察面板数据的固定效应，回归结果如表 8—4 所示。其中，第（1）和第（2）列是前述章节的回归结果，第（3）列是在 MBR 和 IR 组合的环境规制策略下，对雾霾水平的共同作用。由表 8—4 可知，MBR 的回归系数为 -23.23，且在 5% 的水平上显著，IR 的回归系数为 -1.13，且在 10% 的水平上显著。由此可知，在 MBR 与 IR 的组合中，MBR 抑制雾霾污染的作用力更强，IR 的作用力较弱。这说明，2007~2017 年，在中国雾霾污染水平降低的原因中，MBR 发挥的作用比 IR 要大。从政策含义来说，当政府同时采取市场激励型环境规制和鼓励非正式型环境规制时，需要更加侧重前者，才能获得控制雾霾污染的更大效果。

表 8—4　MBR 与 IR 的组合对 PM2.5 的影响

	（1）	（2）	（3）
		PM2.5	
	FE	FE	FE
MBR	-24.93***		-23.23**
	（5.96）		（11.52）
IR		-1.435**	-1.13*
		（0.61）	（1.01）
常数项	有	有	有
省级固定	有	有	有
时间固定	有	有	有
N	330	330	330
R2	0.697	0.691	0.723

注：***、**、* 分别代表 1%、5%、10% 的显著性水平，括号内为 T 值。

　　第四，CCR、MBR 和 IR 的组合。同上，本研究将被解释变量设定为 PM2.5，考察面板数据的固定效应，回归结果如表 8—5 所示。其中，第 （1）、第（2）和第（3）列是前述章节的回归结果，第（4）列是在 CCR、MBR 和 IR 组合的环境规制策略下，对雾霾水平的联合作用。由表 8—5 可 知，CCR 的系数为 -6.934，且在 1% 的水平上显著，MBR 的回归系数为 -21.93，且在 5% 的水平上显著，IR 的回归系数为 -1.351，且在 10% 的水 平上显著。由此可知，在 CCR、MBR 与 IR 的组合中，CCR 抑制雾霾污染 的作用力最强，其次是 MBR，再次是 IR。这说明，2007~2017 年，在中国 雾霾污染水平降低的原因中，CCR 发挥的了最大的功效。从政策含义来说， 当政府同时采命令控制型、市场激励型和鼓励非正式型环境规制时，需要 优先侧重命令控制型环境规制，其次是强化市场激励型环境规制，才能获 得控制雾霾污染的更大效果。

表 8—5　CCR、MBR 和 IR 的组合对 PM2.5 的影响

	（1）	（2）	（3）	（4）
		PM2.5		
	FE	FE	FE	
CCR	-7.434***			-6.934***
	（2.769）			（2.269）
MBR		-24.93***		-21.93**
		（5.96）		（11.96）
IR			-1.435**	-1.351*
			（0.61）	（1.61）
常数项	有	有	有	有
省级固定	有	有	有	有
时间固定	有	有	有	有
N	330	330	330	330
R2	0.621	0.697	0.691	0.723

注：***、**、* 分别代表 1%、5%、10% 的显著性水平，括号内为 T 值。

总结来看，三种环境政策工具组合均能显著降低雾霾污染水平。其中，命令控制型环境规制（CCR）在所有情况下都是作用力度最强的。这也说明，在中国，行政主导的雾霾治理具有突出的效果，也印证了环境威权主义在中国环境治理议题上的优势。[①] 同时，在四种情形中，市场激励型环境规制（MBR）发挥的作用力仅次于命令控制型环境（CCR）。这一发现既呼应了第五章的验证，也印证了一些学者对市场激励型环境规制效用的分

[①] Beeson M,The coming of environmental authoritarianism,*Environmental Politics*, 2010, pp.276-294.

析[①②③]。相对来说，非正式型环境规制的效果并不稳健，这也说明，这一政策工具并不总是有效。在政策实践中，需要视情况而定。

第三节　雾霾治理政策工具的优化

由第二章分析可知，环境政策工具（ER）能够显著抑制雾霾污染。然而，其作用机制尚不清楚。因此，要强化雾霾治理效果，必须强化环境政策工具的使用，但对于如何有效优化环境政策工具的实施效果，我们不得而知。为了回答这一问题，在这部分，我们将对环境政策工具抑制雾霾污染的传导机制进行分析。一旦找到有效的中介变量，就找到了优化环境政策工具的重要抓手。

对于环境政策工具抑制雾霾污染的传导机制的分析，已有一些文献进行了讨论。产业结构[④⑤]、技术进步[⑥]、财政支出[⑦⑧]、财政分权[⑨⑩]和贸易开

① Blackman A, Li Z, Liu A A,Efficacy of command-and-control and market-based environmental regulation in developing countries, *Annual Review of Resource Economics*, 2018, pp.381-404.

② Han F, Li J,Environmental Protection Tax Effect on Reducing PM2.5 Pollution in China and Its Influencing Factors,*Polish Journal of Environmental Studies*, 2021.

③ Zhang M, Liu X, Sun X, et al.,The influence of multiple environmental regulations on haze pollution: Evidence from China, *Atmospheric Pollution Research*, 2020, pp.170-179.

④ Du Y, Sun T, Peng J, et al.,Direct and spillover effects of urbanization on PM2.5 concentrations in China's top three urban agglomerations,*Journal of Cleaner Production*, 2018, pp.72-83.

⑤ He J,China's industrial SO 2 emissions and its economic determinants: EKC's reduced vs. structural model and the role of international trade, *Environment and Development Economics*, 2009, pp.227-262.

⑥ Porter M E, Van der Linde C,Toward a new conception of the environment-competitiveness relationship, *Journal of Economic Perspectives*, 1995, pp. 97-118.

⑦ López R, Galinato G I, Islam A,Fiscal spending and the environment: theory and empirics,*Journal of Environmental Economics and Management*, 2011,pp.180-198.

⑧ López R, Palacios A, Why has Europe become environmentally cleaner? Decomposing the roles of fiscal, trade and environmental policies, *Environmental and Resource Economics*, 2014, pp.91-108.

⑨ 杨瑞龙、章泉、周业安：《财政分权、公众偏好和环境污染——来自中国省级面板数据的证据》，中国人民大学经济研究所宏观经济报告，2007。

⑩ Sigman H,Decentralization and environmental quality: an international analysis of water pollution levels and variation, *Land Economics*, 2014, pp.114-130.

放 ①② 等是经常被使用的中介变量。根据文献经验，本文也选取上述作为中介变量，利用 2007~2017 年中国各省的 PM2.5 数据，进行传导机制检验。传导机制的分析框架见图 8—3。

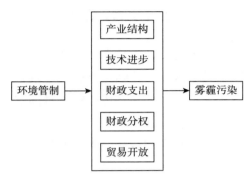

图 8—3　传导机制的分析框架

一　中介变量的描述性统计

STR 是产业结构，用第二产业增加值占 GDP 的比例来衡量。R&D 是技术进步，用 R&D 占 GDP 的比例来衡量。FE 是财政支出水平，它包括 FE1 和 FE2，其中，FE1 是财政支出占 GDP 的比重，FE2 是人均财政支出。FD 是财政分权，它包括 FD1 和 FD2，FD1 是财政支出分权，它用人均财政支出（省人均财政支出 + 人均中央本级财政支出）来衡量，FD2 是财政收入分权，它用人均财政支出（省人均财政收入 + 人均本级中央财政收入）来衡量。TRA 是贸易开放，它用出口总额占 GDP 的比例来衡量。

表 8—6 对上述变量进行了统计。第一，样本的总体的数量是 330 个。第二，中介变量研究和开发（RD）的最小值是 0.21，最大值是 6.01，平均值是 1.480，标准差是 1.07。第三，中介变量产业结构（STR）变动的最小值是 0.19，最大值是 0.59，平均值是 0.46，标准差是 0.08。第四，中介变

①　Cherniwchan J,Trade liberalization and the environment: Evidence from NAFTA and US manufacturing,*Journal of International Economics*, 2017, pp. 130-149.

②　Copeland B R, Taylor M S,Trade, growth, and the environment,*Journal of Economic Literature*, 2004, pp.7-71.

量贸易开放（trade）的最小值是 0.01，最大值是 1.72，平均值是 0.28，标准差是 0.36。第五，中介变量财政支出水平，其中，FE1 是财政支出占GDP 的比重，它的最小值是 8.74，最大值是 62.69，平均值是 22.76，标准差是 9.73；FE2 是人均财政支出，它的最小值是 2，最大值是 31435，平均值是 2569，标准差是 5997。第六，中介变量财政分权，FD1 是财政支出分权，它的最小值是 25.82，最大值是 84.93，平均值是 48.32，标准差是13.96；FD2 是财政收入分权，它的最小值是 66.91，最大值是 93.61，平均值是 82.70，标准差是 6.22。

表 8—6　中介变量的描述性统计

variable	N	mean	min	max	sd
FDI	330	48.32	25.82	84.93	13.96
FD2	330	82.70	66.91	93.61	6.22
FE1	330	22.76	8.74	62.69	9.73
FE2	330	2569	2	31435	5997
trade	330	0.28	0.010	1.72	0.36
STR	330	0.46	0.19	0.59	0.08
RD	330	1.48	0.21	6.01	1.07

二　中介变量的事实描述

为了更好地描述中介变量的典型事实，本文使用 Arcgis Pro 对相应的数据进行了可视化研究。具体的事实描述如下。

如图 8—4 所示，本文使用第二产业增加值占 GDP 的比例考察产业结构，图 8—4 为我国 30 个省市区（以下简称省份）在 2007~2017 年的第二产业增加值占 GDP 的比例（最大值、最小值和均值）。可以看出，我国第二产业增加值占 GDP 的比例在 2007~2011 年有小幅度的上升，其均值和最大值都有小幅度上升的趋势；2013 年存在一个异常的点，之后各省份的第二产业增加值占 GDP 的比例明显下降之后，GDP 的比例均值和最大值都有稳步的下降。

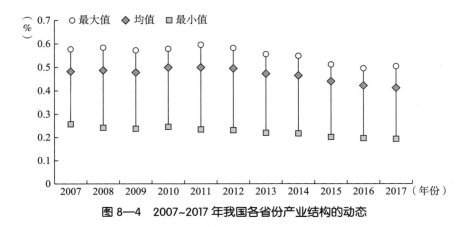

图 8—4   2007~2017 年我国各省份产业结构的动态

本文使用 Arcgis Pro 对比了不同年份各省级产业结构的空间分布，选取 2007 年、2010 年、2011 年和 2017 年四个年份进行考察。基于不同年份的横向对比分析可以看出，我国华北地区和华中地区的第二产业增加值占 GDP 的比例一直处于较高的水平。其中天津、河南和山东的第二产业增加值在这些年份最高。

如图 8—5 所示，本文使用研究开发占 GDP 的比例考察技术进步，图 8—5 为我国 30 个省份 2007~2017 年的研究开发占 GDP 的比例（最大值、最小值和均值）。由图 8—5 可以看出，我国研究开发占 GDP 的比例在 2007~2017 年有大幅度的上升，其均值和最大值都有大幅度上升的趋势。

本文使用 Arcgis Pro 对比了不同年份研究开发的空间分布情况，选取 2007 年、2010 年、2011 年和 2017 年四个年份进行考察。基于对四个年份的对比统计分析发现，我国华东地区和华南地区的研究开发占 GDP 的比例一直处于较高的水平。其中北京、上海和江苏的研发投入在这些年份最高。

本文使用各省财政支出占 GDP 比重考察财政支出水平，图 8—6 为我国 30 个省份在 2007~2017 年的财政支出占 GDP 比重（最大值、最小值和均值）。由图 8—6 可以看出，各省财政支出占 GDP 比重在 2007~2011 年有大幅度的上升，其均值和最大值都有小幅度上升的趋势。

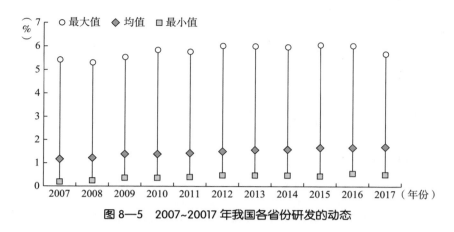

图 8—5 2007~20017 年我国各省份研发的动态

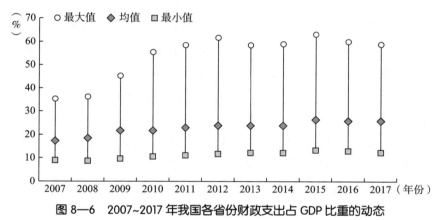

图 8—6 2007~2017 年我国各省份财政支出占 GDP 比重的动态

本文使用 Arcgis Pro 对比了不同年份各省份财政支出占 GDP 比重的空间分布情况，选取 2007 年、2010 年、2011 年和 2017 年四个年份进行考察。基于对四个年份相关数据的对比研究发现，我国华东地区和华南地区各省财政支出占 GDP 比重一直处于较高的水平。其中天津、上海的财政支出占GDP 比重在这些年份最高。

本文使用人均财政支出考察财政支出水平，图 8—7 为我国 30 个省份在 2007~2017 年的人均财政支出（最大值、最小值和均值）。由图 8—7 可以看出，各省份人均财政支出在 2007~2017 年有大幅度的上升，其均值和最大值都有小幅度上升的趋势。

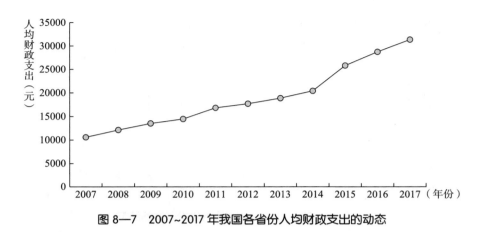

图 8—7　2007~2017 年我国各省份人均财政支出的动态

本文使用 Arcgis Pro 对比了不同年份人均财政支出空间分布情况，选取 2007 年、2010 年、2011 年和 2017 年四个年份进行考察。基于对四个年份的数据对比跟踪研究发现，我国华东地区和华南地区人均财政支出一直处于较高的水平。其中北京、上海、天津的人均财政支出在这些年份最高。

本文使用各省财政支出分权考察产业结构，图 8—8 为我国 30 个省份在 2007~2017 年的财政支出分权。由图 8—8 可以看出，各省财政支出分权在 2015~2016 年有大幅度的上升，其均值和最大值都有小幅度上升的趋势。

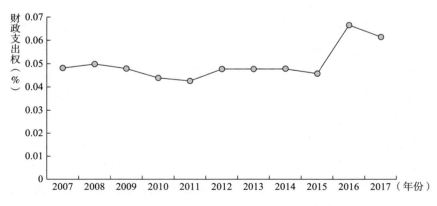

图 8—8　2007~2017 年我国各省份财政支出分权的动态

本文使用 Arcgis Pro 对比了不同年份各省份财政支出分权的空间分布情况，选取 2007 年、2010 年、2011 年和 2017 年四个年份进行考察。基于对四个年份相关数据的跟踪对比研究，我国华北地区和华中地区的各省财政支出分权一直处于较高的水平。其中天津、江苏的财政支出分权在这些年份最高。

本文使用各省份财政收入分权考察产业结构，图 8—9 为我国 30 个省份在 2007~2016 年的财政收入分权。由图 8—9 可以看出，各省份财政收入分权在 2007~2012 年有小幅度上升的趋势。

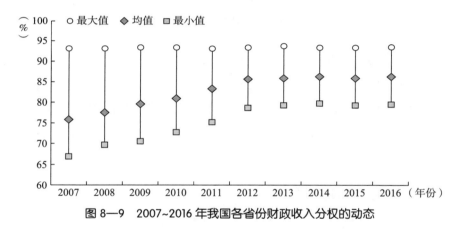

图 8—9　2007~2016 年我国各省份财政收入分权的动态

本文使用 Arcgis Pro 对比了不同年份各省财政收入分权的空间分布情况，选取 2007 年、2010 年、2011 年和 2017 年四个年份进行考察。基于对四个年份相关数据的跟踪对比研究发现，我国华北地区和华中地区各省财政收入分权一直处于较高的水平。其中天津、江苏的财政收入分权在这些年份最高。

本文使用各省出口占 GDP 的比重考察贸易开放，图 8—10 为我国 30 个省份在 2007~2017 年的出口占 GDP 的比重。

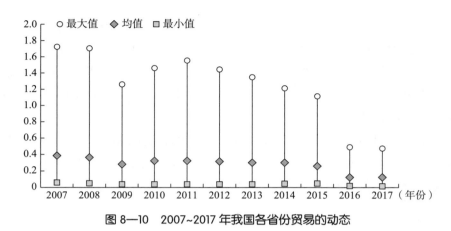

图 8—10 2007~2017 年我国各省份贸易的动态

本文使用 Arcgis Pro 对比了不同年份各省份出口占 GDP 比重的空间分布情况，选取 2007 年、2010 年、2011 年和 2017 年四个年份进行考察。基于对四个年份相关数据进行跟踪研究发现，我国华东地区和华南地区的出口占 GDP 的比重一直处于较高的水平。其中广东、江苏和上海的出口占 GDP 的比重在这些年份最高。

三　传导机制的实证研究

（一）产业结构

本文通过构建 2007 ～ 2017 年省级的独特数据库，使用实证分析检验了环境规制对雾霾污染水平的传导机制。本研究分别考察面板数据的随机效应模型、面板数据的固定效应模型，回归结果如表 8—7 所示。

第一，如表 8—7 第（1）和第（3）列所示，在考虑控制变量，并且考虑省级固定效应和时间效应的情况下，使用随机效应模型，核心解释变量的回归系数为负，环保支出占财政支出的比重对第二产业增加值占 GDP 的比重的产出弹性为 -2.681，且在 1% 的水平上显著，即环保支出占财政支出的比重每上升 1%，其第二产业增加值占 GDP 的比重减少 2.681%。第二产业增加值占 GDP 的比重对 PM2.5 的产出弹性为 3.582，且在 1% 的水平上显著，即第二产业增加值占 GDP 的比重每上升 1%，PM2.5 数值增加 3.582%。

第二，如表8—7第（2）和第（4）列所示，在考虑控制变量，并且考虑省级固定效应和时间效应的情况下，使用固定效应模型，核心解释变量的回归系数为负，环保支出占财政支出的比重对第二产业增加值占 GDP 比重的产出弹性为 -3.693，且在 1% 的水平上显著，即环保支出占财政支出的比重每上升 1%，其第二产业增加值占 GDP 的比重减少 3.693%。进一步，第二产业增加值占 GDP 的比对 PM2.5 的产出弹性为 4.651，且在 1% 的水平上显著，即第二产业增加值占 GDP 的比重每上升 1%，PM2.5 数值增加4.651%。

表 8—7　环境规制通过影响产业结构进而影响雾霾污染的传导机制

	（1）	（2）	（3）	（4）
	str		PM2.5	
	RE	FE	RE	FE
ER	-2.681***	-3.693***		
	（0.121）	（0.163）		
STR			3.582***	4.651***
			（2.221）	（2.296）
常数项	有	有	有	有
省级固定	有	有	有	有
时间固定	有	有	有	有
N	330	330	330	330
R2	0.080	0.689	0..258	0.339

注：***、**、* 分别代表 1%、5%、10% 的显著性水平，括号内为 T 值。

（二）技术进步

本文通过构建 2007~2017 年省级的独特数据库，使用实证分析检验了环境规制对雾霾污染水平的传导机制。本研究分别考察面板数据的随机效应模型、面板数据的固定效应模型，回归结果如表 8—8 所示。

第一，如表 8—8 第（1）和第（3）列所示，在考虑控制变量，并且考虑省级固定效应和时间效应的情况下，使用随机效应模型，核心解释变量的回归系数为正，环保支出占财政支出的比重对研发占 GDP 比重的产出弹性为 1.573，且在 1% 的水平上显著，即环保支出占财政支出的比重每上升1%，其研发占 GDP 比重增加 1.573%。进一步，研发占 GDP 比重对 PM2.5 的产出弹性为 -5.481，且在 1% 的水平上显著，即研发占 GDP 比重每上升1%，PM2.5 数值减少 5.481%。

第二，如表 8—8 第（2）和第（4）列所示，在考虑控制变量，并且考虑省级固定效应和时间效应的情况下，使用固定效应模型，核心解释变量的回归系数为正，环保支出占财政支出的比重对研发占 GDP 比重的产出弹性为 1.293，且在 1% 的水平上显著，即环保支出占财政支出的比重每上升1%，其研发占 GDP 比重增加 1.293%。进一步，研发占 GDP 比重对 PM2.5 的产出弹性为 -7.346，且在 1% 的水平上显著，即研发占 GDP 比重每上升1%，PM2.5 数值减少 7.346%。

因此，环境规制通过提高技术进步进而降低雾霾污染水平。

表 8—8　环境规制通过影响技术进步进而影响雾霾污染的传导机制

	（1）	（2）	（3）	（4）
	Rd		PM2.5	
	RE	FE	RE	FE
ER	1.573***	1.293***		
	（0.121）	（0.163）		
Rd			-5.481***	-7.346***
			（2.221）	（2.296）
常数项	有	有	有	有
省级固定	有	有	有	有
时间固定	有	有	有	有
N	330	330	330	330
R2	0.080	0.689	0..258	0.339

注：***、**、* 分别代表 1%、5%、10% 的显著性水平，括号内为 T 值。

（三）贸易开放

本文通过构建 2007 ～ 2017 年省级的独特数据库，使用实证分析检验了环境规制对雾霾污染水平的传导机制。本研究分别考察面板数据的随机效应模型、面板数据的固定效应模型，回归结果如表 8—9 所示。

第一，如表 8—9 第（1）和第（3）列所示，在考虑控制变量，并且考虑省级固定效应和时间效应的情况下，使用随机效应模型，核心解释变量的回归系数为负，环保支出占财政支出的比重对出口占 GDP 比重的产出弹性为 -0.583，且在 1% 的水平上显著，即环保支出占财政支出的比重每上升 1%，其对外出口占 GDP 的比重减少 0.583%。进一步，出口占 GDP 的比重对 PM2.5 的产出弹性为 -15.281，且在 1% 的水平上显著，即出口占 GDP 的比重每上升 1%，PM2.5 数值减少 15.281%。

第二，如表 8—9 第（2）和第（4）列所示，在考虑控制变量，并且考虑省级固定效应和时间效应的情况下，使用固定效应模型，核心解释变量的回归系数为负，环保支出占财政支出的比重对出口占 GDP 的比重的产出弹性为 -0.423，且在 1% 的水平上显著，即环保支出占财政支出的比重每上升 1%，其出口占 GDP 的比重减少 0.423%。进一步，出口占 GDP 的比重对 PM2.5 的产出弹性为 -17.846，且在 1% 的水平上显著，即出口占 GDP 的比重每上升 1%，PM2.5 数值减少 17.846%。

因此，环境规制通过降低出口水平进而降低雾霾污染水平。

表 8—9　环境规制通过影响贸易开放进而影响雾霾污染的传导机制

	（1）	（2）	（3）	（4）
	TRADE		PM2.5	
	RE	FE	RE	FE
ER	-0.583***	-0.423***		
	（0.121）	（0.163）		
TRADE			-15.281***	-17.846***
			（2.221）	（2.296）
常数项	有	有	有	有

续表

	（1）	（2）	（3）	（4）
	TRADE		PM2.5	
	RE	FE	RE	FE
省级固定	有	有	有	有
时间固定	有	有	有	有
N	330	330	330	330
R2	0.080	0.689	0..258	0.339

注：***、**、* 分别代表1%、5%、10%的显著性水平，括号内为 T 值。

（四）财政支出

本文通过构建 2007~2017 年省级的独特数据库，使用实证分析检验了环境规制对雾霾污染水平的传导机制。本研究分别考察面板数据的随机效应模型、面板数据的固定效应模型，回归结果如表 8—10 所示。

第一，如表 8—10 第（1）和第（3）列所示，在考虑控制变量，并且考虑省级固定效应和时间效应的情况下，使用随机效应模型，核心解释变量的回归系数为正，环保支出占财政支出的比重对财政支出占 GDP 的比重的产出弹性为 1.631，且在 1% 的水平上显著，即环保支出占财政支出的比重每上升 1%，其财政支出占 GDP 的比重增加 1.631%。进一步，财政支出占 GDP 的比重对 PM2.5 的产出弹性为 -12.18，且在 1% 的水平上显著，即财政支出占 GDP 的比重每上升 1%，PM2.5 数值减少 12.18%。

第二，如表 8-10 第（2）和第（4）列所示，在考虑控制变量，并且考虑省级固定效应和时间效应的情况下，使用固定效应模型，核心解释变量的回归系数为正，环保支出占财政支出的比重对财政支出占 GDP 的比重的产出弹性为 1.832，且在 1% 的水平上显著，即环保支出占财政支出的比重每上升 1%，其财政支出占 GDP 的比重增加 1.832%。进一步，财政支出占 GDP 的比重对 PM2.5 的产出弹性为 -15.46，且在 1% 的水平上显著，即财政支出占 GDP 的比重每上升 1%，PM2.5 数值减少 15.46%。

因此，环境规制通过增加财政支出进而降低雾霾污染水平。

表 8—10　环境规制通过影响财政支出进而影响雾霾污染的传导机制（一）

	（1）	（2）	（3）	（4）
	FE1		PM2.5	
	RE	FE	RE	FE
ER	1.631***	1.832***		
	（0.121）	（0.163）		
FE1			-12.18***	-15.46***
			（2.221）	（2.296）
常数项	有	有	有	有
省级固定	有	有	有	有
时间固定	有	有	有	有
N	330	330	330	330
R2	0.080	0.689	0..258	0.339

注：***、**、* 分别代表1%、5%、10%的显著性水平，括号内为 T 值。

另外，本文以人均财政支出水平作为财政支出（FE2）的另一个代理变量，再次进行了检验，结果如表 8—11 所示。

第一，如表 8—11 第（1）和第（3）列所示，在考虑控制变量，并且考虑省级固定效应和时间效应的情况下，使用随机效应模型，核心解释变量的回归系数为正，环保支出占财政支出的比重对人均财政支出的产出弹性为 16.345，且在 1% 的水平上显著，即环保支出占财政支出的比重每上升 1%，其人均财政支出增加 16.345%。进一步，人均财政支出对 PM2.5 的产出弹性为 -6.181，且在 1% 的水平上显著，即人均财政支出每上升 1%，PM2.5 数值减少 6.181%。

第二，如表 8—11 第（2）和第（4）列所示，在考虑控制变量，并且考虑省级固定效应和时间效应的情况下，使用随机效应模型，核心解释变量的回归系数为正，环保支出占财政支出的比重对人均财政支出的产出弹性为 18.621，且在 1% 的水平上显著，即环保支出占财政支出的比重每上升 1%，其人均财政支出增加 18.621%。进一步，人均财政支出对 PM2.5 的产出弹性为 -5.462，且在 1% 的水平上显著，即人均财政支出每上升 1%，PM2.5 数值减少 5.462%。

因此，环境规制通过增加财政支出进而降低雾霾污染水平。

表 8—11　环境规制通过影响财政支出进而影响雾霾污染的传导机制（二）

	（1）	（2）	（3）	（4）
	FE2		PM2.5	
	RE	FE	RE	FE
ER	16.345***	18.621***		
	（0.121）	（0.163）		
FE2			-6.181***	-5.462***
			（2.221）	（2.296）
常数项	有	有	有	有
省级固定	有	有	有	有
时间固定	有	有	有	有
N	330	330	330	330
R2	0.080	0.689	0..258	0.339

注：***、**、* 分别代表 1%、5%、10% 的显著性水平，括号内为 T 值。

（五）财政分权

本文通过构建 2007~2017 年省级的独特数据库，使用实证分析检验了环境规制对雾霾污染水平的传导机制。本研究分别考察面板数据的随机效应模型、面板数据的固定效应模型，回归结果如表 8—12 所示。

第一，如表 8—12 第（1）和第（3）列所示，在考虑控制变量，并且考虑省级固定效应和时间效应的情况下，使用随机效应模型，核心解释变量的回归系数为正，环保支出占财政支出的比重对财政分权（FD1）水平的影响为 4.361，且在 1% 的水平上显著，即环保支出占财政支出的比重每上升 1%，其财政分权水平提高 4.361%。进一步，财政分权水平对 PM2.5 的产出弹性为 -6.172，且在 1% 的水平上显著，即财政分权水平每上升 1%，其 PM2.5 数值减少 6.172%。

　　第二，如表 8—12 第（2）和第（4）列所示，在考虑控制变量，并且考虑省级固定效应和时间效应的情况下，使用固定效应模型，核心解释变量的回归系数为正，环保支出占财政支出的比重对财政分权水平的影响为 3.993，且在 1% 的水平上显著，即环保支出占财政支出的比重每上升 1%，其财政分权水平提高 3.993%。进一步，财政分权水平对 PM2.5 的产出弹性为 -8.651，且在 1% 的水平上显著，即财政分权水平每上升 1%，PM2.5 数值减少 8.651%。

　　因此，环境规制通过提供财政分权水平进而降低雾霾污染水平。

表 8—12　环境规制通过影响财政分权进而影响雾霾污染的传导机制（一）

	（1）	（2）	（3）	（4）
	FD1		PM2.5	
	RE	FE	RE	FE
ER	4.361***	3.993***		
	（0.121）	（0.163）		
FD1			-6.172***	-8.651***
			（2.221）	（2.296）
常数项	有	有	有	有
省级固定	有	有	有	有
时间固定	有	有	有	有
N	330	330	330	330
R2	0.080	0.689	0..258	0.339

注：***、**、* 分别代表 1%、5%、10% 的显著性水平，括号内为 T 值。

　　另外，本文以财政收入分权（FD2）作为财政分权的另一个代理变量，再次进行了检验。通过构建 2007~2017 年省级的独特数据库，使用实证分析检验了环境规制对雾霾污染水平的传导机制。本研究分别考察面板数据的随机效应模型、面板数据的固定效应模型，回归结果如表8—13所示。

第一，如表8—13第（1）和第（3）列所示，在考虑控制变量，并且考虑省级固定效应和时间效应的情况下，使用随机效应模型，核心解释变量的回归系数为正，环保支出占财政支出的比重对财政分权（FD2）水平的影响为8.615，且在1%的水平上显著，即环保支出占财政支出的比重每上升1%，其财政分权水平提高8.615%。进一步，财政分权水平对PM2.5的产出弹性为-5.982，且在1%的水平上显著，即财政分权水平每提高1%，PM2.5数值减少5.982%。

第二，如表8—13第（2）和第（4）列所示，在考虑控制变量，并且考虑省级固定效应和时间效应的情况下，使用固定效应模型，核心解释变量的回归系数为正，环保支出占财政支出的比重对财政分权（FD2）水平为9.564，且在1%的水平上显著，即环保支出占财政支出的比重每上升1%，财政分权水平提高9.564%。进一步，财政分权水平对PM2.5的产出弹性为-7.652，且在1%的水平上显著，即财政分权水平每提高1%，PM2.5数值减少7.652%。

因此，环境规制通过提高财政分权水平进而降低雾霾污染水平。

表8—13　环境规制通过影响财政分权进而影响雾霾污染的传导机制（二）

	（1）	（2）	（3）	（4）
	FD2		PM2.5	
	RE	FE	RE	FE
ER	8.615***	9.564***		
	（0.121）	（0.163）		
FD2			-5.982***	-7.652***
			（2.221）	（2.296）
常数项	有	有	有	有
省级固定	有	有	有	有

续表

	（1）	（2）	（3）	（4）
	FD2		PM2.5	
	RE	FE	RE	FE
时间固定	有	有	有	有
N	330	330	330	330
R2	0.080	0.689	0..258	0.339

注：***、**、* 分别代表 1%、5%、10% 的显著性水平，括号内为 T 值。

　　总结来看，产业结构、技术进步、贸易开放、财政支出和财政分权是环境规制影响雾霾治理的传导机制。其中，环境规制会降低第二产业比重进而降低雾霾污染水平；环境规制会提升技术进步水平进而降低雾霾污染水平；环境规制会降低对外出口水平进而降低雾霾污染水平；环境规制会提高财政支出水平进而降低雾霾污染水平；环境规制通过提高财政分权水平进而降低雾霾污染水平。上述结果为优化雾霾治理政策工具提供了有效路径，包括在进一步提高环境规制水平的同时，不断降低第二产业比重、提升技术进步水平、降低对外出口水平、提高财政支出水平和提高财政分权水平，让环境规制抑制雾霾污染的作用得到最大限度的发挥。

第四节　政策工具视域下我国雾霾治理的优化路径

　　结合本章节的实证研究，特别是对影响雾霾治理的传导机制分析，结合国外在大气（雾霾）治理方面的经验，提出我国雾霾治理的进阶路径。

一　优化雾霾治理的资源配置，促进地方产业结构的调整

　　雾霾治理出现"肠梗阻"现象的原因是资源配置的失调。在现代工业化社会，地方政府对 GDP 的过度关注，造成环境保护的"边缘化"与保护意识的淡薄。同时，地方政府之间的"锦标赛"进一步助长了"唯 GDP

论"，使得雾霾治理等环境保护行动往往以"点缀式"形式呈现。地方政府不愿承担雾霾治理的资金成本，同时，地方政府对经济发展带来的经济效益却格外重视。因此，需要建立一个科学合理的地区合作机制来协调不同地区的利益，进而在保障各方利益的前提下形成雾霾治理的合力。换言之，就是合理配置地区在环境保护方面的资源投入，并调适地区产业结构。

在雾霾治理的资源配置方面，要充分考虑不同地区的实际发展差异，秉承"求同存异"的合作理念，各地区（经济圈）应采取有针对性的治理举措。在东部沿海地区，经济较为发达、人口密度大，可适当扩大在科研、技术创新等方面的投入规模，以此在雾霾治理行动中发挥带头效应，推动产业结构的优化升级，不断总结雾霾治理的经验与教训，进而为全国其他地区雾霾治理提供经验参考和路径遵循。中部地区是连接东西部地区的桥梁，因而对中部地区的雾霾必须予以有效控制，否则将会向西部地区和东部地区扩散，造成二次污染。中部地区是东部地区重工业等产业转移的重要输入地，产业的梯度转移有助于推动中部地区经济的发展，但也需要加强对转移产业（企业）的甄别力度，对迁入企业的污染排放进行严格审查。同时，可建立减少污染排放的奖励机制，并在该方面配置相应的专项资金，以此推动中部地区的产业向低污染、低排放转型。在西部地区，经济基础和生态环境相对脆弱，更应高度重视生态环境保护，配置相应的财政资源用于雾霾治理等方面的支出。总而言之，应将优势财政资源向环境保护、科技创新、生态绿化、节能减排等领域重点投放。

在产业结构方面，各地区应通过供给侧结构性改革，推动产业结构的优化升级，降低污染企业（行业）在地区 GDP 中的比重，加大对重工业的治理力度，关停一批高污染、高耗能企业，建立低能耗、低（无）污染企业，并积极推动清洁能源、低碳能源、绿色能源在地区经济发展中的应用。

二 淘汰落后产能，构建技术合作机制

当前，产业结构的失调在我国表现较为突出，特别是第二产业比重较大，导致污染排放量巨大，而污染处理的基础设施不健全，引致环境被破坏，因此，主动推进产业升级、加大技术合作是减少雾霾污染的重要路径。

推动产业结构的调整。调整产业结构的推动力之一在于大力发展并实现产业升级，尤其是环保产业的升级，与此同时，调整并优化产业结构，逐步减少并淘汰落后产能，降低工业污染的排放。比如，在污染排放较低的第一产业领域，加强推进绿色生态农业，把握供给侧改革给予农业领域政策红利的机遇，在农业设备等方面与时俱进，加大高科技投入力度，积极摸索出一套符合农业生态产业发展的经济循环模式；在污染排放占比较高的第二产业方面，各级政府应该紧密结合本地经济发展实际，提升本地工业制造的层次和水平，促进低碳生产，推动构建产业集群模式；在第三产业方面，大力倡导并发展旅游业，结合当地历史遗产的特点，积极推动生态文明旅游，发展新业态的形成。

在政企合作领域方面，要建立地方政府与企业之间的技术合作机制。企业相对于政府的优势在于技术与设备较为齐全，这正是政府部门的短板，在治理雾霾的过程中，地方政府可以从具有相应资质的企业手中购买技术与设备，建立相关的技术设备采购平台，在此可以参考美国政府的相关经验，即政府与企业之间通过招投标确定承包关系，签订合同并依法履行，在采购环节制定严格的机制形成约束，促使治理雾霾的技术与设备被高效率地投入运用。

三　推动财政分权，塑造多元主体共治格局

整体来看，合理的财权分配既有利于缓解雾霾污染，有利于提升政府创新的偏好，也有利于进一步推进雾霾治理。但是，伴随着政府创新偏好的提升，财政的分权也有可能加剧雾霾的污染。经过对财政分权与雾霾波动之间关系的研究分析，我们发现这样一个规律：本地区财政分权程度的提升，不仅提升了本地区雾霾污染的波动性，同时也会引起相邻省份（地区）雾霾污染的波动。寻根究底，地方财政的分权度越高，地方政府在环境政策调整上拥有的灵活度就越大，这就能更直接体现地方政府的异质性偏好。从这个角度来说，雾霾污染的可控性一直都在地方政府的能力范围内，政府通过强有力的环境政策调整便可显著提升当地雾霾治理的水平，并在此基础上选择一个最能代表自身偏好与利益的环境质量指数。同

时，地方政府之间从未停歇的"锦标赛"不断削弱当地与相邻地区对雾霾治理的通力合作。结合这正反两个方向的力量，造成了财政分权对于雾霾污染治理波动性影响的不显著，也从侧面证实了我国在环境领域的"竞次"现象。

在政府与社会力量寻求以合作模式治理雾霾的过程中，整合各方力量显得尤为迫切。对此，可以从构建政府、企业、社会民众、非政府组织以及高校等多元主体参与的信任评价指标体系，对雾霾治理过程中治理主体的实际行为做出全面的信任评估。具体来说，由地方政府牵头，从财政支出中拨出雾霾治理的专项资金，其他组织可以根据自身实际情况按比例出资，形成雾霾治理的预算体系。同时，依然由政府主导成立网上信用平台，对于在雾霾治理中各个主体的具体行为等信息进行跟踪记录。这些行为的衡量指标可以参考其投入资金数额、参与宣传的次数、植树造林的数量以及主体之间相互沟通的频率，并辅之以科学的权重分配，用量化的方式实现大数据管理，提升管理的可视化水平。笔者在此只是提供一个较为笼统的分配方式，主要是提供一种思维方法。另外，科学的奖惩机制对于信任指标体系的高效精准运转至关重要，具体方法可以是根据权重的分配情况，以年度为单位对治理主体的各项得分进行加权并公布排名，按照排名高低顺序给予资金奖励并执行末位惩罚制度。在此体系中，地方政府与其他组织均处于平等地位，都是雾霾治理的参与主体，受到体系的同等约束，并与官员的绩效考核直接挂钩。推动多元主体相互配合、协同合作，实现政府与社会间的信任机制，促进雾霾治理的多元化进程。

第五节　本章小结

本章讨论了中国雾霾治理政策工具的组合与优化。在介绍了环境政策工具的运用现状和各自利弊的基础上，提出需要优化政策工具组合。根据实证结果，三种环境政策工具组合均能显著降低雾霾污染水平。其中，命令控制型环境规制在所有情况下都是作用力度最强的；其次是市场激励型环境规制；最后是非正式型环境规制。因此，在雾霾治理政策实践中，需要格外重视命令控制型环境规制相关组合的使用。

本文认为，既然环境规制能够显著抑制雾霾污染，那么，其传导机制可以作为雾霾治理政策工具的优化路径。根据实证结果，产业结构、技术进步、贸易开放、财政支出和财政分权均在环境规制抑制雾霾污染中起着传导机制的作用。因此，雾霾治理政策工具的优化路径就是，在进一步提高环境规制水平的同时，不断降低第二产业比重、提升技术进步水平、降低对外出口水平、提高财政支出水平和提高财政分权水平，让环境规制抑制雾霾污染的作用得到最大限度的发挥。

不同的环境政策工具有着不同的工具特性与功能，因此，本文的政策建议围绕着雾霾治理过程中"哪种政策工具组合最好"（Fabio et al.，2011），[1] 即政策制定者通过组合使用不同形式的环境政策工具，对雾霾治理产生协同效应，从而使得环境政策工具优化组合能够作为系统性的有机体稳定而常态化地为环境治理服务[2]。具体来讲，在环境规制的实施过程中，政府应充分发挥已有的命令控制型与市场激励型环境规制的协同促进作用，完善非正式型环境规制与其他两类环境规制的配合使用，在环境规制过程中充分发挥政策协同优势。同时，政府还要掌握各类环境政策工具的优势和不足，根据现实状况所需，选择和搭配相应的环境政策工具，实现协同与互补。[3] 在政策工具组合中应注意以下几个方面。

一 不断强化环境治理领域政府与市场的合作

单一的行政命令、排污许可制度等命令控制型环境规制可以抑制企业污染物排放、提高经济产出水平。然而，随着环境污染对企业生产的负面影响不断加深，生产要素的边际贡献开始下降，严格的命令控制型环境规制将大大增加企业排放环境污染物的成本。因此，从经济增长的效应来看，

---

① Fabio I, Francesco T, Michela M, Marco F, A Literature Review on the Links between Environmental Regulation and Competitiveness, *Environmental Policy and Governance*, 2011, pp.210-222.

② 丰月、冯铁拴：《管制、共治与组合：环境政策工具新思考》，《中国石油大学学报》（社会科学版）2018年第4期。

③ 高明、陈巧辉：《不同类型环境规制对产业升级的影响》，《工业技术经济》2019年第1期。

为避免单一的"市场论"或"政府论"所造成的雾霾治理效能低下，政府应综合运用命令控制型与市场激励型环境政策工具，既可利用市场在资源配置方面的优势，又能够依靠政府的行政执行力，在实现雾霾治理的目标指导下，实现二者的优势互补。

第一，在运用强制手段的基础之上，兼顾环境保护和经济发展，发挥市场在资源配置中的决定性作用。政府可以在现有命令控制型环境规制体系的基础上，推进"排放封存政策"、政府绿色采购等市场激励型环境规制，从而在实现原有雾霾治理效果的基础上，进一步激发企业减排的动力，改进清洁生产技术，最终实现环境质量改善和经济可持续增长的双重红利。

第二，在发挥二者在雾霾治理中协同作用的同时，还要平衡二者的效用，避免因过度市场化或过度控制化而导致雾霾治理效率低下的问题。例如，在推进排放交易、生态补偿等措施的过程中，既要提高市场运行效率，又要加强政府顶层机制设计，提升地方政府统筹规划能力。

第三，围绕市场激励型环境政策工具组合的选择，政府可以综合运用环境税、污染税等惩罚和激励措施，在税、补结合的政策之下，政府将征收的环境税返还给企业，不仅可增加企业的收入，直接贡献经济产出，而且可直接补贴企业的污染减排成本，从而降低环境污染对经济产出的负面影响，即通过创造"内部激励"和"外部约束"有效激发企业减排积极性，促进经济增长与雾霾污染治理的良性循环。

二 多元主体参与共治，创新工具组合形式

为改变固化的雾霾治理模式，更好地实现雾霾治理效果，还应注意非正式型环境政策工具的使用，不断将非正式型环境政策工具融入命令控制型和市场激励型政策工具中[1]，从根本上寻求能够推动多元主体互动的参与、激发社会各界内生动力的工具组合形式。

第一，在企业层面，除排污许可、行政命令等强制手段以及环境税费、环境补贴、生态补偿等市场手段的使用，还应加大对企业的培训力度，并

---

[1] 田依凡：《京津冀区域雾霾治理的政策工具选用研究》，河北师范大学硕士学位论文，2019。

借助媒体、舆论力量，宣传、传播环保文化，将其与企业发展理念相融合，促使企业加强环境保护并主动寻求技术创新。

第二，在社会领域，为更加充分地发挥命令控制型与市场激励型环境规制工具的效果，如进一步发挥环境税费这一环境规制的"倒逼"效应，政府应将环境信息转化成简单易懂的信息向公众发布，并完善公众信访举报等机制，促使公众参与曝光企业污染行为的行动，从而整合政府、市场和社会公众多方力量，科学有效地发挥不同环境规制的作用。[①]

三 结合地区产业结构异质性，协调环境政策工具组合

各地区产业结构优化升级程度不同，因而政府在进行环境政策工具组合时，应考虑产业结构的异质性。[②]在产业结构不合理、产业升级水平较低的地区，环境污染形势相对严峻，环境污染治理的压力相对较大，因此，政府的环境政策工具应向命令控制型与市场激励型环境政策工具倾斜，例如针对污染源头和末端制定更严格、明晰的环境治理法规和标准等，并辅之以非正式型环境政策工具。而在产业结构相对合理、产业升级水平较高的地区，其经济发展水平、社会自治水平也相对较高，可以适度减少命令控制型环境政策工具的介入，并适当增加市场激励型和非正式型环境政策工具的使用强度，如增加环境保护组织数量、规模、约束力和执行力等。[③]应差异化选择合适的环境政策工具组合，做好与本地区产业结构水平、环境治理阶段和国家发展战略相协调的长期环境规划。[④]

---

① 李青原、肖泽华：《异质性环境规制工具与企业绿色创新激励——来自上市企业绿色专利的证据》，《经济研究》2020年第9期。

② 孟令蝶：《环境改善与经济增长双重红利下的环境规制政策优化组合研究》，东北财经大学硕士学位论文，2019。

③ 曾倩、曾先峰、刘津汝：《产业结构视角下环境规制工具对环境质量的影响》，《经济经纬》2018年第6期。

④ 李强、王亚仓：《长江经济带环境治理组合政策效果评估》，《公共管理学报》2022年第2期。

结　论

近年来，雾霾污染已成为中国最紧迫、最突出的环境问题。环境污染给中国的经济与社会带来了一系列的危害，包括但不限于增加人民健康风险、造成经济损失等。因此，我们应将注意力集中在减少雾霾污染并提出相应的政策建议上，这对于协调中国经济发展与环境污染之间的矛盾具有重要意义。

雾霾污染是这些年集中爆发的新型环境问题，因此国内外对雾霾治理政策工具的研究总体还处于起步阶段。在当下已有的众多研究成果中，从环境化学、大气科学等自然科学角度对雾霾的成因、特征、危害与防治进行研究的成果较多[1][2][3]，而从社会科学视角对雾霾治理的研究目前来讲还比较少见。

正所谓"工欲善其事，必先利其器"。环境规制是促使减排的重要手段，近年来，为了遏止雾霾污染，中国政府采取了一系列的环境规制措施。因此，雾霾治理中的政策工具及其组合运用成为环境治理研究中的一个重要课题。然而我们不得不承认的是，目前对环境规制在雾霾治理上的实际

---

① 张人禾、李强、张若楠：《2013 年 1 月中国东部持续性强雾霾天气产生的气象条件分析》，《中国科学：地球科学》2014 年第 1 期。

② An Z, Huang R J, Zhang R, et al.,Severe haze in Northern China: A synergy of anthropogenic emissions and atmospheric processes,*Proceedings of the National Academy of Sciences*, 2019, pp.8657-8666.

③ Ji X, Yao Y, Long X,What causes PM2.5 pollution? Cross-economy empirical analysis from socioeconomic perspective, *Energy Policy*, 2018, pp.458-472.

效用这一问题还缺乏足够的定量评估。本研究首先对环境规制是否有助于降低雾霾污染水平这一问题做了评估，然后进一步在现有政策工具研究的基础之上进行了详细的实证研究。具体来说，本研究将主要的环境规制措施分为命令控制型环境规制（CCR）、市场激励型环境规制（MBR）和非正式型环境规制（IR）三类，随后分别对 CCR、MBR 和 IR 三种政策工具抑制雾霾污染的效果进行了分析。

此外，雾霾治理是有多个主体参与、从多维度进行的复杂事务，其在实践过程中既离不开政府、企业与社会的协同治理，也离不开 CCR、MBR 和 IR 等各种治理手段的叠加使用。也就是说，在现实中，运用单一型的环境政策工具必然难以回应复合型的雾霾问题。环境治理目标的多样性要求政府在治理过程中组合运用多种环境政策工具，政府开展协同治理的效果则取决于环境治理政策工具组合的优化程度。然而从既有文献来看，当下的学术界对此问题的关注度明显有所欠缺。同时，一项环境治理政策往往也会有意无意地涉及多个政策目标，故而环境治理也势必会将各类型政策工具组合作为手段。大多数改进的政策组合方式通常都包括了价格和数量两类政策工具，不同政策工具间也存在相互强化的协同效应，因此"政策工具包"理应是能提升其整体效率的。[①] 综上，在以现有环境治理政策工具研究成果作为基础这一前提之下，本研究探寻了雾霾治理政策工具的组合与优化方案。

第一节　研究结论

根据第三、第四、第五、第六和第八章的实证分析，本文得出了一些主要的研究结论，汇报如下。

第一，环境规制与雾霾污染之间存在显著的负相关关系。由该结论可知，环境规制水平越高的地区，其雾霾污染水平就越低。总体而言，环境

---

① Nissinen A, Heiskanen E, Perrels A, et al.,Combinations of policy instruments to decrease the climate impacts of housing, passenger transport and food in Finland,*Journal of Cleaner Production*, 2015, pp.455-466.

规制水平每上升 1%，PM2.5 浓度相应减少 1% 以上，并且至少在 5% 的水平上显著。通过检验可以进一步观察到，这种显著性在替换被解释变量、替换核心解释变量以及稳健性检验的情况下仍然基本成立。由此可见，在中国，环境规制对于抑制雾霾污染有较强的效果，即环境规制有助于帮助实现经济增长与环境保护的双赢。

第二，不同的环境规制对雾霾污染的影响存在明显的异质性。首先，命令控制型环境规制与雾霾污染之间存在显著的负相关关系。即命令控制型环境规制水平越高的地区，其雾霾污染水平越低。总体而言，命令控制型环境规制水平每上升 1%，PM2.5 浓度至少相应减少 2.9% 以上，并且至少在 5% 的水平上显著，这种显著性在替换被解释变量、替换核心解释变量以及稳健性检验的情况下仍然大体上成立。其次，市场激励型环境规制与雾霾污染之间也存在显著的负相关关系。由此可知，市场激励型环境规制水平越高的地区，其雾霾污染水平越低。总体而言，市场激励型环境规制水平每上升 1%，PM2.5 浓度至少相应减少 19.5% 以上，并且均在 1% 的水平上显著。通过进一步的研究可以得到结论，这种显著性在替换被解释变量、替换核心解释变量以及稳健性检验的情况下仍然基本成立。最后，非正式型环境规制与雾霾污染之间存在显著的负相关关系，但其结果不够稳健。这一研究结论说明，虽然非正式型环境规制水平的提升在一定程度上有益于降低 PM2.5 浓度，但其降低 CO_2 排放量的效果则不够明显。以上结论的可靠性有一定保证，因为本文关于环境政策工具对雾霾污染影响存在明显异质性这一发现与之前的一些文献[1][2][3][4]给出的结论是能够相互印证的。

---

① Xie R, Yuan Y, Huang J,Different types of environmental regulations and heterogeneous influence on "green" productivity: evidence from China, *Ecological Economics*, 2017, pp.104-112.

② Li R, Ramanathan R,Exploring the relationships between different types of environmental regulations and environmental performance: Evidence from China, *Journal of Cleaner Production*, 2018, pp.1329-1340.

③ Ren S, Li X, Yuan B, et al.,The effects of three types of environmental regulation on eco-efficiency: A cross-region analysis in China,*Journal of Cleaner Production*, 2018, pp.245-255.

④ Shen N, Liao H, Deng R, et al.,Different types of environmental regulations and the heterogeneous influence on the environmental total factor productivity: Empirical analysis of China's industry,*Journal of Cleaner Production*, 2019,pp.171-184.

第三，环境规制抑制雾霾污染有效性存在强烈的区域异质性。在本研究中分别按经济地理区域、按南北方、按行政级别和按到沿海的距离重新组成新的样本并且进行了检验，其实证结果表明，环境规制（包括 ER、CCR、MBR 和 IR）抑制雾霾污染的效果存在显著的区域异质性。四种情形下的异质性检验表明，环境规制抑制雾霾污染的效果在东部、西部、北方和内陆地区更加明显，而在中部、东北和南方地区不明显。

第四，控制变量的结果解读。本文对经济水平、人口密度、城市化率、道路交通、外商直接投资、森林覆盖率和降雨量等因素进行了必要的控制，得到了一些有意思的结果。在四种情形下，城市化率均与雾霾污染存在显著的负相关。这可能是因为，城市化率越高，资源利用率就越高，绿色技术水平也越高，污染排放越少。在三种情形下，外商直接投资与雾霾污染存在显著的负相关。这可能是因为，外国直接投资通常会带来先进的技术和管理经验，因此可能有助于减少东道国的污染。[1][2] 森林覆盖率和降雨量与雾霾污染存在负相关，但并不总是显著。其他变量的结果要么不显著，要么不稳健，于此不一一展开讨论。

第五，关于中国雾霾治理政策工具的组合与优化的研究发现。通过环境政策工具的组合能够得出结论，四种环境政策工具组合均能显著降低雾霾污染。其中，在所有组合下，命令控制型环境政策工具都是作用力度最强的，其次是市场激励型环境政策工具，最后是非正式型环境政策工具。另外，通过传导机制的分析发现，产业结构、技术进步、贸易开放、财政支出和财政分权均在环境规制抑制雾霾污染中起着传导机制的作用，这意味着这些领域都能作为优化环境规制的着力点。

---

[1]　Kirkpatrick C, Shimamoto K, The effect of environmental regulation on the locational choice of Japanese foreign direct investment, *Applied Economics*, 2008, pp.1399-1409.

[2]　Huang J, Chen X, Huang B, et al., Economic and environmental impacts of foreign direct investment in China: A spatial spillover analysis, *China Economic Review*, 2017, pp.289-309.

第二节　政策建议

根据我们研究的结果，为加快雾霾治理提出以下政策建议。

第一，进一步强化环境规制水平。本文的实证检验发现，环境规制有助于抑制雾霾污染。因此，只有进一步强化环境规制水平，才能加快降低雾霾污染，具体来说就是要进一步增加环保支出占 GDP 的比重。2007~2017年，全国环保支出占 GDP 的比重只有 0.5%，30 个省份的平均环保支出仅占 GDP 的 0.687%，远不及国际经验的 1%~1.5%。[①] 因此，要想强化环境治理效果，必须大幅度地增加环保支出。

第二，同时强化命令控制型环境规制、市场激励型环境规制和非正式型环境规制。我们的实证分析表明，CCR 和 MBR 始终都能显著地降低雾霾污染。因此，本课题有以下两点建议：进一步提高人均工业污染治理投资总额占工业增加值的比重，进一步提高各省排污费收入占工业增加值的比重，只有这样才能进一步强化二者抑制雾霾污染的政策效用。同时，需要更加注重非正式环境规制在减轻雾霾污染中的作用。虽然本文的经验研究表明 IR 对于降低雾霾污染并不稳健，但也有一些研究表明，从长远来看，非正式型环境规制对空气污染控制的影响可能大于正式型的环境规制。[②] 因此，决策者应当建立和完善环境监督和公众参与体系并且拓宽公众参与渠道，这些措施可以保护和扩大公众参与权。此外，决策者应促进环境治理信息的公开与透明，为公民监督污染排放行为、监督检查政府政策执行力等提供便利。最后，政府应尽可能提供多元化的参与渠道，尽量让公民将环保信访作为最后的救济渠道而非首选。

第三，注意三种环境规制的协调配合。关于政策工具组合的研究发现，

---

① 主要发达国家的环保支出在 20 世纪 70 年代已占 GDP 的 1%~2%，其中，"美国为 2%，日本为 2%~3%，德国为 2.1%"。参见苏明、刘军民、张洁《促进环境保护的公共财政政策研究》，《财政研究》2008 年第 7 期。

② Wang X, Shao Q, Non-linear effects of heterogeneous environmental regulations on green growth in G20 countries: evidence from panel threshold regression, *Science of The Total Environment*, 2019, pp.1346-1354.

在所有组合中，命令控制型环境规制是作用力度最强的；其次是市场激励型环境规制；最后是非正式型环境规制。该结果充分说明了命令控制型环境规制能在各种组合下发挥效果。事实上，CCR 在现实的雾霾治理过程中也确实最受青睐。其原因很好理解，因为 CCR 的强制性高，易于操作，见效快，可在短时间内有效减少雾霾污染，这些特性使得它在政策实践中被广泛使用。然而，"一刀切"的政策迫使不同绿色技术水平的企业遵守相同的标准，无法促使技术先进的企业以最小的成本来进一步创新减少污染的技术。另外，CCR 难以避免信息不对称的弊端，而公民参与环境治理恰好能够弥补信息不对称问题。鉴于以上问题，在政策组合中突出 CCR 的同时，也需要提升 MBR 和 IR 的水平，这些措施能够更好地鼓励企业进行绿色技术创新[①]，并提升公民参与环境治理的积极性与有效性[②]。

第四，进一步优化环境规制使用中其他要素的配合。通过传导机制的分析发现，产业结构、技术进步、贸易开放、财政支出和财政分权均在环境规制抑制雾霾污染中起着传导机制的作用。因此，雾霾治理政策工具的优化路径就是：在进一步提高环境规制水平的同时，不断降低第二产业比重、提升技术进步水平、降低对外出口水平、提高财政支出水平和提高财政分权水平，使得环境规制抑制雾霾污染的作用得到最大限度的发挥。

第五，根据地区情况采用差别化的雾霾治理政策。研究结果表明，不同地区环境规制的有效性存在显著的区域异质性。因此，我们建议不同地区施行差异化的雾霾治理策略，以满足不同区域环境治理的异质性需求，提高环境规制的针对性。

第六，进一步提高外商直接投资水平和质量。实证分析的结果表明，外商直接投资的提升能够显著降低雾霾污染水平。其原因并不难理解，因为由外商进行的直接投资通常会给投资地带来先进的技术与更高效且科学

①　Shen N, Liao H, Deng R, et al.,Different types of environmental regulations and the heterogeneous influence on the environmental total factor productivity: Empirical analysis of China's industry, *Journal of Cleaner Production*, 2019, pp. 171-184.

②　Li C, Li G,Does environmental regulation reduce China's haze pollution? An empirical analysis based on panel quantile regression, *Plos One*, 2020.

的管理方式，这些都有助于减少被投资地的大气污染。[①②] 因此，在鼓励与加快外资引进的同时，政策制定者也应当制定严格的法规，鼓励引进外国高新技术企业，减少能源密集和污染密集型企业的进入。

第七，进一步提高城市化水平。实证分析的结果表明，城市化率的提升能够显著降低雾霾污染水平。这可能是因为城市化率越高，资源和能源的聚集程度越高，能源和资源的利用率也越高，绿色技术水平自然也更高，这些因素有助于减少污染排放。政府可以通过放开户籍限制、加快地区产业结构转型升级和提高公共服务水平等方式来吸引人口流入城市，同时也需要进一步推进大城市和城市群建设，尤其要加快京津冀城市群、长三角城市群和珠三角城市群的发展。应当意识到，只有城市化水平进一步提升，雾霾治理的效率才能够百尺竿头更进一步。

第三节　不足与展望

虽然已经尽量做到了细致化、规范化、科学化，但由于存在一些现实的问题，本研究仍然有潜在的不足之处，这也为未来的研究留下了继续深化与拓展的空间。

一是研究对象有待拓展。受时间、精力的限制，本文选择的研究对象是省级政府，但更精细化的研究也有其必要性。因此，后续的研究可以选择地级市作为研究样本，这样做一定能发现更多且更有趣的研究结论。

二是环境规制的空间效应需要进行检验。根据现有研究，环境污染存在一定的空间相关性，环境规制也存在战略互动或空间策略竞争。[③④] 因此，

---

① Kirkpatrick C, Shimamoto K,The effect of environmental regulation on the locational choice of Japanese foreign direct investment,. *Applied Economics*, 2008, pp.1399-1409.

② Huang J, Chen X, Huang B, et al.,Economic and environmental impacts of foreign direct investment in China: A spatial spillover analysis, *China Economic Review*, 2017, pp.289-309.

③ Li L, Liu X, Ge J, et al.,Regional differences in spatial spillover and hysteresis effects: A theoretical and empirical study of environmental regulations on haze pollution in China, *Journal of Cleaner Production*, 2019, pp.1096-1110.

④ Li L, Sun J, Jiang J, et al.,The effect of environmental regulation competition on haze pollution: evidence from China's province-level data,*Environmental Geochemistry and Health*, 2021,pp.1-24.

为了深入考察空间相关性和地方政府之间的环境规制策略及其互动可能对环境规制结果造成的影响，后续研究需要将空间效应考虑进来，利用空间杜宾模型检验可能的空间效应。

三是环境规制的度量方式有待进一步科学化。虽然本文充分讨论了各种环境规制潜在度量方式的优势与不足，但是，鉴于数据获取的考虑，本文分别采用了环保支出占财政支出的比重作为环境规制的替代变量，采用了工业污染治理投资总额占工业增加的比重作为命令控制型环境规制的替代变量，采用了各省排污费收入占工业增加值的比重作为市场激励型环境规制的替代变量，采用了各省环境信访量作为衡量非正式型环境规制的代理变量。必须指出的是，不同的度量方式很可能会得出不一致的结果。这也是实证分析经常得出有所差异甚至相互矛盾的研究结论的一个重要原因。在今后的研究中，需要克服数据获取的困难，找到更加贴切的衡量方式。

参考文献

（一）中文文献

〔澳〕彼得·布林布尔科姆：《大雾霾：中世纪以来的伦敦空气污染史》，启蒙编译所译，上海社会科学院出版社，2016。

〔加〕迈克尔·豪利特、M.拉米什：《公共政策研究：政策循环与政策子系统》，庞诗等译，三联书店，2006。

〔美〕B.盖伊·彼得斯、弗兰斯·K.M.冯尼斯潘：《公共政策工具：对公共管理工具的评价》，顾建光译，中国人民大学出版社，2007。

〔美〕E.S.萨瓦斯：《民营化与公私部门的伙伴关系》，周志忍等译，中国人民大学出版社，2002。

〔美〕彼得·索尔谢姆：《发明污染：工业革命以来的煤、烟与文化》，启蒙编译所译，上海社会科学院出版社，2016。

〔英〕布雷恩·威廉·克拉普：《工业革命以来的英国环境史》，王黎译，中国环境科学出版社，2011。

〔德〕恩格斯：《自然辩证法》，于光远等译编，人民出版社，1984。

蔡昉、都阳、王美艳：《经济发展方式转变与节能减排内在动力》，《经济研究》2008年第6期。

曾婧婧、胡锦绣：《中国公众环境参与的影响因子研究——基于中国省级面板数据的实证分析》，《中国人口·资源与环境》2015年第12期。

陈仁杰、阚海东：《雾霾污染与人体健康》，《自然杂志》2013年第5期。

陈诗一、陈登科：《雾霾污染，政府治理与经济高质量发展》，《经济研究》2018 年第 2 期。

陈诗一：《能源消耗、二氧化碳排放与中国工业的可持续发展》，《经济研究》2009 年第 4 期。

陈文波、谢涛、郑蕉、吴双：《地表植被景观对 PM2.5 浓度空间分布的影响研究》，《生态学报》2020 年第 19 期。

陈晓红、蔡思佳、汪阳洁：《我国生态环境监管体系的制度变迁逻辑与启示》，《管理世界》2020 年第 11 期。

范子英、赵仁杰：《法治强化能够促进污染治理吗？——来自环保法庭设立的证据》，《经济研究》2019 年第 3 期。

付鹏：《新常态下城市雾霾治理的现实路径选择》，《管理世界》2018 年第 12 期。

傅广宛：《中国海洋生态环境政策导向（2014—2017）》，《中国社会科学》2020 年第 9 期。

傅喆、〔日〕寺西俊一：《日本大气污染问题的演变及其教训——对固定污染发生源治理的历史省察》，《学术研究》2010 年第 6 期。

顾建光：《公共政策工具研究的意义、基础与层面》，《公共管理学报》2006 年第 4 期。

关大博、刘竹：《雾霾真相——京津冀地区 PM2.5 污染解析及减排策略研究》，中国环境出版社，2014。

郭峰、石庆玲：《官员更替、合谋震慑与空气质量的临时性改善》，《经济研究》2017 年第 7 期。

何瑞文：《中国环境规制抑制污染的有效性研究》，复旦大学博士学位论文，2020。

贺泓等：《大气灰霾追因与控制》，《中国科学院院刊》2013 年第 3 期。

黄德春、刘志彪：《环境规制与企业自主创新——基于波特假设的企业竞争优势构建》，《中国工业经济》2006 年第 3 期。

黄红华：《政策工具理论的兴起及其在中国的发展》，《社会科学》2010 年第 4 期。

解振华：《中国改革开放 40 年生态环境保护的历史变革——从"三废"治理走向生态文明建设》，《中国环境管理》2019 年第 4 期。

李胜兰、黎天元：《复合型环境政策工具体系的完善与改革方向：一个理论分析框架》，《中山大学学报》（社会科学版）2021 年第 2 期。

李永亮：《"新常态"视阈下府际协同治理雾霾的困境与出路》，《中国行政管理》2015 年第 9 期。

李在军、胡美娟、张爱平、周年兴：《工业生态效率对 PM2.5 污染的影响及溢出效应》，《自然资源学报》2021 年第 3 期。

李挚萍：《20 世纪政府环境管制的三个演进时代》，《学术研究》2005 年第 6 期。

梁龙武、王振波、方创琳、孙湛：《京津冀城市群城市化与生态环境时空分异及协同发展格局》，《生态学报》2019 年第 4 期。

陆旸：《环境规制影响了污染密集型商品的贸易比较优势吗？》，《经济研究》2009 年第 4 期。

陆旸：《中国的绿色政策与就业：存在双重红利吗？》，《经济研究》2011 年第 7 期。

马丽梅、刘生龙、张晓：《能源结构、交通模式与雾霾污染——基于空间计量模型的研究》，《财贸经济》2016 年第 1 期。

马丽梅、张晓：《中国雾霾污染的空间效应及经济、能源结构影响》，《中国工业经济》2014 年第 4 期。

穆泉、张世秋：《2013 年 1 月中国大面积雾霾事件直接社会经济损失评估》，《中国环境科学》2013 年第 11 期。

曲格平：《中国环境保护四十年回顾及思考（回顾篇）》，《环境保护》2013 年第 10 期。

邵帅、李欣、曹建华、杨莉莉：《中国雾霾污染治理的经济政策选择——基于空间溢出效应的视角》，《经济研究》2016 年第 9 期。

邵帅、李欣、曹建华：《中国的城市化推进与雾霾治理》，《经济研究》2019 年第 2 期。

沈洪涛、周艳坤：《环境执法监督与企业环境绩效：来自环保约谈的准自然实验证据》,《南开管理评论》2017 年第 6 期。

沈坤荣、金刚、方娴:《环境规制引起了污染就近转移吗?》,《经济研究》2017 年第 5 期。

沈坤荣、周力:《地方政府竞争,垂直型环境规制与污染回流效应》,《经济研究》2020 年第 3 期。

沈满洪、杨永亮:《排污权交易制度的污染减排效果研究——基于浙江省重点排污企业数据的检验》,《浙江社会科学》2017 年第 7 期。

宋弘、孙雅洁、陈登科:《政府空气污染治理效应评估——来自中国"低碳城市"建设的经验研究》,《管理世界》2019 年第 6 期。

苏明、刘军民、张洁:《促进环境保护的公共财政政策研究》,《财政研究》2008 年第 7 期。

孙传旺、罗源、姚昕:《交通基础设施与城市空气污染——来自中国的经验证据》,《经济研究》2019 年第 8 期。

王红梅、王振杰:《环境治理政策工具比较和选择——以北京 PM2.5 治理为例》,《中国行政管理》2016 年第 8 期。

王红梅:《中国环境规制政策工具的比较与选择——基于贝叶斯模型平均（BMA）方法的实证研究》,《中国人口·资源与环境》2016 年第 9 期。

王金南、董战峰、蒋洪强、陆军:《中国环境保护战略政策 70 年历史变迁与改革方向》,《环境科学研究》2019 年第 10 期。

王书斌、徐盈之:《环境规制与雾霾脱钩效应——基于企业投资偏好的视角》,《中国工业经济》2015 年第 4 期。

吴兑、廖国莲、邓雪娇等:《珠江三角洲霾天气的近地层输送条件研究》,《应用气象学报》2008 年第 1 期。

吴兑:《关于霾与雾的区别和灰霾天气预警的讨论》,《气象》2005 年第 4 期。

吴建祖、王蓉娟:《环保约谈提高地方政府环境治理效率了吗?——基于双重差分方法的实证分析》,《公共管理学报》2019 年第 1 期。

许士春、何正霞、龙如银:《环境政策工具比较:基于企业减排的视角》,《系统工程理论与实践》2012 年第 11 期。

许阳、王琪、孔德意:《我国海洋环境保护政策的历史演进与结构特征——基于政策文本的量化分析》,《上海行政学院学报》2016 年第 4 期。

薛澜、陈振明:《中国公共管理理论研究的重点领域和主题》,《中国社会科学》2007 年第 3 期。

杨洪刚:《中国环境政策工具的实施效果及其选择研究》,复旦大学博士学位论文,2009。

杨立华、蒙常胜:《境外主要发达国家和地区空气污染治理经验——评〈空气污染治理国际比较研究〉》,《公共行政评论》2015 年第 2 期。

杨瑞龙、章泉、周业安:《财政分权、公众偏好和环境污染——来自中国省级面板数据的证据》,中国人民大学经济研究所宏观经济报告,2007。

杨志军、耿旭、王若雪:《环境治理政策的工具偏好与路径优化——基于 43 个政策文本的内容分析》,《东北大学学报》(社会科学版)2017 年第 3 期。

余伟、陈强、陈华:《不同环境政策工具对技术创新的影响分析——基于 2004-2011 年我国省级面板数据的实证研究》,《管理评论》2016 年第 1 期。

余长林、高宏建:《环境管制对中国环境污染的影响——基于隐性经济的视角》,《中国工业经济》2015 年第 7 期。

张克中、王娟、崔小勇:《财政分权与环境污染:碳排放的视角》,《中国工业经济》2011 年第 10 期。

张人禾、李强、张若楠:《2013 年 1 月中国东部持续性强雾霾天气产生的气象条件分析》,《中国科学:地球科学》2014 年第 1 期。

张小筠、刘戒骄:《新中国 70 年环境规制政策变迁与取向观察》,《改革》2019 年第 10 期。

张小曳、孙俊英、王亚强等:《我国雾 - 霾成因及其治理的思考》,《科学通报》2013 年第 58 期。

赵德余:《公共政策:共同体、工具与过程》,上海人民出版社,2011。

赵新峰、袁宗威:《区域大气污染治理中的政策工具:我国的实践历程与优化选择》,《中国行政管理》2016 年第 7 期。

郑石明、要蓉蓉、魏萌:《中国气候变化政策工具类型及其作用——基于中央层面政策文本的分析》,《中国行政管理》2019 年第 12 期。

郑思齐、万广华、孙伟增、罗党论:《公众诉求与城市环境治理》,《管理世界》2013 年第 6 期。

周付军、胡春艳:《大气污染治理的政策工具变迁研究——基于长三角地区2001—2018 年政策文本的分析》,《江淮论坛》2019 年第 6 期。

周景坤、黄洁、张亚宁:《国外支持雾霾防治技术创新政策的主要做法及启示》,《科技管理研究》2018 年第 24 期。

周雪光、练宏:《政府内部上下级部门间谈判的一个分析模型——以环境政策实施为例》,《中国社会科学》2011 年第 5 期。

朱春奎等:《政策网络与政策工具:理论基础与中国实践》,复旦大学出版社,2011。

朱光磊主编《现代政府理论》,高等教育出版社,2006。

卓越、郑逸芳:《政府工具识别分类新捋》,《中国行政管理》2020 年第2 期。

（二）英文文献

Ahmad M, Jabeen G, Wu Y, "Heterogeneity of pollution haven/halo hypothesis and environmental Kuznets curve hypothesis across development levels of Chinese provinces", *Journal of Cleaner Production*, Vol. 285, 2021.

Ajzen I, "The theory of planned behavior", *Organizational Behavior and Human Decision Processes*, Vol. 50, No. 2, 1991.

Albrizio S, Kozluk T, Zipperer V, "Environmental policies and productivity growth: Evidence across industries and firms", *Journal of Environmental Economics and Management*, Vol. 81, 2017.

Alvarado M J, McVey A E, Hegarty J D, et al., "Evaluating the use of satellite observations to supplement ground-level air quality data in selected cities in low-and middle-income countries", *Atmospheric Environment*, Vol. 218, 2019.

Ambec S, Cohen M A, Elgie S, et al., "The Porter hypothesis at 20: can environmental regulation enhance innovation and competitiveness?", *Review of Environmental Economics and Policy*, Vol. 7, No. 1, 2013.

An Z, Huang R J, Zhang R, et al., "Severe haze in Northern China: A synergy of anthropogenic emissions and atmospheric processes", *Proceedings of the National Academy of Sciences*, Vol. 116, No. 18, 2019.

Ang B W, "Decomposition analysis for policymaking in energy: while is the preferred method", *Energy Policy*, Vol. 32, 2004.

Apte J S, Brauer M, Cohen A J, et al., "Ambient PM2.5 reduces global and regional life expectancy", *Environmental Science & Technology Letters*, Vol. 5, No. 9, 2018.

Bamberg S, Hunecke M, Blöbaum A, "Social context, personal norms and the use of public transportation: Two field studies", *Journal of Environmental Psychology*, Vol. 27, No. 3, 2007.

Beeson M, "The coming of environmental authoritarianism", *Environmental Politics*, Vol. 19, No. 2, 2010.

Blackman A, Li Z, Liu A A, "Efficacy of command-and-control and market-based environmental regulation in developing countries", *Annual Review of Resource Economics*, Vol. 10, 2018.

Bu M, Qiao Z, Liu B, "Voluntary environmental regulation and firm innovation in China", *Economic Modelling*, Vol. 89, 2020.

Burnett R T, Pope III C A, Ezzati M, et al., "An integrated risk function for estimating the global burden of disease attributable to ambient fine particulate matter exposure", *Environmental Health Perspectives*, Vol. 122, No. 4, 2014.

Cao Q, Rui G, Liang Y, "Study on PM2.5 pollution and the mortality due to lung cancer in China based on geographic weighted regression model", *BMC Public Health*, Vol.18, No.1, 2018.

Capano G, Howlett M, "The knowns and unknowns of policy instrument analysis:

Policy tools and the current research agenda on policy mixes", *Sage Open*, Vol. 10, No. 1, 2020.

Capano G, Pritoni A, Vicentini G, "Do policy instruments matter? Governments' choice of policy mix and higher education performance in Western Europe", *Journal of Public Policy*, Vol. 40, No. 3, 2020.

Chen J, Gao M, Li D, et al., "Changes in PM2.5 emissions in China: An extended chain and nested refined laspeyres index decomposition analysis", *Journal of Cleaner Production*, Vol. 294, 2021.

Chen Y, Bai Y, Liu H, et al., "Temporal variations in ambient air quality indicators in Shanghai municipality, China", *Scientific Reports*, Vol. 10, No. 1, 2020.

Chen Y, Jin G Z, Kumar N, et al., "Gaming in air pollution data? Lessons from China", *The BE Journal of Economic Analysis & Policy*, Vol. 12, No. 3, 2012.

Cheng Z, Li L, Liu J, "Identifying the spatial effects and driving factors of urban PM2.5 pollution in China", *Ecological Indicators*, Vol. 82, 2017.

Cherniwchan J, "Trade liberalization and the environment: Evidence from NAFTA and US manufacturing", *Journal of International Economics*, Vol. 105, 2017.

Chowdhury S, Dey S, Smith K R, "Ambient PM2.5 exposure and expected premature mortality to 2100 in India under climate change scenarios", *Nature Communications*, Vol. 9, No. 1, 2018.

Coase R H, "The Problem of Social Cost", *Journal of Law and Economics*, Vol. 3, 1960.

Cole M A, Elliott R J R, Shimamoto K, "Industrial characteristics, environmental regulations and air pollution: an analysis of the UK manufacturing sector", *Journal of Environmental Economics and Management*, Vol. 50, No. 1, 2005.

Copeland B R, Taylor M S, "Trade, growth, and the environment", *Journal of*

Economic Literature, Vol. 42, No. 1, 2004.

Costantini V, Mazzanti M, Montini A, "Environmental performance, innovation and spillovers. Evidence from a regional NAMEA", *Ecological Economics*, Vol. 89, 2013.

Dasgupta S, Laplante B, Mamingi N, et al., "Inspections, pollution prices, and environmental performance: evidence from China", *Ecological Economics*, Vol. 36, No. 3, 2001.

Dasgupta S, Wheeler D, Citizen complaints as environmental indicators: evidence from China, *The World Bank*, 1997.

Davis D L, When smoke ran like water: Tales of environmental deception and the battle against pollution, *New York: Basic Books*, 2002.

Dong F, Long R, Yu B, et al., "How can China allocate CO_2 reduction targets at the provincial level considering both equity and efficiency? Evidence from its Copenhagen Accord pledge", *Resources, Conservation and Recycling*, Vol. 130, 2018.

Dong F, Zhang S, Li Y, et al., "Examining environmental regulation efficiency of haze control and driving mechanism: evidence from China", *Environmental Science and Pollution Research*, Vol. 27, 2020.

Dong F, Zhang S, Long R, et al., "Determinants of haze pollution: An analysis from the perspective of spatiotemporal heterogeneity", *Journal of Cleaner Production*, Vol. 222, 2019.

Dong L, Liang H, "Spatial analysis on China's regional air pollutants and CO_2 emissions: emission pattern and regional disparity", *Atmospheric Environment*, Vol. 92, 2014.

Du Y, Sun T, Peng J, et al., "Direct and spillover effects of urbanization on PM2.5 concentrations in China's top three urban agglomerations", *Journal of Cleaner Production*, Vol. 190, 2018.

Economy E C, *The River Runs Black: The Environmental Challenge to China's Future*, *Princeton, NJ: Princeton University Press*, 2004.

Feng T, Du H, Lin Z, et al., "Spatial spillover effects of environmental regulations on air pollution: Evidence from urban agglomerations in China", *Journal of Environmental Management*, Vol. 272, 2020.

Feng Y, Wang X, "Effects of urban sprawl on haze pollution in China based on dynamic spatial Durbin model during 2003–2016", *Journal of Cleaner Production*, Vol. 242, 2020.

Féres J, Reynaud A, "Assessing the impact of formal and informal regulations on environmental and economic performance of Brazilian manufacturing firms", *Environmental and Resource Economics*, Vol. 52, No. 1, 2012.

Franco C, Marin G, "The effect of within-sector, upstream and downstream environmental taxes on innovation and productivity", *Environmental and Resource Economics*, Vol. 66, No. 2, 2017.

Fredriksson P G, Millimet D L, "Strategic Interaction and the Determination of Environmental Policy across US States", *Journal of Urban Economics*, Vol. 51, No. 1, 2002.

Galinato G I, Chouinard H H, "Strategic interaction and institutional quality determinants of environmental regulations", *Resource and Energy Economics*, Vol. 53, 2018.

GBD Maps Working Group, Burden of disease attributable to coal-burning and other air pollution sources in China, *Special Report*, 2016.

Gehrig R, Buchmann B, "Characterising seasonal variations and spatial distribution of ambient PM10 and PM2.5 concentrations based on long-term Swiss monitoring data", *Atmospheric Environment*, Vol. 37, No. 19, 2003.

Geng G, Xiao Q, Zheng Y, et al., "Impact of China's air pollution prevention and control action plan on PM2.5 chemical composition over eastern China", *Science China Earth Sciences*, Vol. 62, No. 12, 2019.

Goldar B, Banerjee N, "Impact of informal regulation of pollution on water quality in rivers in India", *Journal of Environmental Management*, Vol. 73, No. 2, 2004.

Gray W B, Shimshack J P, "The effectiveness of environmental monitoring and enforcement: A review of the empirical evidence", *Review of Environmental Economics and Policy*, Vol. 5, No. 1, 2011.

Greaves M, Zibarras L D, Stride C, "Using the theory of planned behavior to explore environmental behavioral intentions in the workplace", *Journal of Environmental Psychology*, Vol. 34, 2013.

Grice S, Stedman J, Kent A, et al., "Recent trends and projections of primary NO2 emissions in Europe", *Atmospheric Environment*, Vol. 43, No. 13, 2009.

Grossman G M, Krueger A B, "Economic Growth and the Environment", *The Quarterly Journal of Economics*, Vol. 110, No. 2, 1995.

Grossman G M, Krueger A B, "The inverted-U: what does it mean?", *Environment and Development Economics*, Vol. 1, No. 1, 1996.

Grumbine R E, "China's emergence and the prospects for global sustainability", *BioScience*, Vol. 57, No. 3, 2007.

Guan Y, Kang L, Wang Y, et al., "Health loss attributed to PM2.5 pollution in China's cities: economic impact, annual change and reduction potential", *Journal of Cleaner Production*, Vol. 217, 2019.

Gunningham N, Grabosky P N, Sinclair D, Smart Regulation: Designing Environmental Policy, *Oxford: Oxford University Press*, 1999.

Guo D, Bose S, Alnes K, "Employment implications of stricter pollution regulation in China: theories and lessons from the USA", *Environment, Development and Sustainability*, Vol. 19, No. 2, 2017.

Guttman D, Young O, Jing Y, et al., "Environmental governance in China: Interactions between the state and 'nonstate actors'", *Journal of environmental management*, Vol. 220, 2018.

Hamamoto M, "Environmental regulation and the productivity of Japanese manufacturing industries", *Resource and Energy Economics*, Vol. 28, No. 4, 2006.

Hammer M S, van Donkelaar A, Li C, et al., "Global estimates and long-term trends of fine particulate matter concentrations (1998–2018)", *Environmental Science & Technology*, Vol. 54, No. 13, 2020.

Han F, Li J, "Environmental Protection Tax Effect on Reducing PM2.5 Pollution in China and Its Influencing Factors", *Polish Journal of Environmental Studies*, Vol. 30, No. 1, 2021.

Hao Y, Deng Y, Lu Z N, et al., "Is environmental regulation effective in China? Evidence from city-level panel data", *Journal of Cleaner Production*, Vol. 188, 2018.

Hao Y, Liu Y M, "The influential factors of urban PM2.5 concentrations in China: a spatial econometric analysis", *Journal of Cleaner Production*, Vol. 112, 2016.

Hao Y, Peng H, Temulun T, et al., "How harmful is air pollution to economic development? New evidence from PM2.5 concentrations of Chinese cities", *Journal of Cleaner Production*, Vol. 172, 2018.

Hashmi R, Alam K, "Dynamic relationship among environmental regulation, innovation, CO2 emissions, population, and economic growth in OECD countries: A panel investigation", *Journal of Cleaner Production*, Vol. 231, 2019.

He G, Lu Y, Mol A P J, et al., "Changes and challenges: China's environmental management in transition", *Environmental Development*, Vol. 3, 2012.

He J, "China's industrial SO 2 emissions and its economic determinants: EKC's reduced vs. structural model and the role of international trade", *Environment and Development Economics*, Vol. 14, No. 2, 2009.

He J, "Pollution haven hypothesis and environmental impacts of foreign direct investment: The case of industrial emission of sulfur dioxide (SO2) in Chinese provinces", *Ecological Economics*, Vol. 60, No. 1, 2006.

Hettige H, Huq M, Pargal S, et al., "Determinants of pollution abatement in developing countries: evidence from South and Southeast Asia", *World*

Development, Vol. 24, No. 12, 1996.

Hood C, "Summing up the Parts: combining policy instruments for least-cost climate mitigation strategies", *Information Paper*, 2011.

Howel D, Moffatt S, Bush J, et al., "Public views on the links between air pollution and health in Northeast England", *Environmental Research*, Vol. 91, No. 3, 2003.

Howlett, M, Designing Public Policies: Principles and Instruments (2nd Edition), *London: Routledge*, 2019.

Huajun L, Guangjie D, "Research on spatial correlation of haze pollution in China", *Stat. Res*, Vol. 35, 2018.

Huang J, Chen X, Huang B, et al., "Economic and environmental impacts of foreign direct investment in China: A spatial spillover analysis", *China Economic Review*, Vol. 45, 2017.

Huang J, Pan X, Guo X, et al., "Health impact of China's Air Pollution Prevention and Control Action Plan: an analysis of national air quality monitoring and mortality data", *The Lancet Planetary Health*, Vol. 2, No. 7, 2018.

Huang R J, Zhang Y, Bozzetti C, et al., "High secondary aerosol contribution to particulate pollution during haze events in China", *Nature*, Vol. 514, No. 7521, 2014.

Inglehart R, "Public support for environmental protection: Objective problems and subjective values in 43 societies", *Political Science & Politics*, Vol. 28, No. 1, 1995.

Jaffe A B, Palmer K, "Environmental regulation and innovation: a panel data study", *Review of economics and statistics*, Vol. 79, No. 4, 1997.

James S L, Abate D, Abate K H, et al., "Global, regional, and national incidence, prevalence, and years lived with disability for 354 diseases and injuries for 195 countries and territories, 1990–2017: a systematic analysis for the Global Burden of Disease Study 2017", *The Lancet*, Vol. 392, No. 10159, 2018.

Ji X, Yao Y, Long X, "What causes PM2.5 pollution? Cross-economy empirical analysis from socioeconomic perspective", *Energy Policy*, Vol. 119, 2018.

Jiang P, Yang J, Huang C, et al., "The contribution of socioeconomic factors to PM2.5 pollution in urban China", *Environmental Pollution*, Vol. 233, 2018.

Jiang Z, Wang Z, Zeng Y, "Can voluntary environmental regulation promote corporate technological innovation?", *Business Strategy and the Environment*, Vol. 29, No. 2, 2020.

Jin Q, Fang X, Wen B, et al., "Spatio-temporal variations of PM2.5 emission in China from 2005 to 2014", *Chemosphere*, Vol. 183, 2017.

Jo Y S, Lim M N, Han Y J, et al., "Epidemiological study of PM2.5 and risk of COPD-related hospital visits in association with particle constituents in Chuncheon, Korea", *International Journal of Chronic Obstructive Pulmonary Disease*, Vol. 13, 2018.

Johnson T M, Liu F, Newfarmer R, *Clear water, blue skies: China's environment in the new century*, *Washington, D.C: World Bank Group*, 1997.

Johnstone N, Haščič I, Popp D, "Renewable energy policies and technological innovation: evidence based on patent counts", *Environmental and Resource Economics*, Vol. 45, No. 1, 2010.

Kanada M, Fujita T, Fujii M, et al., "The long-term impacts of air pollution control policy: historical links between municipal actions and industrial energy efficiency in Kawasaki City, Japan", *Journal of Cleaner Production*, Vol. 58, 2013.

Kathuria V, "Informal regulation of pollution in a developing country: evidence from India", *Ecological Economics*, Vol. 63, No. 2-3, 2007.

Keiser D A, Shapiro J S, "Consequences of the Clean Water Act and the demand for water quality", *The Quarterly Journal of Economics*, Vol. 134, No. 1, 2019.

Keith Crane, Zhimin Mao, *Costs of Selected Policies to Address Air Pollution in China*, *Santa Monica, California: RAND Corporation*, 2015.

Kemp R, Norman M E, "Environmental policy and technical change: a comparison of the technological impact of policy instruments", *Environmental Conservation*, Vol. 25, No. 1, 1998.

Kern F, Howlett M, "Implementing transition management as policy reforms: a case study of the Dutch energy sector", *Policy Sciences*, Vol. 42, No. 2, 2009.

Khan M I, Chang Y C, "Environmental challenges and current practices in China—a thorough analysis", *Sustainability*, Vol. 10, No. 7, 2018.

Kirkpatrick C, Shimamoto K, "The effect of environmental regulation on the locational choice of Japanese foreign direct investment", *Applied Economics*, Vol. 40, No. 11, 2008.

Klages S, Heidecke C, Osterburg B, "The impact of agricultural production and policy on water quality during the dry year 2018, a case study from Germany", *Water*, Vol. 12, No. 6, 2020.

Kneller R, Manderson E, "Environmental regulations and innovation activity in UK manufacturing industries", *Resource and Energy Economics*, Vol. 34, No. 2, 2012.

Korhonen J, Pätäri S, Toppinen A, et al., "The role of environmental regulation in the future competitiveness of the pulp and paper industry: the case of the sulfur emissions directive in Northern Europe", *Journal of Cleaner Production*, Vol. 108, 2015.

Kostka G, "Command without control: The case of China's environmental target system", *Regulation & Governance*, Vol. 10, No. 1, 2016.

Krysiak F C, "Environmental regulation, technological diversity, and the dynamics of technological change", *Journal of Economic Dynamics and Control*, Vol. 35, No. 4, 2011.

Kumar S, Managi S, Jain R K, "CO2 mitigation policy for Indian thermal power sector: Potential gains from emission trading", *Energy Economics*, Vol. 86, 2020.

Lang J, Zhou Y, Cheng S, et al., "Unregulated pollutant emissions from on-road vehicles in China, 1999–2014", *Science of the Total Environment*, Vol. 573, 2016.

Langpap C, Shimshack J P, "Private citizen suits and public enforcement: Substitutes or complements?", *Journal of Environmental Economics and Management*, Vol. 59, No. 3, 2010.

Lanoie P, Laurent - Lucchetti J, Johnstone N, et al., "Environmental policy, innovation and performance: new insights on the Porter hypothesis", *Journal of Economics & Management Strategy*, Vol. 20, No. 3, 2011.

Lanoie P, Patry M, Lajeunesse R, "Environmental regulation and productivity: testing the porter hypothesis", *Journal of Productivity Analysis*, Vol. 30, No. 2, 2008.

Lee K Y, Wong K C, Chuang K J, et al., "Methionine oxidation in albumin by fine haze particulate matter: An in vitro and in vivo study", *Journal of Hazardous Materials*, Vol. 274, No. 12, 2014.

Lee S, Yoo H, Nam M, "Impact of the Clean Air Act on air pollution and infant health: Evidence from South Korea", *Economics Letters*, Vol. 168, 2018.

Lehmann P, "Justifying a policy mix for pollution control: a review of economic literature", *Journal of Economic Surveys*, Vol. 26, No. 1, 2012.

Lelieveld J, Evans J S, Fnais M, et al., "The contribution of outdoor air pollution sources to premature mortality on a global scale", *Nature*, Vol. 525, No. 7569, 2015.

Lelieveld J, Klingmüller K, Pozzer A, et al., "Cardiovascular disease burden from ambient air pollution in Europe reassessed using novel hazard ratio functions", *European Heart Journal*, Vol. 40, No. 20, 2019.

Li B, Wu S, "Effects of local and civil environmental regulation on green total factor productivity in China: A spatial Durbin econometric analysis", *Journal of Cleaner Production*, Vol. 153, 2017.

Li C, Li G, "Does environmental regulation reduce China's haze pollution? An empirical analysis based on panel quantile regression", *Plos One*, Vol. 15, No. 10, 2020.

Li C, Ma X, Fu T, et al., "Does public concern over haze pollution matter? Evidence from Beijing-Tianjin-Hebei region, China", *Science of The Total Environment*, Vol. 755, 2021.

Li G, Fang C, Wang S, et al., "The effect of economic growth, urbanization, and industrialization on fine particulate matter (PM2.5) concentrations in China", *Environmental Science & Technology*, Vol. 50, No. 21, 2016.

Li J, Liu H, Lv Z, et al., "Estimation of PM2.5 mortality burden in China with new exposure estimation and local concentration-response function", *Environmental Pollution*, Vol. 243, 2018.

Li K, Lin B, "Impact of energy conservation policies on the green productivity in China's manufacturing sector: Evidence from a three-stage DEA model", *Applied Energy*, Vol. 168, 2016.

Li L, Liu X, Ge J, et al., "Regional differences in spatial spillover and hysteresis effects: A theoretical and empirical study of environmental regulations on haze pollution in China", *Journal of Cleaner Production*, Vol. 230, 2019.

Li L, Sun J, Jiang J, et al., "The effect of environmental regulation competition on haze pollution: evidence from China's province-level data", *Environmental Geochemistry and Health*, 2021.

Li R, Ramanathan R, "Exploring the relationships between different types of environmental regulations and environmental performance: Evidence from China", *Journal of Cleaner Production*, Vol. 196, 2018.

Li X, Qiao Y, Zhu J, et al., "The 'APEC blue' endeavor: Causal effects of air pollution regulation on air quality in China", *Journal of Cleaner Production*, Vol. 168, 2017.

Li Y, Liao Q, Zhao X, et al., "Premature mortality attributable to PM2.5 pollution in China during 2008–2016: Underlying causes and responses to emission reductions", *Chemosphere*, Vol. 263, 2021.

Liang J R, Shi Y J, Xi X J, "Clean production technology innovation, abatement technology innovation and environmental regulation", *China Economic Studies*, Vol. 6, 2018.

Lieberthal K. Lampton D, Bureaucracy, Politics, and Decision Making in Post–Mao China, *Berkeley: University of California Press*, 1992.

Lim C H, Ryu J, Choi Y, et al., "Understanding global PM2.5 concentrations and their drivers in recent decades (1998–2016)", *Environment International*, Vol. 144, 2020.

Lin L, "Enforcement of pollution levies in China", *Journal of Public Economics*, Vol. 98, 2013.

Lin Y, Huang K, Zhuang G, et al., "A multi-year evolution of aerosol chemistry impacting visibility and haze formation over an Eastern Asia megacity, Shanghai", *Atmospheric Environment*, Vol. 92, 2014.

Ling Guo L, Qu Y, Tseng M L, "The interaction effects of environmental regulation and technological innovation on regional green growth performance", *Journal of Cleaner Production*, Vol. 162, 2017.

Liu H, Fang C, Zhang X, et al., "The effect of natural and anthropogenic factors on haze pollution in Chinese cities: A spatial econometrics approach", *Journal of Cleaner Production*, Vol. 165, 2017.

Liu J, Han Y, Tang X, et al., "Estimating adult mortality attributable to PM2.5 exposure in China with assimilated PM2.5 concentrations based on a ground monitoring network", *Science of the Total Environment*, Vol. 568, 2016.

Liu N, Tang S Y, Zhan X, et al., "Political commitment, policy ambiguity, and corporate environmental practices", *Policy Studies Journal*, Vol. 46, No. 1, 2018.

Liu X, Ji X, Zhang D, et al., "How public environmental concern affects the sustainable development of Chinese cities: An empirical study using extended DEA models", *Journal of environmental management*, Vol. 251, 2019.

Liu X, Xia H, "Empirical analysis of the influential factors of haze pollution in china—Based on spatial econometric model", *Energy & Environment*, Vol. 30, No. 5, 2019.

Liu Y, Dong F, "How industrial transfer processes impact on haze pollution in China: An analysis from the perspective of spatial effects", *International Journal of Environmental Research and Public Health*, Vol. 16, No.3, 2019.

Lo A Y, "Carbon trading in a socialist market economy: Can China make a difference?", *Ecological Economics*, No. 87, 2013.

López R, Galinato G I, Islam A, "Fiscal spending and the environment: theory and empirics", *Journal of Environmental Economics and Management*, Vol. 62, No. 2, 2011.

López R, Palacios A, "Why has Europe become environmentally cleaner? Decomposing the roles of fiscal, trade and environmental policies", *Environmental and Resource Economics*, Vol. 58, No. 1, 2014.

Lorentzen P, Landry P, Yasuda J, "Undermining authoritarian innovation: the power of China's industrial giants", *The Journal of Politics*, Vol. 76, No. 1, 2013.

Ma Z, Liu R, Liu Y, et al., "Effects of air pollution control policies on PM2.5 pollution improvement in China from 2005 to 2017: A satellite-based perspective", *Atmospheric Chemistry and Physics*, Vol. 19, No. 10, 2019.

Maji K J, Ye W F, Arora M, et al., "PM2.5-related health and economic loss assessment for 338 Chinese cities", *Environment International*, Vol. 121, 2018.

Malley C S, Henze D K, Kuylenstierna J C I, et al., "Updated global estimates of respiratory mortality in adults $\geq$ 30 years of age attributable to long-term ozone exposure", *Environmental Health Perspectives*, Vol. 125, No. 8, 2017.

Meadows Donella H, Meadows Dennis L, Randers Jorgen B W W, *The limits to growth*, A Report for The Club of Rome's Project on the Predicament of Mankind, 1972.

Metzger K B, et al., "Ambient air pollution and cardiovascular emergency department visits", *Epidemiology*, Vol. 15, No. 1, 2004.

Michael E. Kraft, Scott R. Furlong, Outlines & Highlights for Public Policy: Politics, Analysis, and Alternatives, *CQ Press/Sage: Washington, D.C.*, 2015.

Murray C J L, Barber R M, Foreman K J, et al., "Global, regional, and national disability-adjusted life years (DALYs) for 306 diseases and injuries and healthy life expectancy (HALE) for 188 countries, 1990–2013: quantifying the epidemiological transition", *The Lancet*, Vol. 386, No. 10009, 2015.

Nissinen A, Heiskanen E, Perrels A, et al., "Combinations of policy instruments to decrease the climate impacts of housing, passenger transport and food in Finland", *Journal of Cleaner Production*, Vol. 107, 2015.

OECD, Publishing. Instrument Mixes for Environmental Policy, *Organisation for Economic Co-operation and Development*, 2007.

Ouyang X, Li Q, Du K, "How does environmental regulation promote technological innovations in the industrial sector? Evidence from Chinese provincial panel data", *Energy Policy*, Vol. 139, 2020.

Ouyang X, Shao Q, Zhu X, et al., "Environmental regulation, economic growth and air pollution: Panel threshold analysis for OECD countries", *Science of the Total Environment*, Vol. 657, 2019.

Pan D, Tang J, "The effects of heterogeneous environmental regulations on water pollution control: Quasi-natural experimental evidence from China", *Science of The Total Environment*, Vol. 751, 2021.

Pargal S, Wheeler D, "Informal regulation of industrial pollution in developing countries: Evidence from Indonesia", *Journal of Political Economy*, Vol. 104, No. 6, 1996.

Pei Y, Zhu Y, Liu S, et al., "Environmental regulation and carbon emission: The mediation effect of technical efficiency", *Journal of Cleaner Production*, Vol. 236, 2019.

Peng X, "Strategic interaction of environmental regulation and green productivity growth in China: Green innovation or pollution refuge?", *Science of the Total Environment*, Vol. 732, 2020.

Pereria F A, Joao Vicente D A, et al., "Influence of air pollution on the incidence of respiratory tract neoplasm", *Journal of the Air & Waste Management Association*, Vol. 55, No. 1, 2005, 55(1): 83-87

Pigou A C, The Economics of Welfare, *London: Macmillan*, 1932.

Popp D, "Pollution control innovations and the Clean Air Act of 1990", *Journal of Policy Analysis and Management*, Vol. 22, No. 4, 2003.

Porter M E, Linde C, "Green and competitive: Ending the stalemate", *Journal of Business Administration and Policy Analysis*, 1999.

Porter M E, van der Linde C, "Toward a New Conception of the Environment-Competitiveness Relationship", *The Journal of Economic Perspectives*, Vol. 9, No. 4, 1995.

Qi G Y, Zeng S X, Tam C M, et al., "Diffusion of ISO 14001 environmental management systems in China: rethinking on stakeholders' roles", *Journal of Cleaner Production*, Vol. 19, No. 11, 2011.

Qian X, Wang D, Wang J, et al., "Resource curse, environmental regulation and transformation of coal-mining cities in China", *Resources Policy*, 2019.

Qin Y, Fang Y, Li X, et al., "Source attribution of black carbon affecting regional air quality, premature mortality and glacial deposition in 2000", *Atmospheric Environment*, Vol. 206, 2019.

Qin Y, Zhu H, "Run away? Air pollution and emigration interests in China", *Journal of Population Economics*, Vol. 31, No. 1, 2018.

Qiu L D, Zhou M, Wei X, "Regulation, innovation, and firm selection: The porter hypothesis under monopolistic competition", *Journal of Environmental Economics and Management*, Vol. 92, 2018.

Qiu L Y, He L Y, "Can green traffic policies affect air quality? Evidence from a difference-in-difference estimation in China", *Sustainability*, Vol. 9, No. 6, 2017.

Ran R, "Perverse incentive structure and policy implementation gap in China's local environmental politics", *Journal of Environmental Policy & Planning*, Vol. 15, No. 1, 2013.

Ren S, Li X, Yuan B, et al., "The effects of three types of environmental regulation on eco-efficiency: A cross-region analysis in China", Journal of Cleaner Production, Vol. 173, 2018.

Requate T, "Dynamic incentives by environmental policy instruments—a survey", *Ecological Economics*, Vol. 54, No. 2-3, 2005.

Rousseau S, Proost S, "The relative efficiency of market-based environmental policy instruments with imperfect compliance", *International Tax and Public Finance*, Vol. 16, No. 1, 2009.

Ru X, Qin H, Wang S, "Young people's behaviour intentions towards reducing PM2.5 in China: Extending the theory of planned behaviour", *Resources, Conservation and Recycling*, Vol. 141, 2019.

Rubashkina Y, Galeotti M, Verdolini E, "Environmental regulation and competitiveness: Empirical evidence on the Porter Hypothesis from European manufacturing sectors", *Energy Policy*, Vol. 83, 2015.

Samet J M, "The Clean Air Act and health—a clearer view from 2011", *New England Journal of Medicine*, Vol. 365, No. 3, 2011.

Samset B H, Lund M T, Bollasina M, et al., "Emerging Asian aerosol patterns", *Nature Geoscience*, Vol. 12, No. 8, 2019.

Schneider A L, Ingram H M, Policy Design for Democracy, *Kansas: University Press of Kansas*, 1997.

Segerson K, Miceli T J., "Voluntary environmental agreements: good or bad news for environmental protection?", *Journal of environmental economics and management*, Vol. 36, No. 2, 1998.

Shan Y, Guan D, Zheng H, et al., "China CO2 emission accounts 1997–2015", *Scientific Data*, Vol. 5, No. 1, 2018.

Shapiro J, Mao's war against nature: Politics and the environment in revolutionary

China, *Cambridge: Cambridge University Press*, 2001.

She Y, Liu Y, Deng Y, et al., "Can China's Government-Oriented Environmental Regulation Reduce Water Pollution? Evidence from Water Pollution Intensive Firms", *Sustainability*, Vol. 12, No. 19, 2020.

Shen N, Liao H, Deng R, et al., "Different types of environmental regulations and the heterogeneous influence on the environmental total factor productivity: Empirical analysis of China's industry", *Journal of Cleaner Production*, Vol. 211, 2019.

Shi H, Wang S, Li J, et al., "Modeling the impacts of policy measures on resident's PM2.5 reduction behavior: an agent-based simulation analysis", *Environmental Geochemistry and Health*, Vol. 42, No. 3, 2020.

Shi H, Wang S, Zhao D, "Exploring urban resident's vehicular PM2.5 reduction behavior intention: An application of the extended theory of planned behavior", *Journal of Cleaner Production*, Vol. 147, 2017.

Sigman H, "Decentralization and environmental quality: an international analysis of water pollution levels and variation", *Land Economics*, Vol. 90, No. 1, 2014.

Song J, Wang B, Fang K, et al., "Unraveling economic and environmental implications of cutting overcapacity of industries: A city-level empirical simulation with input-output approach", *Journal of Cleaner Production*, Vol. 222, 2019.

Song Y, Li Z, Yang T, et al., "Does the expansion of the joint prevention and control area improve the air quality? Evidence from China's Jing-Jin-Ji region and surrounding areas", *Science of The Total Environment*, Vol. 706, 2020.

Song Y, Yang T, Li Z, et al., "Research on the direct and indirect effects of environmental regulation on environmental pollution: Empirical evidence from 253 prefecture-level cities in China", *Journal of Cleaner Production*, Vol. 269, 2020.

Stavins R, "Experience with Market-Based Environmental Policy Instruments", *Resources for the Future*, 2001.

Sui X, Zhang J, Zhang Q, et al., "The short-term effect of PM2.5/O3 on daily mortality from 2013 to 2018 in Hefei, China", *Environmental Geochemistry and Health*, 2020.

Tang H, Liu J, Wu J, "The impact of command-and-control environmental regulation on enterprise total factor productivity: a quasi-natural experiment based on China's "Two Control Zone" policy", *Journal of Cleaner Production*, Vol. 254, 2020.

Tang M, Li X, Zhang Y, et al., "From command-and-control to market-based environmental policies: Optimal transition timing and China's heterogeneous environmental effectiveness", *Economic Modelling*, Vol. 90, 2020.

Triebswetter U, Hitchens D, "The impact of environmental regulation on competitiveness in the German manufacturing industry—a comparison with other countries of the European Union", *Journal of Cleaner Production*, Vol. 13, No. 7, 2005.

Ulucak R, Khan S U D, Baloch M A, et al., "Mitigation pathways toward sustainable development: Is there any trade - off between environmental regulation and carbon emissions reduction?", *Sustainable Development*, Vol. 28, No. 4, 2020.

Van Donkelaar A, Martin R V, Brauer M, et al., "Use of satellite observations for long-term exposure assessment of global concentrations of fine particulate matter", *Environmental Health Perspectives*, Vol. 123, No. 2, 2015.

Van Donkelaar A, Martin R V, Li C, et al., "Regional estimates of chemical composition of fine particulate matter using a combined geoscience-statistical method with information from satellites, models, and monitors", Environmental *Science & Technology*, Vol. 53, No. 5, 2019.

Van Rooij B, Stern R E, Fürst K, "The authoritarian logic of regulatory pluralism: Understanding China's new environmental actors", *Regulation &*

Governance, Vol. 10, No. 1, 2016.

Vos T, Lim S S, Abbafati C, et al., "Global burden of 369 diseases and injuries in 204 countries and territories, 1990–2019: a systematic analysis for the Global Burden of Disease Study 2019", *The Lancet*, Vol. 396, No. 10258, 2020.

Wang A, Hu S, Lin B, "Can environmental regulation solve pollution problems? Theoretical model and empirical research based on the skill premium", *Energy Economics*, Vol. 94, 2021.

Wang M, Feng C, "The win-win ability of environmental protection and economic development during China's transition", *Technological Forecasting and Social Change*, Vol. 166, 2021.

Wang P, Dai X G, " 'APEC' Blue association with emission control and meteorological conditions detected by multi-scale statistics", *Atmospheric Research*, Vol. 178, 2016.

Wang T, Peng J, Wu L, "Heterogeneous effects of environmental regulation on air pollution: evidence from China's prefecture-level cities", *Environmental Science and Pollution Research*, 2021.

Wang X, Shao Q, "Non-linear effects of heterogeneous environmental regulations on green growth in G20 countries: evidence from panel threshold regression", *Science of The Total Environment*, Vol. 660, 2019.

Wang X, Zhang C, Zhang Z, "Pollution haven or porter? The impact of environmental regulation on location choices of pollution-intensive firms in China", *Journal of Environmental Management*, Vol. 248, 2019.

Wang Y, Zhang J, Wang L, et al., "Researching significance, status and expectation of haze in Beijing-Tianjin-Hebei region", *Advances in Earth Science*, Vol. 29, No. 3, 2014.

World Bank, Cost of pollution in China: Economic estimates of physical damages, *Washington, D.C: World Bank Group*, 2007.

World Health Organization, Air Quality Guidelines. Global Update 2005.

Particulate Matter, Ozone□Nitrogen Dioxide and Sulfur Dioxide, *Copenhagen: WHO Regional Office for Europe*, 2006.

World Health Organization, Effects of Air Pollution on Children's Health and Development—A Review of the Evidence, *Copenhagen: WHO Regional Office for Europe*, 2005.

World Health Organization, Evolution of WHO air quality guidelines: past, present and future, *Copenhagen: WHO Regional Office for Europe*, 2017.

World Health Organization, Health Risks of Ozone From Long-Range Transboundary Air Pollution, *Copenhagen: WHO Regional Office for Europe*, 2008.

World Health Organization, Health Risks of Particulate Matter From Long-Range Transboundary Air Pollution, *Copenhagen: WHO Regional Office for Europe*, 2006.

World Health Organization, Mortality and Burden of Disease from Ambient Air Pollution Global Health Observatory (GHO) Data, *WHO*, 2018.

Wu H, Hao Y, Ren S, "How do environmental regulation and environmental decentralization affect green total factor energy efficiency: Evidence from China", *Energy Economics*, Vol. 91, 2020.

Wu J, Xu M, Zhang P, "The impacts of governmental performance assessment policy and citizen participation on improving environmental performance across Chinese provinces", *Journal of Cleaner Production*, Vol. 184, 2018.

Wu W, Liu Y, Wu C H, et al., "An empirical study on government direct environmental regulation and heterogeneous innovation investment", *Journal of Cleaner Production*, Vol. 254, 2020.

Wu X, Gao M, Guo S, et al., "Effects of environmental regulation on air pollution control in China: a spatial Durbin econometric analysis", *Journal of Regulatory Economics*, Vol. 55, No. 3, 2019.

Wurzel R K W, Zito A R, Jordan A J, Environmental governance in Europe: A comparative analysis of the use of new environmental policy instruments,

Edward Elgar Publishing, 2013.

Xie J J, Yuan C G, Xie J, et al., "PM2.5-bound potentially toxic elements (PTEs) fractions, bioavailability and health risks before and after coal limiting", *Ecotoxicology and Environmental Safety*, Vol. 192, 2020.

Xie R, Yuan Y, Huang J, "Different types of environmental regulations and heterogeneous influence on "green" productivity: evidence from China", *Ecological Economics*, Vol. 132, 2017.

Xie Y, Dai H, Dong H, "Impacts of SO2 taxations and renewable energy development on CO2, NOx and SO2 emissions in Jing-Jin-Ji region", *Journal of Cleaner Production*, Vol. 171, 2018.

Xie Y, Dai H, Zhang Y, et al., "Comparison of health and economic impacts of PM2.5 and ozone pollution in China", *Environment International*, Vol. 130, 2019.

Xu B, Luo L, Lin B, "A dynamic analysis of air pollution emissions in China: Evidence from nonparametric additive regression models", *Ecological Indicators*, Vol. 63, 2016.

Xue T, Zheng Y, Tong D, et al., "Spatiotemporal continuous estimates of PM2.5 concentrations in China, 2000–2016: A machine learning method with inputs from satellites, chemical transport model, and ground observations", *Environment International*, Vol. 123, 2019.

Yadav R, Pathak G S, "Determinants of consumers' green purchase behavior in a developing nation: Applying and extending the theory of planned behavior", *Ecological Economics*, Vol. 134, 2017.

Yang G, Wang Y, Zeng Y, et al., "Rapid health transition in China, 1990–2010: findings from the Global Burden of Disease Study 2010", *The Lancet*, Vol. 381, No. 9882, 2013.

Yang G, Zha D, Wang X, et al., "Exploring the nonlinear association between environmental regulation and carbon intensity in China: The mediating effect of green technology", *Ecological Indicators*, Vol. 114, 2020.

Yang J, Guo H, Liu B, et al., "Environmental regulation and the Pollution Haven Hypothesis: do environmental regulation measures matter?", *Journal of Cleaner Production*, Vol. 202, 2018.

Yang J, Song D, Fang D, et al., "Drivers of consumption-based PM2.5 emission of Beijing: a structural decomposition analysis", *Journal of Cleaner Production*, Vol. 219, 2019.

Yang Y, Yang W, "Does whistleblowing work for air pollution control in China? A study based on three-party evolutionary game model under incomplete information", *Sustainability*, Vol. 11, No. 2, 2019.

Yin J, Zheng M, Chen J, "The effects of environmental regulation and technical progress on CO2 Kuznets curve: An evidence from China", *Energy Policy*, Vol. 77, 2015.

Yin P, Brauer M, Cohen A J, et al., "The effect of air pollution on deaths, disease burden, and life expectancy across China and its provinces, 1990–2017: An analysis for the Global Burden of Disease Study 2017", *The Lancet Planetary Health*, Vol. 4, No. 9, 2020.

Yu B, Shen C, "Environmental regulation and industrial capacity utilization: An empirical study of China", *Journal of Cleaner Production*, Vol. 246, 2020.

Yu W, Ramanathan R, Nath P, "Environmental pressures and performance: An analysis of the roles of environmental innovation strategy and marketing capability", *Technological Forecasting and Social Change*, Vol. 117, 2017.

Yu Y, Zhang N, "Does smart city policy improve energy efficiency? Evidence from a quasi-natural experiment in China", *Journal of Cleaner Production*, Vol. 229, 2019.

Yuan B, Ren S, Chen X, "Can environmental regulation promote the coordinated development of economy and environment in China's manufacturing industry? A panel data analysis of 28 sub-sectors", *Journal of Cleaner Production*, Vol. 149, 2017.

Yue H, He C, Huang Q, et al., "Stronger policy required to substantially reduce deaths from PM2.5 pollution in China", *Nature Communications*, Vol. 11, No. 1, 2020.

Yue H, Huang Q, He C, et al., "Spatiotemporal patterns of global air pollution: A multi-scale landscape analysis based on dust and sea-salt removed PM2.5 data", *Journal of Cleaner Production*, Vol. 252, 2020.

Zhai S, Jacob D J, Wang X, et al., "Fine particulate matter (PM2.5) trends in China, 2013–2018: Separating contributions from anthropogenic emissions and meteorology", *Atmospheric Chemistry and Physics*, Vol. 19, No. 16, 2019.

Zhang G, Zhang P, Zhang Z G, et al., "Impact of environmental regulations on industrial structure upgrading: An empirical study on Beijing-Tianjin-Hebei region in China", *Journal of Cleaner Production*, Vol. 238, 2019.

Zhang J, Mu Q, "Air pollution and defensive expenditures: Evidence from particulate-filtering facemasks", *Journal of Environmental Economics and Management*, Vol. 92, 2018.

Zhang M, Liu X, Ding Y, et al., "How does environmental regulation affect haze pollution governance? an empirical test based on Chinese provincial panel data", *Science of The Total Environment*, Vol. 695, 2019.

Zhang M, Liu X, Sun X, et al., "The influence of multiple environmental regulations on haze pollution: Evidence from China", *Atmospheric Pollution Research*, Vol. 11, No.6, 2020.

Zhang M, Sun X, Wang W, "Study on the effect of environmental regulations and industrial structure on haze pollution in China from the dual perspective of independence and linkage", *Journal of Cleaner Production*, Vol. 256, 2020.

Zhang N, Rosenbloom D H, "Multi - Level Policy Implementation: A Case Study on China's Administrative Approval Intermediaries' Reforms", *Australian Journal of Public Administration*, Vol. 77, No. 4, 2018.

Zhang P, Wu J, "Impact of mandatory targets on PM2.5 concentration control in Chinese cities", *Journal of Cleaner Production*, Vol. 197, 2018.

Zhang Q, Crooks R, Toward an environmentally sustainable future: Country environmental analysis of the People's Republic of China, *China: Asian Development Bank*, 2012.

Zhang Q, He K, Huo H, "Cleaning China's air", *Nature*, Vol. 484, No. 7393, 2012.

Zhang Q, Zheng Y, Tong D, et al., "Drivers of improved PM2.5 air quality in China from 2013 to 2017", *Proceedings of the National Academy of Sciences*, Vol. 116, No. 49, 2019.

Zhang W, Li G, Uddin M K, et al., "Environmental regulation, foreign investment behavior, and carbon emissions for 30 provinces in China", *Journal of Cleaner Production*, Vol. 248, 2020.

Zhang X, Zhang X, Chen X, "Happiness in the air: How does a dirty sky affect mental health and subjective well-being?", *Journal of Environmental Economics and Management*, Vol. 85, 2017.

Zhang Y, Shuai C, Bian J, et al., "Socioeconomic factors of PM2.5 concentrations in 152 Chinese cities: Decomposition analysis using LMDI", *Journal of Cleaner Production*, Vol. 218, 2019.

Zhang Y, West J J, Mathur R, et al., "Long-term trends in the ambient PM2.5-and O3-related mortality burdens in the United States under emission reductions from 1990 to 2010", *Atmospheric chemistry and physics*, Vol. 18, No. 20, 2018.

Zhang Y C, Chen A Q, "The impact of public participation and environmental regulation on environmental governance- Analysis based on provincial panel data", *Urban Problems*, No. 1, 2018.

Zhao X, Liu C, Sun C, et al., "Does stringent environmental regulation lead to a carbon haven effect? Evidence from carbon-intensive industries in China", *Energy Economics*, Vol. 86, 2020.

Zhao X, Yin H, Zhao Y, "Impact of environmental regulations on the efficiency and CO2 emissions of power plants in China", *Applied Energy*, Vol. 149,

2015.

Zhao X, Zhao Y, Zeng S, et al., "Corporate behavior and competitiveness: impact of environmental regulation on Chinese firms", *Journal of Cleaner Production*, Vol. 86, 2015.

Zhao Y, Liang C, Zhang X, "Positive or negative externalities? Exploring the spatial spillover and industrial agglomeration threshold effects of environmental regulation on haze pollution in China", *Environment, Development and Sustainability*, 2020.

Zhao Y, Zhang X, Wang Y, "Evaluating the effects of campaign-style environmental governance: evidence from environmental protection interview in China", *Environmental Science and Pollution Research*, Vol. 27, 2020.

Zheng D, Shi M, "Multiple environmental policies and pollution haven hypothesis: evidence from China's polluting industries", *Journal of Cleaner Production*, Vol. 141, 2017.

Zheng S, Kahn M E, Sun W, et al., "Incentivizing China's Urban Mayors to Mitigate Pollution Externalities: The Role of the Central Government and Public Environmentalism", *Social Science Electronic Publishing*.

Zheng S, Wang J, Sun C, et al., "Air pollution lowers Chinese urbanites' expressed happiness on social media", *Nature Human Behaviour*, Vol. 3, No. 3, 2019.

Zhou Q, Zhang X, Shao Q, et al., "The non-linear effect of environmental regulation on haze pollution: Empirical evidence for 277 Chinese cities during 2002–2010", *Journal of Environmental Management*, Vol. 248, 2019.

Zhou Q, Zhong S, Shi T, et al., "Environmental regulation and haze pollution: Neighbor-companion or neighbor-beggar?", *Energy Policy*, Vol. 151, 2021.

Zimmer A, Koch N, "Fuel consumption dynamics in Europe: Tax reform implications for air pollution and carbon emissions", *Transportation Research Part A: Policy and Practice*, Vol. 106, 2017.

后　记

　　我长期从事公共管理和社会治理问题的研究，由于从小生长在北方的重工业城市，对环境污染和雾霾问题的关注由来已久。

　　随着经济的快速增长和城市化、工业化的不断推进，城市的生态环境也遭到了日益严重的破坏，尤其是产生了"雾霾"这种严重的大气污染现象，不仅危害人们的身体健康，还会损害周边的生态环境，对城市复合生态系统的可持续发展造成严重负面影响。2014年1月4日，国家层面正式将雾霾定为自然灾害的一种。雾霾污染呈现发生频率高、污染程度重、分布范围广、治理难度大等复杂性特征，对雾霾的治理成为困扰地方政府的难题之一。"建设天蓝、地绿、水清的美丽中国"和"打好蓝天保卫战"要求必须切实提高环境规制效率，对雾霾进行科学施策和标本兼治。为此，我一直在思考如何通过对环境治理政策的完善和创新来提升政策治理效能，更好地实现雾霾治理的帕累托最优。

　　2017年我成功获批了关于雾霾治理政策研究的国家重点课题，并带领我的课题组成员开展了一场对国家环境整治与雾霾治理政策进行科学评测的研究之旅。经过几年的不懈努力，终于交出了一份初步的"答卷"，我及课题组成员愿意接受理论、实践和时间的检验，更愿意接受来自各方的批评指导意见，这将是我们作为学者最为宝贵的动力之源！

　　行笔至此，我要感谢很多人。感谢李勇校长和人文社科处全体人员对我科研项目的支持与帮助。感谢我的导师沈荣华教授多年来对我学术研究的鼓励与肯定，并为本书作序。感谢为本课题研究做出贡献的成员，特别是何瑞文博士、钟伟军教授、陈骏宇博士、于倩文博士、杨传明教授等课题组成员为此项目付出的所有辛苦与贡献。同时，也感谢糜晶博士和龚建伟同学、陆则奕同学参与材料整理与文字校对的工作，感谢你们一路相伴！

最后，感谢国家社科基金规划办，感谢社会科学文献出版社和张苏琴编辑、仇扬编辑的帮助和支持，希冀此书能够实现其学术价值与实践价值，能够为我国雾霾治理方面的重大决策提供理论支持和经验支撑，获得良好的经济效益和社会效益。

2022 年 9 月

于苏州石湖湖畔

图书在版编目（CIP）数据

雾霾治理：基于政策工具的视角 / 陆道平著 . --
北京：社会科学文献出版社，2022.11
ISBN 978-7-5228-0647-1

Ⅰ. ①雾…　Ⅱ. ①陆…　Ⅲ. ①空气污染－污染防治－
环境政策－研究－中国　Ⅳ. ① X51

中国版本图书馆 CIP 数据核字（2022）第 166485 号

雾霾治理：基于政策工具的视角

著　　者 / 陆道平

出 版 人 / 王利民
责任编辑 / 张苏琴　王小艳
责任印制 / 王京美

出　　版 / 社会科学文献出版社·当代世界出版分社（010）59367004
　　　　　　地址：北京市北三环中路甲 29 号院华龙大厦　邮编：100029
　　　　　　网址：www.ssap.com.cn
发　　行 / 社会科学文献出版社（010）59367028
印　　装 / 三河市尚艺印装有限公司

规　　格 / 开本：787mm × 1092mm　1/16
　　　　　　印　张：25.25　字　数：384 千字
版　　次 / 2022 年 11 月第 1 版　2022 年 11 月第 1 次印刷
书　　号 / ISBN 978-7-5228-0647-1
定　　价 / 138.00 元

读者服务电话：4008918866